住房城乡建设部土建类学科专业“十三五”规划教材
高等学校城乡规划学科专业指导委员会规划推荐教材

# 乡村规划原理

李京生　著

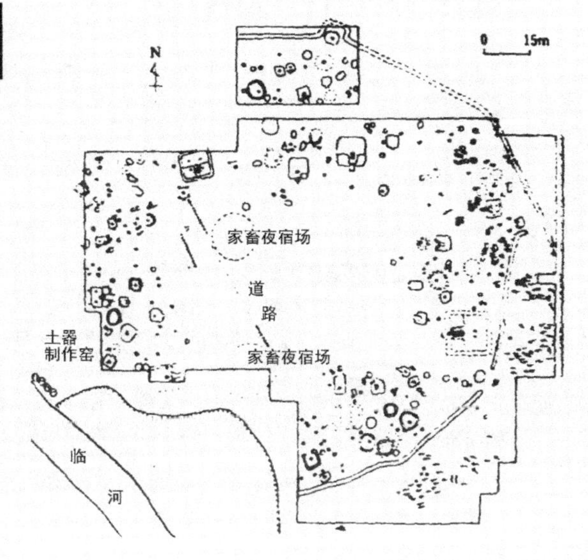


中国建筑工业出版社

**图书在版编目（CIP）数据**

乡村规划原理／李京生著．—北京：中国建筑工业出版社，2015.12（2024.6重印）
住房城乡建设部土建类学科专业“十三五”规划教材
高等学校城乡规划学科专业指导委员会规划推荐教材
ISBN 978-7-112-19011-9

Ⅰ．①乡…　Ⅱ．①李…　Ⅲ．①乡村规划－高等学校－教材　Ⅳ．①TU98

中国版本图书馆CIP数据核字（2016）第010385号

本教材是住房城乡建设部土建类学科专业“十三五”规划教材、高等学校城乡规划学科专业指导委员会规划推荐教材，本书以乡村规划的特点为主，共分九章，包括；乡村与乡村发展、乡村空间的解读、乡村规划的理论与历史、乡村的产业与乡村的类型、乡村居住与选址、乡村公共空间与设施配置、乡村遗产保护、乡村规划的定位与法规、乡村规划的编制方法。书后附有中国乡村规划大事记和案例，对本书内容是很好的补充和阐释。本教材可以作为全国高等学校城乡规划专业的教学用书，也可供城乡规划行业相关从业人员参考。

为更好地支持本课程的教学，我们向采用本书作为教材的教师免费提供教学课件，有需要者请与出版社联系，邮箱：jgcabpbeijing@163.com。

责任编辑：杨　虹
责任校对：姜小莲

住房城乡建设部土建类学科专业“十三五”规划教材
高等学校城乡规划学科专业指导委员会规划推荐教材
**乡村规划原理**
李京生　著
*
中国建筑工业出版社出版、发行（北京海淀三里河路9号）
各地新华书店、建筑书店经销
北京嘉泰利德公司制版
建工社（河北）印刷有限公司印刷
*
开本：787×1092毫米　1/16　印张：$16^3/_4$　字数：338千字
2018年11月第一版　2024年6月第七次印刷
定价：49.00元（赠教师课件）
ISBN 978-7-112-19011-9
（28282）

# 前 言

## —— Preface ——

工业革命以来城市化进程加速，导致乡村社会发生了深刻的变化，人口减少，人才流失，粮食危机，生态衰退，传统治理模式失效等社会、经济和环境问题在世界各国普遍存在，乡村如何发展？乡村应以什么状态存在？以及乡村的价值等都需要重新认识，由此孕育出了乡村规划。广义的乡村规划自农业文明以来就一直存在，然而人们真正认识到乡村规划的必要性不过是近百年来的事情。由于乡村涉及的问题和地域广泛，与城市规划相比，目前乡村规划很难形成一套系统的理论和方法。自颁布《中华人民共和国城乡规划法》以来，我国乡村规划的地位得以确定，并日益得到各方面的重视，有必要在整理现有研究成果的基础上编制一部《乡村规划原理》教材，以满足城乡规划教学的需求。因此，本教材的出版也可以看作是一项应急措施。作为第一版教材肯定不够成熟，还需要靠不断的再版来补充、提升和完善。我国目前的乡村规划研究和编制脱胎于城市规划，为避免与城市规划涉及的概念和方法重复，本教材编写的内容以乡村规划的特点为主，所以本教材适用于系统地学习了《城市规划原理》之后的高年级学生，同时希望本教材能作为建筑学、景观学、农学、生态学、社会学和管理学等学科专业学生的参考书，也希望农民和涉农人员在参与和编制乡村规划时能够参考。

参加《乡村规划原理》编写的各章分工执笔教师如下：

第一章　乡村与乡村发展　李京生　杨辰　张尚武

第二章　乡村空间的解读　李京生

第三章　乡村规划的理论与历史　李京生　张尚武　张松

第四章　乡村的产业与乡村的类型　栾峰

第五章　乡村居住与选址　杨贵庆　宋小冬

第六章　乡村公共空间与设施配置　栾峰

第七章　乡村遗产保护　周俭

第八章　乡村规划的定位与法规　耿慧志　彭震伟　张立

第九章　乡村规划的编制方法　张立　李京生

本教材编写过程中曾得到全国高等学校城乡规划学科专业指导委员会和中国建筑工业出版社的大力支持，以及同济大学建筑与城市规划学院部分教师和研究生的直接帮助，在此一并致谢。

李京生

# 目 录

## —Contents—

## 第3篇　乡村规划的编制

# 第1篇

# 乡村规划基本知识

# 第一章　乡村与乡村发展

## 第1节　什么是乡村

### 1.1　乡村的定义与特征

#### 1.1.1　乡村的定义

“乡村”是指除城市以外的区域。生态学和地理学从人口分布、景观、土地利用特征和隔离程度等生态背景下来定义乡村，认为乡村是指城市建成区以外的一切区域，是个空间地域系统，土地利用类型为粗放型利用的农业用地，有着开敞的郊外和人口较小规模的聚落。社会学则从社会文化构成角度来定义乡村，即以血缘、地缘为主要社会关系的传统的、地方性的、同质的地域群体（张小林，1998）。从产业的角度讲，乡村等同于农村，指的是以

农业生产为主体的地域，农业产业成为生产、存在与发展的前提和条件，农民就是这片地域上从事农业生产的人。

尽管不同的学科对“乡村”的认识不同，但有一点是一致的，就是通过乡村与城市的相对性正确地理解和把握乡村的本质。这反映了乡村的定义是与城市相比较而存在的（陈威，2007），主要表现为产业和人口两方面，即乡村是以从事农林牧渔为主要生活来源的人口分布相对分散的地域，有着与城市不同的乡村生活方式，以农业和相关产业为主要的经济活动，为人类的生存提供基本的服务的区域。

乡村作为一个区域，包含自然区域、生产区域和居民生活区域，通常存在集镇、村庄和自然村三个不同层次的聚落。

集镇是乡村一定区域内经济、文化和生活服务中心，是乡村地区商品经济发展到一定阶段的产物，通常由一定商业贸易活动的村庄发展而成，早期的集镇也是城市的雏形。

村庄是乡村村民居住和从事各种生产的聚居点（村庄和集镇规划建设管理条例，1993），是农业生产生活的管理关系和社会经济的综合体，是乡村生产生活、人口组织和经济发展的基本单位。村庄的规模和当地的资源环境、产业、人口、文化传统有关。我国的村庄是一个自治体，土地属于集体所有，村民委员会是村民自我管理、自我教育、自我服务的基层群众性自治组织，办理本村的公共事务和公益事业，调解民间纠纷，协助维护社会治安，向人民政府反映村民的意见、要求和提出建议。

与乡村相近的另一个概念叫做村落，通常指乡村地区某个聚落或多个聚落形成的群体。村庄是包含了村域管辖权、土地使用权和发展权等各种社会经济要素的实体，有着明确的空间范围。而村落则是乡村人居环境中可视的物质空间，往往指的是一个或多聚落与周围环境共同构成的风貌。

自然村是人类经过长时间在自然环境中自发形成的聚居点。可以说是扩大的家庭，是农村社会的基本细胞[1]，多数情况下是一个或多个家族聚居的居民点，早期多是由一个家族演变而来的，如张家村、李家店、王家塘等，由同姓同宗族的人聚居一起构成，是农民日常生活和交往的社会基层单位。新中国成立以来，我国乡村的居民点经过多次合并，村庄具有一定的规模。因此，村庄也是由一个或多个自然村组成的（图 1–1–1）。

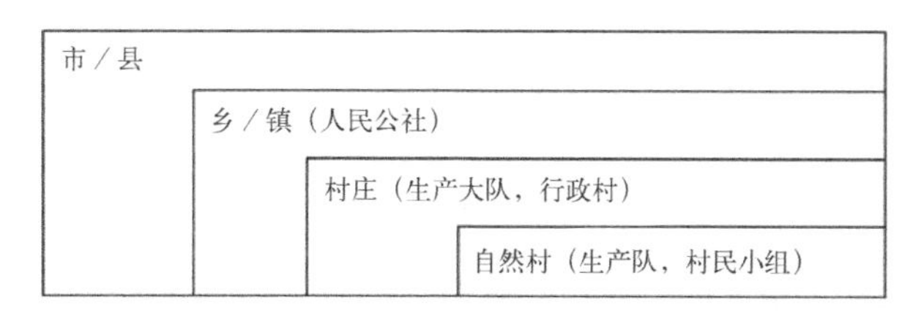


图 1–1–1　市 – 乡／镇 – 村庄 – 自然村关系图

[1] 费孝通在《江村经济》指出：“农村中的最基本社会群体就是家，一个扩大的家庭。”费孝通．江村经济 [M]．北京：北京大学出版社，2012.

**专栏 1–1：乡村相关概念解析**

“乡村”、“集镇”、“村庄”和“自然村”这四个名词是乡村规划中最基本、最重要概念，其他的诸多名称是这些名词的衍生。这些衍生词由于不同的研究领域或行政管理体系以及历史原因所产生的。村庄在行政管理范畴中分为行政村和自然村，在人民公社时期又分别被称为生产大队和生产队，是按农业经济的组织形式来命名的；在镇村规划体系里，村庄分为中心村和基层村，是个规划概念。与集镇相关的概念中，还有城关镇、建制镇的名称，这些是根据行政等级来设定的。

行政村和自然村：行政村是个行政管理范畴的概念，与它相对应的是自然村。行政村指政府为便于管理而确定的乡下一级的管理机构所管辖的区域，设村民委员会，是农村社会基层的管理单位。行政村就是村庄，在地理范围上，行政村一般大于自然村。行政村在人民公社时期称为“生产大队”。自然村在人民公社时期称为“生产队”，在实行家庭联产承包责任制后改称为“村民小组”。

中心村和基层村：中心村和基层村是规划层面的概念。中心村是指具有一定人口规模和较为齐全的公共设施的村庄。基层村是指农民从事农业商品生产的聚居点（“村镇建设技术政策要点”，1986），在镇域镇村体系规划中，是中心村以外的村（“镇规划标”，2007）。

乡和镇：两者在行政上是同级的基层政府。两者主要根据国民生产总值中工农业的比重以及居民数量等指标来区分：县级政府所在地、非农业人口占全乡总人口10%以上，其绝对数超过2000人的乡政府驻地，可以建镇，并允许各省区根据实际状况对建镇条件做适当调整。由此可见，建制镇与乡的区别仅仅在于“非农业人口数量和比例”。

城关镇、建制镇和集镇：与集镇相关的概念里，还有城关镇、建制镇这几个名词。这些是根据行政等级来设定的。这一等级是“城关镇——建制镇——集镇”。城关镇是县城或县级市政府所在地，可以直接沿用城市规划和管理模式。建制镇又称设镇，是指国家根据一定的标准，经有关地方国家行政机关批准设置的一种基层行政区域单位，不含城关镇（“镇规划标准”，2007）。在行政等级中，集镇特指乡、民族乡人民政府所在地和经县级人民政府确认由集市发展而成的作为农村一定区域经济、文化和生活服务中心的非建制镇（“村庄和集镇规划建设管理条例”，1993）。

此外，我们需要注意一下英文里有关乡村的几个名词。乡村为 Rural area，其中 Rural 本意为未被开垦的地方，其意是与城市高度的人工建成环境相比，人工痕迹较少的地方，这与生态学上的乡村概念相符。与此相近的 Country 泛指乡下，是指除了城市以外的地区，其中可能包含有很多村庄，是人口相对稀疏的地区，这个地区的产业不一定是由农业主导的，如在美国很多地方有大片分散的居住，这些地区可称为 Country 或 Countryside。Village 为村庄，Settlement 为聚落，这两者的关系可见正文中关于村庄的概念。

### 1.1.2　乡村的经济活动

乡村也是聚居在一起的村民依托自然环境提供的资源，通过特定的经济活动塑造出具有当地特有的环境和景观风貌。不同类型的经济活动以不同方式影响着乡村空间的形态。农村，林区、山村、渔村和牧区之所以呈现出迥然不同的乡村景观，不仅仅因为其所在地区自然条件的差异，还由于各种产业对乡村空间资源的利用方式不同。以农业为例，农民高度依赖土地，农业生产需要广大的空间。这种生产的特殊性造成了乡村居民点“小聚居大分散”的分布特点。同时，人力畜力的耕种水平决定了单位家庭的耕种面积，而可耕种的农田面积又决定了乡村人口的数量和聚居方式，进而形成了极具特征的乡村景观和“生产生活共同体”。

其次，商品交换和流通对村庄布局有重要影响。与城市相比，乡村具有自给自足的特点，但这并不意味着乡村是个封闭的系统。事实上，村庄之间、村镇之间存在着频繁的商品交换和流通，这些经济活动对于村民出售农副产品和获得生活必需品至关重要。费孝通在苏南农村的调查中发现，村庄之间、村镇之间的合理距离往往取决于河运交通方式下农产品交易双方能够当天往返的距离（费孝通，2014：217）。施坚雅（G. William Skinner）在研究了1960年代的中国农村集市、乡镇和中心城市三级市场的发展、变迁和现代化过程之后，也提出中国的基层市场是一种有层级的连续体，基层集市在理想状态下的空间分布呈正六边形结构（施坚雅，1998）。

此外，农业现代化、新技术、新产业和新的市场需求影响着乡村经济活动及其空间形态。新中国成立前，农村几乎不存在现代工业。中国乡村的基本状况是以高度发达的农耕生产为基础，各家各户掌握一门手工业技术（例如制衣、织布等）。虽然20世纪上半叶西方先进技术的引入提升了中国乡村工业化程度，但乡村空间的变化并不显著。从20世纪后半叶实行计划经济到当前的“新农村”和“美丽乡村”建设，中国的乡村社会经济发生了巨大的反复和变化。经历了效仿苏联集体农庄建设，集体经济时期乡村工业化，“离土不离乡”式的集镇建设和“离土又离乡”的大规模城市化建设等几个重要的历史时期。由于乡村土地产权大多归村集体所有，村镇企业布局高度分散，一时间较发达地区的乡村形成了“村村点火，户户冒烟”的奇特景观，乡村生态环境也遭受一定的破坏。近年来，随着国家产业结构调整和城市居民休闲时间的增加，观光农业和乡村旅游成为乡村发展新的路径。各地在道路交通建设、村容村貌整治以及旅游设施配套方面得到一定的改善。

### 1.1.3　乡村的权力结构

我国乡村权力结构的建构有悠久历史，至今仍对乡村社会经济的发展有着重要的影响。在传统乡村，基层政权组织是县级政权，历朝历代有“皇权不下乡”的传统。在县以下的农村管理组织中，宋代之前是推行乡里制。乡里制建于秦朝，在汉朝得

以完善。乡里组织最基层是什伍，什主十家，伍主五家，分别设什长和伍长各自负责。百家为一里，设里魁。十里为一亭，设亭长、主求。十亭为一乡，乡置有秩、三老、啬夫、游徼。此外，乡又设乡佐，协助收税。隋唐乡里制的具体名称有所变化，但基本组织框架一直沿用。王安石变法以后，宋朝开始推行保甲制。规定各地农村住户，不论主户客户，均立保甲。十家为保，有保长；五十家为大保，有大保长；十大保为都保，有都保正、副。邻里之间要求相互监督，实行连坐。

民国时期，政府继续加强了对农村基层社会的控制。县级政府下设置了派出机构——区级机构，其所辖范围比县小，比乡（镇）大。区长由县政府任命，区级机构下设民政、财政、教育、军事指导、警察等分支机构。20世纪上半叶，民国政府提出重建保甲，保甲作为村政组织，其官方色彩愈发明显。

中华人民共和国成立以后，为配合农业集体化生产，乡村地区建立了人民公社体制，形成了由公社、生产大队、生产队、社员组成的权力结构。全面控制农民的身份、收入和生活资料的分配。这种政府计划型、全方位控制的政治结构实际上压抑了农民个人生产积极性和社会参与能力，成为农村发展的障碍。随着改革开放和乡镇基层政权的建立，人民公社制度逐渐解体。

无论是乡里、保甲制还是人民公社，都是国家推行的对农村基层社会的管理制度。这套权力结构必须以空间管理单元为载体，乡村管理单元的划分既保证了政策的有效下达和实施，也成为乡村规划的基本框架，成为理解乡村空间结构的重要视角（刘豪兴，2011：147-149）。

同时，还应注意到传统的乡村是血缘和地缘所结成的共同体。我国的大部分乡村是祖祖辈辈生存的地方，因此，我国村庄也大多结合姓氏命名。虽然南北方的村庄大小和形式不同，但乡村中的村民大都是有血缘关系的，人与人之间的关系也相当密切，彼此的观念也较为趋同。传统乡村社会的长老制具有一定的自治性，在符合自然规律的生产模式下，能够自我管理自我运作，在没有外部干扰的情况下也能够维持生存。

### 1.1.4 乡村中的文化与信仰

农村文化是指在特定的农村社会生产方式的基础上，以农民为主体，建立在农村社区的文化，是农民价值观、生活方式和交往方式等深层次心理结构的反映（刘豪兴，2011：169）。长期以来，由于农村社会的封闭性，乡村文化具有乡土性和稳定性的特征。同时，中国国土广阔，自然环境与生产、生活方式差异较大，也造成了乡村文化的多样性。这种多样性既表现在语言、饮食、服饰等日常生活，也体现在舞蹈、音乐、文学、戏曲等艺术领域，特别是作为乡村文化物质载体的建筑和聚落空间集中体现了乡村的文化特征。



从乡村聚落与外部环境的关系来看，大部分的传统村落是根据地理环境和生活

习惯自发形成的，这并不等于说村落的形成是没有规划的。事实上，村落的选址和布局在很大程度上受民间知识和地方文化的影响，其中既包含对地质、地貌、水文、日照、风向、气候、景观等科学要素的合理思考，也反映了乡村社会朴素的宇宙观、自然观和审美观，称为“风水”，也叫“堪舆”，其中不乏夹杂着迷信观念的神秘方法。

从乡村聚落内部的空间组织来看，宗族、宗教信仰以及文化习俗等方面的影响更为明显。乡村院落的类型、分割与组合往往显示出宗族关系的演变；乡村公共空间和宗教场所的规模和布局也深深的根植于地方信仰和宗族文化；而建筑物的形制、材料、工艺、建造技术和风格则直接体现了地方文化的特征。所有这些都是乡村文化的宝贵遗产，是一方水土一方人的情感依托，也是中华民族历史文化和精神情感之根（冯骥才，2006）。

我国目前有四万多个乡镇，近七十万个行政村，乡村文化具有极大的多样性，文化遗产的状况和保护程度也参差不齐。在乡村规划中避免城市规划“千城一面”的问题，重点保护传统村落的地方文化、宗教信仰和特色景观。需要强调的是，物质文化遗产不应该成为静态的博物馆，保护特色空间的同时更要延续传统乡村文化生活并承接新的文化功能。如果广大农村也失去文化载体变得千篇一律，那整个民族的文化传统将涣散一空，我们的损失将永难补偿（冯骥才，2006）。

### 1.1.5 家庭和邻里

费孝通先生注意到，在 20 世纪初的中国江南农村地区，家族土地的继承和分割严格遵循长幼次序。这种继承规则在代际之间延续，造成了农田被频繁划分为相对狭小和分散的地块——这使得中国乡村人口和土地之间的比例在一个长时间段保持了平衡，同时也引起了农田用水的争执并妨碍了畜力的使用，间接造成了中国农业技术的落后（费孝通，2014：170–171）。值得关注的是，这种继承方式在今天土地集体所有制下的中国乡村依然不同程度的存在（例如，出嫁女儿的土地以及户籍迁出村民的土地都由村集体收回重新分配），这为我们理解当前中国农民（特别是进城务工农民）的户籍选择和居住策略提供了重要视角。

乡村的邻里是由若干家庭联合在一起形成规模较大的地域群体。早期的乡村生活中，个人在利用土地、运输交换、筑堤、防灾救济、宗教巫术，甚至休闲娱乐等方面都需要与他人合作。人们选择聚居、相互为邻就是为了更好的生产生活并抵御外界威胁。邻里的空间范围是一个模糊概念，传统村庄里习惯上把住宅两边各五户作为邻居，称之为“乡邻”（费孝通，2014：95）。这是在日常生活中关系最为紧密的邻里圈，他们也承担着一定的互助义务（比如孩子满月、婚丧嫁娶、农忙季节的相互走动和帮忙等）。这种邻里关系是乡村“熟人社会”的基础，至今在乡村经济、政治、文化活动中发挥着重要作用。在快速城镇化过程中，大规模的迁村并点和农

民安置社区的建设往往忽视邻里关系的存在，原有邻里关系被破坏的同时，新的社区网络还未能建立。

**专栏 1–2　血缘关系、地缘关系和业缘关系**

从连接纽带来看，人的社会关系可以分为血缘关系、地缘关系和业缘关系。

血缘关系：以生育或婚姻为连接纽带，是指因生育或婚姻而产生的关系，包括父母、子女、兄弟姐妹以及由此而派生的其他亲属关系。血缘关系是个人与生俱来的关系，对社会生产及人们的生活起着决定性作用，具有先赋性，在人类社会产生之初就已存在，是最早形成的一种社会关系。随着社会生产的发展，血缘关系的地位和作用有下降趋势，不断让位于地缘关系和业缘关系。

地缘关系：以土地或地理位置为连接纽带，是指因在一定的地理范围内共同生活而产生的关系，如邻居、同乡、街坊。在乡土社会中，地缘关系像血缘关系一样也具有先赋性，其在个人社会生活中的重要性也仅次于血缘关系。

业缘关系：以职业为纽带，是指因职业活动而形成的关系，如同事、同行、下属以及同僚、生意伙伴。现代社会里人与人的交往，占支配地位的是这种以职业为纽带的业缘关系。一般认为，与血缘关系和地缘关系不同，业缘关系不是与人类社会俱来的，而是在血缘关系和地缘关系的基础之上由人们广泛的社会分工形成的，产生于工业革命之后，源于社会分工的精细化和社会生活的职业化，具有鲜明的后致性。

## 1.2　城乡关系与乡村的价值

### 1.2.1　城乡关系

（1）城乡区别与联系

城市是在乡村发展的基础上产生和发展的，是社会分工的产物。城市与乡村在社会结构方面的差别在于：前者的社区是个松散的社会组织；后者的村庄是个相对紧密的社会组织，也是个经济组织。从事生产的农地和居住的宅基地都在村里，农村的福利基本由村级经济提供。可以说，城市的基本社会单元是个人和家庭，乡村的基本社会单元是自然村。

城市和乡村不可分割。今天，乡村的发展离不开城市的辐射和带动，城市的发展也离不开乡村的促进和支持。

生产方面，生产是社会生存和发展的基本前提，因而城乡关系主要是工业和农业的关系。乡村以第一产业为主，第二、三产业发展相对薄弱，相比之下城市的第二、三产业发达。城市的经济活动是高效率的，而高效率的实现，不仅是由于人口、资源、生产工具和科学技术等物质要素的高度集中，更主要是通过高效的组织。因此，可

以说，城市的经济活动是一种社会化的生产、消费、交换的过程，它充分发挥了工商、交通、文化、军事和政治等机能，属于高级生产和服务性质。相反的，乡村经济活动则依附于土地等初级生产要素。

生活方面，乡村居民和城市居民在工作节奏、生活节奏、人际交往、文化生活、乡土观念、宗族观念和风俗习惯等方面有如下差异（表 1–1–1）。

**乡村与城市的生活差异**　　　　**表 1–1–1**

| | 乡村 | 城市 |
|---|---|---|
| 工作节奏 | 随农时变化 | 规律性强 |
| 生活节奏 | 较慢 | 较快 |
| 人际交往 | 重邻里关系，重乡情 | 重业缘 |
| 文化生活 | 简单，传统，地域特色明显 | 多元化，易受外在文化影响 |
| 乡土观念 | 乡土观念强，安土重迁 | 乡土观念弱，迁居与迁移时有发生 |
| 宗族观念 | 宗族观念强 | 宗族观念弱 |
| 风俗习惯 | 传统化、惰性大、约束力强 | 变化快，约束力差 |

资料来源：张全等．村庄规划，北京：中国建筑工业出版社，2009.

生态方面，乡村生态系统与城市生态系统并不是独立循环的，前者是后者存在和发展的保证，其好坏直接影响后者，后者的良好运转能很好地作用于前者，两者之间通过物质、能量、信息和人员流动相互依赖、影响、制约，有着密不可分的联系，它们都是生态系统中不可缺少的主要部分。

乡村与城市空间系统的集聚性与异质性不同，具有小集中、大分散特点；城市的集聚和扩散机制对乡村空间变动具有较大影响（乔家君，2011）。乡村社会经济变迁是乡村空间演变的内因，其趋向是乡村性逐渐减弱和城市性逐渐增强，而聚落空间的变化是其直接的表现形式。

尽管城市与乡村有着很多不同，但是它们还是一个统一体，并不存在截然的界限（图 1–1–2）。尤其是随着社会经济的发展及各种交通、通信技术条件的支撑，城

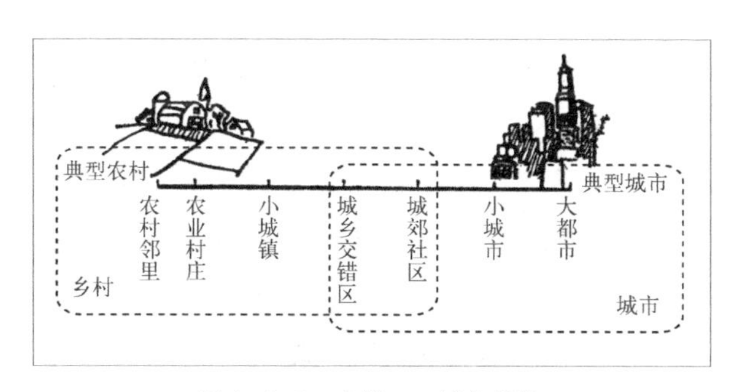


图 1–1–2　乡村——城市续谱

资料来源：埃弗里特 .M. 罗吉斯，拉伯尔 .J. 伯德格著．乡村社会变迁 [M]. 王晓毅，王地宁译．杭州：浙江人民出版社，1987.

乡协调和互动发展是当前乃至未来的趋势。

实际上，城乡联系包含的内容非常丰富。城乡要素与资源的配置、城乡联系方式的选择是多样的，对于不同城乡联系模式的具体选择，取决于不同国家、地区的具体情况和城乡发展的基本战略（表 1–1–2）。

**城乡联系分类与要素** **表 1–1–2**

| 联系类型 | 要素 |
| --- | --- |
| 物质联系 | 公路网、水网、铁路网、生态相互联系 |
| 经济联系 | 市场形式、原材料和中间产品流、资本流动、生产；联系、消费和购物形式、收入流、行业结构和地区间商品流动 |
| 人口移动联系 | 临时和永久性人口流动、通勤 |
| 技术联系 | 技术相互依赖、灌溉系统、通行系统 |
| 社会作用联系 | 访问形式、亲戚关系、仪式、宗教行为、社会团体相互作用 |
| 服务联系 | 能量流和网络、信用和金融网络、教育培训、医疗、职业、商业和技术服务形式、交通服务形式 |
| 政治、行政组织联系 | 结构关系、政府预算流、组织相互依赖性、权利—监督形式、行政区间交易形式、非正式政治决策联系 |

资料来源：曾菊新．现代城乡网络化发展模式 [M]．北京：科学出版社，2001.

（2）城乡关系的演变

我国城乡关系的演变，共经历了四个阶段。

第一阶段是以乡村促城市阶段（1949–1978 年）。中华人民共和国成立后，党和国家的工作重心由乡村转向城市。为了快速提高工业化水平，只能从传统农业大国的底子上通过农产品统购统销形成工农业产品的剪刀差来推进工业化，这必然要牺牲广大乡村的利益。同时还采取了城乡隔离制度，城市和乡村在户籍制度、就业制度等方面存在很大差别，广大乡村一直处于“失血”状态。农民人均收入仅为城镇居民的 39%（刘豪兴，2008）。

第二阶段为城乡竞争阶段（1979–1997 年）。十一届三中全会以后，随着农村改革的深化，党中央提出建立农工商综合经营的农业经济体制。于是，在发展农业的同时，乡镇企业逐渐发展起来，与城市工业分享利润，成为城市工业发展的重要竞争力量。在这一阶段，我国城市化处于平稳阶段，年均增长 0.7 个百分点。

第三阶段为重城轻乡阶段（1998–2003 年）。自 1998 年后，我国进入城市化快速发展阶段，国家绝大多数大型电力、交通、通信等基础设施无不紧紧围绕城市展开，工业在城市的集聚导致城市化进程迅速推进，城乡差距也在城市化进程中急剧拉大。

第四阶段为城乡协调发展阶段（自 2003 年迄今）。十六届三中全会提出“统筹城乡发展、统筹区域发展、统筹经济社会发展、统筹人与自然和谐发展、统筹国内

发展和对外开放”的“五个统筹”要求，其中“城乡统筹”成为首要内容。政策层面上提出“以工补农、以城带乡”、“工业反哺农业、城市带动农村”等措施，促进城乡统筹发展。从2004年起，党中央和国务院连续制定“一号文件”，运用财政、税收和价格等多种杠杆和手段，对实施城乡统筹发展战略进行具体部署并给予多项政策支持（雷诚和赵民，2009）。

（3）城乡的划分方法

虽然从城乡紧密的关系中看，城乡之间不存在截然的界限。但是，由于资源管理、社会分工以及政策制定等，依然需要对城乡进行适当的划分。城乡的划分有很多种方法。通常会按人口密度、建设密度、土地制度、行政设置和户籍管理等方法进行划分。

人口密度是按照单位面积上的人口密集程度来区别城市与乡村。我国《关于统计上划分城乡的规定（试行）》中将人口密度大于在1500人/平方公里作为认定城区的指标之一。日本、美国等各个国家也都相应地制定了根据本国实际情况的按人口密度来划分城乡的标准。尽管各国标准各不相同，但原理是一样的，即根据城与乡的人口分布区别这一特征来进行划分城乡。

除了按人口密度来划分之外，还可以通过建筑密度进行划分城乡。建设密度可以采用GIS读图的方法来获得，根据以下标准来衡量建设密度：连续的建成区；区域面积；区域人口密度；从而识别城市化地区和乡村地区。图1-1-3为浙江省义乌市航拍照片和GIS分析图（图1-1-3），对左图高精度的航拍照片进行辨别，识别出高密度的建成区，同时结合各基本统计单元内的人口数量分辨出哪些地方为城市

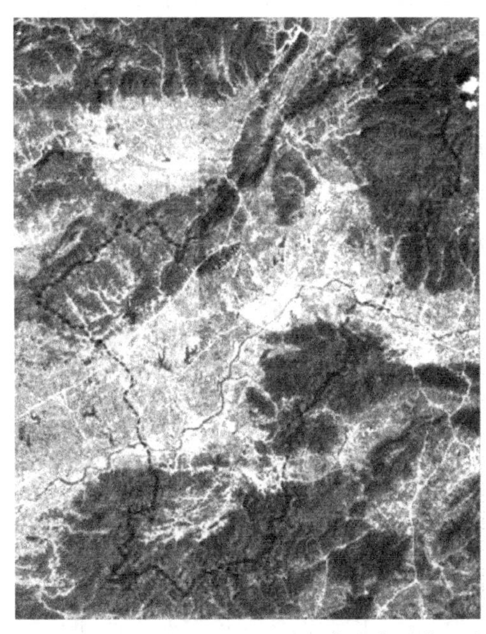

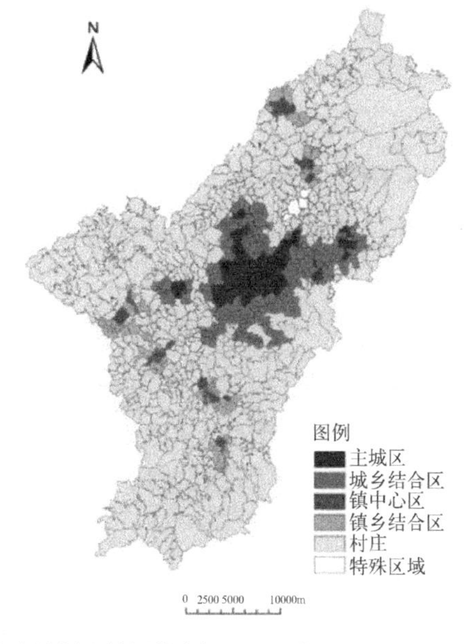


图1-1-3 2007年义乌示范区城乡边界划分结果的空间展示示意图

资料来源：北京大学，冯建.

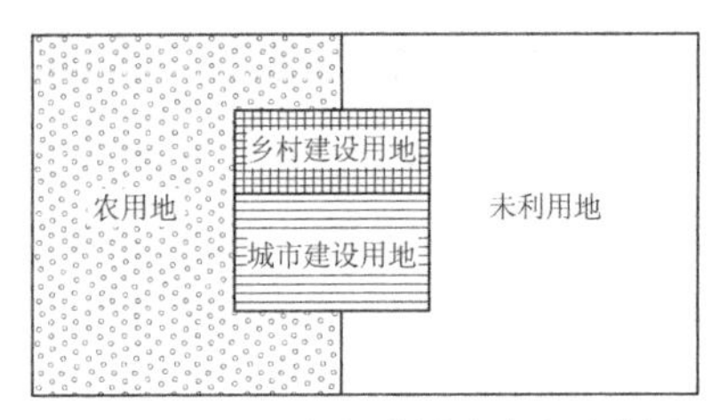


图 1-1-4　国家土地用途分类示意图
资料来源：作者根据《中华人民共和国土地管理法》绘制 .

建成区，哪些地方为乡村地区，进而得出右图。建设密度不但从土地使用强度来明确划分城乡的空间范围，还可以真实的反映出城镇化的实际水平。

按土地制度划分城乡。就是在范围较大的区域内，根据土地的使用情况来划分城市与乡村。此外，虽然我国实行土地的社会主义公有制，但其中包含全民所有制和集体所有制两种土地所有制，我国城市的土地绝大多数实行国有制。因此，城市之外的集体所有制属性的区域，可以被认为是乡村地区。我国实行土地用途管制制度，将土地分为农用地、建设用地（包括城市建设用地和乡村建设用地）和未利用地（图 1-1-4）。乡村应是包含乡村建设用地、农用地和部分未利用地，可见乡村规划所涉及的地域范围相当广大。

除上述方法外，还可以通过行政管辖区户籍管理和产业结构等方法对城乡进行划分。尽管有多种划分城乡的方法，但长期以来城乡划分没有统一的标准。许多国家都同时采用两个以上方法进行城乡的划分。随着城乡统筹的进程，未来城乡关系将更加紧密，而城乡之间的界线也会越来越模糊，由此可见乡村规划涉及问题的广度，以及综合性和复杂性。

### 1.2.2　乡村的价值

19 世纪以来，从戊戌变法到辛亥革命，再到新中国的成立，中华民族寻求发展强大的历史便是中华民族努力实现工业化的过程，也因此对工业较为关注和重视，认为一个强大的现代化的国家需要强大的工业来支持，而乡村地区的价值却被逐渐忽视。而工业化带来的各种问题又开始促使人们关注乡村的价值。早在 18 世纪中叶产生了田园郊区理论，而后霍华德也因此创立了田园城市理论，希望将城市的优点与乡村的优点相结合，这就是现代城市规划理论的开始。人们为了解决城市中存在的问题开始关注乡村，城市需要大量的乡村来支撑。

乡村对于地球的环境起到一定的保护作用。人类在地球上生存需要能量和物质，而利用大自然规律的农业生产相比于工业来说对于地球环境的破坏要小很多，因此农业对于生态环境的改善和保护，相较于城市而言，对于人居环境的可持续发展是有积极的意义的。

农业生产关乎国家安全。我国土地资源紧张，优质的耕地资源更加紧张，同时粮食生产和粮食安全关乎着每个国民的基本生存安全，因此每个国家都不应该放弃农业。同时也应看到发达国家均是农业强国，因此需要保证农业生产和乡村地区的兴旺。此外农业生产也与食品安全休戚相关，城市周边的乡村地区应当能

够为城市提供优质新鲜的食品。另外，在发生巨大灾害和战争时，每个地区的粮食应当能够自给自足，这在德国和日本均有一定的体现。反观我国，根据《国家粮食安全中长期规划纲要（2008-2020年）》，我国粮食自给率需维持在95%以上，近五年粮食自给率虽然都在95%以上，但却呈现每年下降的态势（图1-1-5）。需要进一步说明的是，在这张图里，我国农业部所定义的粮食，仅仅为稻谷、小麦、玉米,而饲养牲口最重要的粮食原料大豆却不在定义范围内。如果计算入大豆部分，我国粮食依赖进口率会大大增加，这也是我国未来的粮食安全隐患。

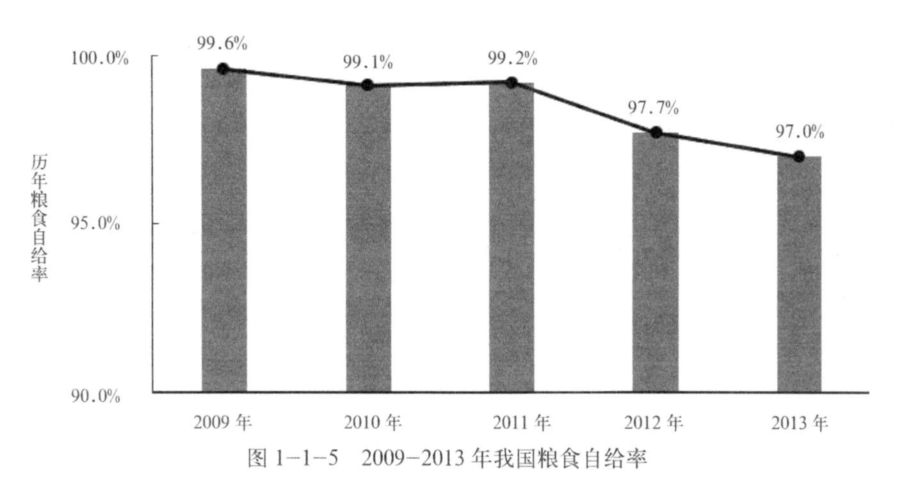


图1-1-5 2009-2013年我国粮食自给率

资料来源：据http：//business.sohu.com/20141111/n405931622.shtml数据编绘．

乡村为人类文明提供了极高的文化价值。乡村是人类的摇篮，是人类文明的根脉，是农耕文明的精粹，正如梁漱溟老先生所说，“原来中国社会是以乡村为基础和主体的，所有文化，多半是从乡村而来。”历史文化村落大多经历了数百年、上千年甚至更长时间的岁月沧桑，承载着厚重的历史文化积淀。我国经几千年的物质创造和文化积淀，造就了量最大、分布最广、文化积淀最深厚多彩的乡村。乡村是我国传统的宗族文化、农耕文化、建筑文化、山水文化、人居文化和风俗文化等得以存在、发展的载体。

乡村的景观是自然、地理、人文、历史等特征的外在反映，作为重要的人类聚居环境,具有很高价值。无论是从诗词歌赋还是山水画,无论是“良田美池桑竹之属”的乡土风貌，还是“采菊东篱下，悠然见南山”的田园生活意境，总能将一幅幅乡村田园的美丽画卷和田园牧歌的生活美景带给现代都市人心灵的憧憬。同时，乡村的景观是乡村旅游的重要载体，能满足旅游者娱乐、求知和回归自然等多方面需求，并能展开观光、参与、度假等多种活动类型的旅游方式。

此外，了解和掌握乡村空间的构成和运行模式有助于为城镇规划提供新的思路，能够为解决城市问题提供新的方法，乡村地区与自然紧密关联的生产生活模式，充分展现与自然和谐相处的文化内涵，也能够为城镇规划的创新提供创新的源泉。

# 1.3 城镇化与乡村的未来

## 1.3.1 中国城镇化的进程

（1）全球与中国城镇化进程的比较

从全球各国的城镇化水平和趋势预测图可以看出，各发达国家的城镇化率都经历了从30%至70%的发展时期，是大量农民从乡村走向城镇的时期（图1-1-6）。我国目前的城镇化水平落后于世界平均水平，据统计2013年我国城镇化水平36%，如果将实际长期在城镇务工的农村户籍人口计入城镇人口的话，我国的城镇化水平为52%，但是这部分人由于户籍制度所限，并没有完全享有市民待遇，因此，52%的城镇化率是不完整的。

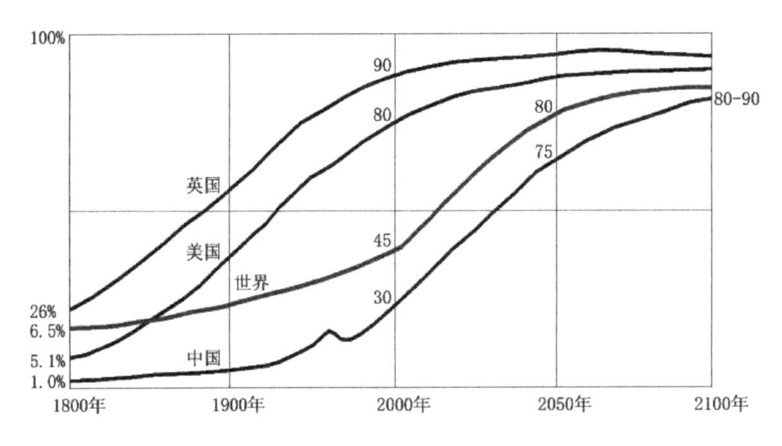


图1-1-6 全球城镇化水平和趋势预测图

资料来源：作者根据相关文献资料自绘.

另一方面，改革开放以来我国的GDP以平均每年9%左右的速度增长，这些增长是以粗放型的产业增长为主，随之增加了大量的就业岗位，每年大约有1000万至1300万的人口需要脱离农业到城市中就业，对城镇化贡献率达到1%。因此，需要城市提供更多的就业岗位以吸纳农村的剩余劳动力，同时也就需要国民经济保持一定的增长。

同时一些问题也随之产生，如城市的无限扩张，新城建设的失败，大量优质耕地被占用，城市就业困难，贫富差距加大等；乡村地区出现了农村的空心化，劳动力流失导致农业劳动力妇女化老龄化，进而导致了农业生产不足。所以，城市的问题和乡村的问题紧密联系、难以分开。许多城镇规划需要考虑乡村问题，需要对乡村和城乡关系有更深入的认识。

（2）以往城镇化过程与乡村问题



我国以往的城镇化过程呈现以工业化拉动城镇化的特点，如图1-1-7、图1-1-8

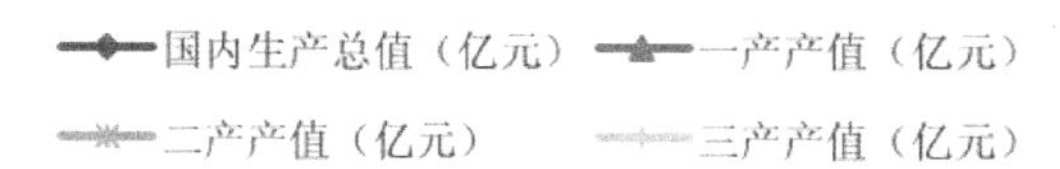


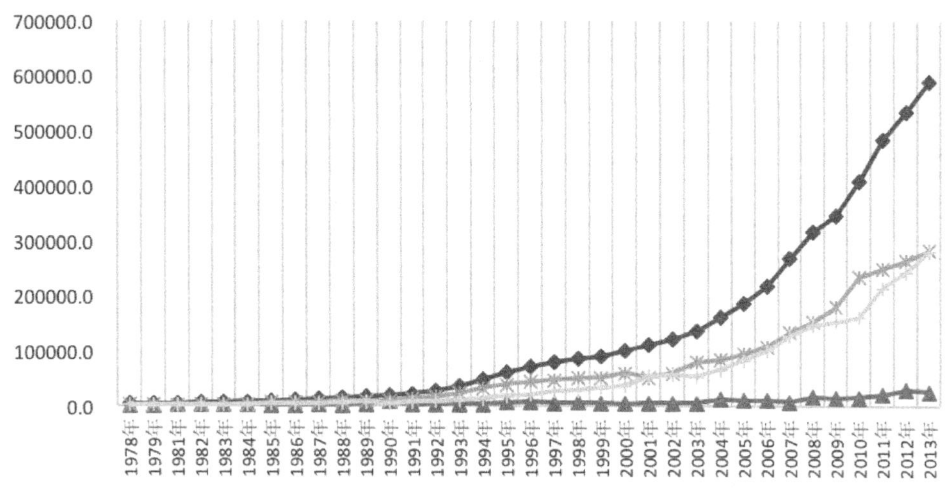


图 1-1-7　改革开放以来我国 GDP 以及三大产业产值变化

资料来源：作者根据国家统计局数据绘制．

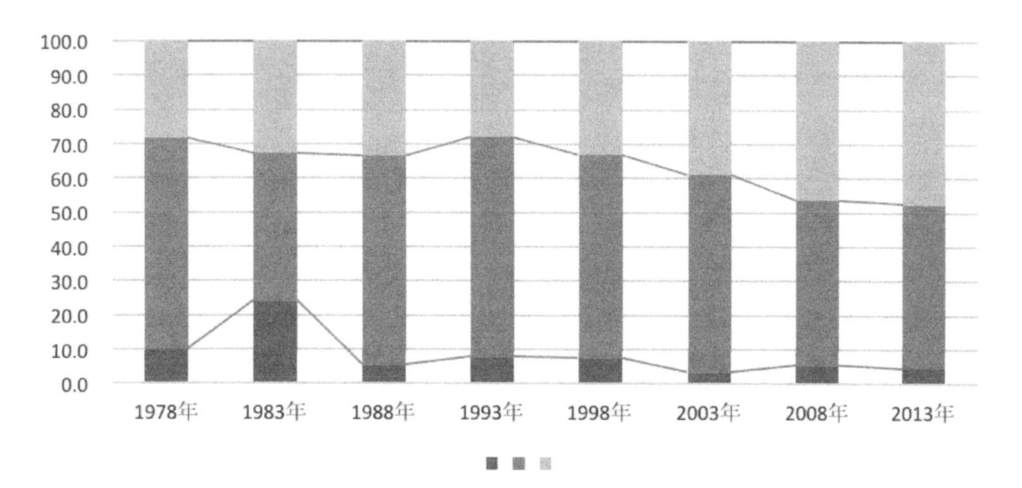


图 1-1-8　改革开放以来及三大产业产值份额变化

资料来源：作者根据国家统计局数据绘制．

所示，改革开放以来，我国的三大产业增速及其在国内生产总值（GDP）中所占份额差异巨大，第一产业无论增长速度或占 GDP 份额比例上，都远比不上二、三产业。然而，我国的工业化过程并没有真正带动城镇化的发展，大城市和特大城市发展过快，中小城市和小城镇发展动力不足。城乡二元结构日益凸显，城乡居民收入差距进一步扩大；同时，出口创汇型的“世界工厂”发展模式更是以牺牲环境和农民利益为代价，进而引发严重的环境和社会问题。

首先，以往的城镇化过程带来的资源消耗和生产大于实际需求，导致环境污染和生存安全的问题日益严重。工业用地、各类新城和开发区建设用地侵蚀农田，乡村自然生态环境遭到破坏，1800万顷耕地红线岌岌可危，国家粮食安全保障问题面临挑战。

其次，以往的城镇化过程过度强调经济发展，而忽视居民生活质量的提升和社会保障体系的完善。户籍制度的滞后造成大量流出的乡村人口在城镇的生活得不到完善的保障；同时，乡村人口大量流出（图1-1-9、图1-1-10），导致乡村的社会结构遭到破坏，空心村、老龄化现象严重，乡村经济和文化全面衰退。

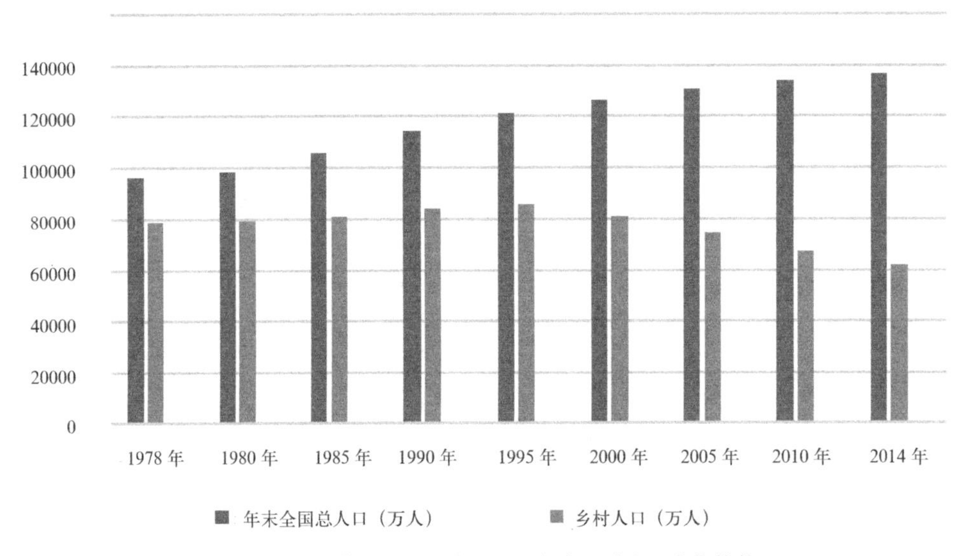


图1-1-9 改革开放以后乡村人口与全国总人口变化趋势

资料来源：作者根据国家统计局数据绘制.

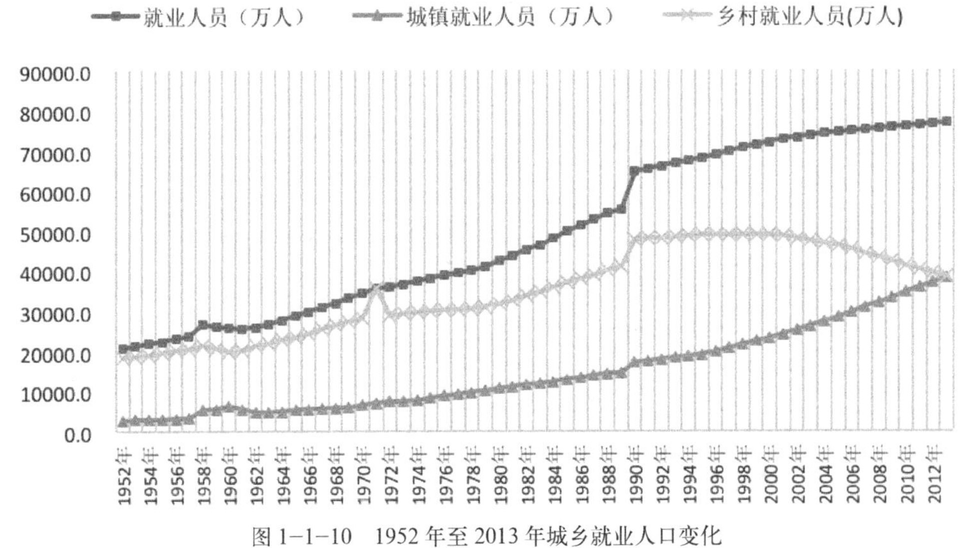


图1-1-10 1952年至2013年城乡就业人口变化

资料来源：作者根据国家统计局数据绘制.

### 1.3.2　关于乡村的未来

（1）中华人民共和国成立以来乡村发展回顾

中华人民共和国成立初期的土地制度改革瓦解了封建地主的土地所有制，转变为农民个体所有制之后进行了土地集体经营的初步探索；其后，随着第一个“五年计划”的完成，我国乡村发展进入了“人民公社”和“大跃进”时期，这一时期的盲目探索损害了农业生产力、打击了农民积极性，并且“以农补工”的导向造成了城乡收入差距扩大。改革开放之后进行的家庭联产承包责任制使农民开始长期拥有土地经营权，完成了自中华人民共和国成立初期之后的土地二次划分。在该阶段初期，乡村的发展开始进入良性转折，农民的积极性高涨、乡镇企业发展迅速，但是后期随着城乡差距的扩大。进入新世纪之后，2006 年的中央 1 号文件《中共中央国务院关于推进社会主义新农村建设的若干意见》中正式提出“社会主义新农村”，我国乡村发展进入新的建设时期。并且，针对我国以往城镇化中出现的若干问题，党的十八大明确提出了“新型城镇化”概念，并且于 2014 年 3 月份正式发布了《国家新型城镇化规划（2014－2020 年）》。新型城镇化对解决乡村问题具有重要的意义和作用。

（2）新型城镇化与乡村发展的机遇

1）乡村人口减少问题与生态环境的修复

新型城镇化是以人为核心的城镇化，通过社会保障制度和户籍制度等城乡社会保障体系的健全和完善，使城乡居民尤其是乡村居民享有安全可靠生活的心理预期，推动社会的全面和谐，进而促进消费、拉动内需，实现社会经济的全面发展和重新组织——新型城镇化过程中，通过生产效率的提高实现先进的农业生产组织模式、建立投资市场。由此，同时伴随的是乡村人口大量转移到城镇，乡村人口的减少使乡村自然空间得到释放，环境压力减少，生态环境修复，这也为乡村能够生产更加安全的食品提供条件。

2）乡村产业和人口的多元化

新型城镇化过程同时也是城乡之间的信息技术、资金产业和人员人才的交流与互通的过程。在新型城镇化过程中，乡村不仅是农业生产和生态的空间，同时也是为城市提供服务和消费的场所。随着城乡之间交流互动的增加，农业产业结构逐渐向服务业升级提升；城乡居民在互动的过程中，其收入、价值观和社会地位之间的差别逐渐缩小；乡村居民实现自身的现代化，乡村的人口、产业和社会结构朝着多元化和混居化方向发展。

3）城乡一体化和乡村价值的再认识

城乡一体化是乡村与城市居民共同继承、创造和平等分享人类共有的物质文明和精神文明，逐步缩小并消灭城乡差别，达到城市和乡村协调发展。在此过程中，发掘乡村特色、重塑乡村活力，生态人文价值观的回归是未来发展的必然趋势和过程。

乡村环境的自然生态价值和乡村历史的人文底蕴进一步彰显，在为人类生存环境提供优质自然基底的同时，也提供一种宁静致远的生活方式的选择。

在新型城镇化过程中，随着信息、市场流通和交往的增多，乡村居民的物质和精神状态在同步改变，乡村的自然生态和空间资源也进入调整时期。在此过程中，协调和统筹乡村资源与要素使之进入良性循环、有序发展是乡村规划需要面临的问题和意义所在。

# 第2节　乡村发展与乡村规划

## 2.1　乡村史略

### 2.1.1　远古和奴隶社会时期

通过北京周口店等人类化石和文化遗物等资料，可以把我国的历史追溯到旧石器时代初期。进入新石器时代后，最早的遗址已经有房基、窖坑、陶窖和墓地，遗物已经有农业生产工具、粟及家畜骨骼，这已经是典型的农村了（案例1-1）。先民选择最有利的环境定居，其村落多在小河旁的台地和丘陵上，当时农业生产的工具非常简陋，材料以木、石、骨为主，耒耜是农业萌芽最重要的生产工具，所以早期农业也被称为“耒耜农业”。孔子的《礼记》将人类社会的进展划分为“大同”和“小康”两大阶段，夏朝以前属大同时代，表现为“天下为公”，此“公”非普天之下的公，而是“万国”自己邦国内部的公，范围不可能比今天的村庄大。

夏禹传子，王位世袭制的确立，是家庭、私有制、阶级和阶级剥削已经存在的标志。《礼记》把夏禹作为“小康之世”的开端，这就是“天下为家”的阶级社会。农业在夏代经济中已经占有重要地位，已经开沟洫以引水或排水，铜器的铸造标志着中国由石器时代进入了铜器时代。

### 2.1.2　封建社会时期

周代实行了井田制，“方里而井，井九百亩，其中为公田，八家皆私百亩，同养公田，公事毕，然后敢治私事。”原来古代以整个族群村落为生产单位，此时缩小到八家，井田制的精神在于守望相助，所谓井田制，实质上就是劳役地租制。周代的农具有耒、耜、钱、銍等，金属制的不多，绝大部分都是石材、兽骨、蚌壳所制，双齿的耒和铲状的耜是周人的主要农具，耕田用人力，通常两人合作，称耦耕。井田制沿用到春秋时期，对于农业生产起到了促进作用。



春秋末期商鞅变法下令废井田，开阡陌，土地可以自由买卖，到战国时土地买

卖盛行，土地买卖的频繁，促进了新兴地主阶级的形成和发展。战国时期铁制的工具在生产中已经广泛使用，进入了“铁耕”时代。

经过秦朝的暴政与秦末的连年战乱，西汉推行了“与民休息”的政策，社会经济逐渐发展，据西汉末年的统计，当时全国有户一千二百二十多万，人口五千九百五十多万，全国垦田数达八百二十七万多顷，这一时期出现了马耕和牛耕，并兴建了水利灌溉网。东汉的农业生产比西汉有了提高。北方出土的东汉铁农具镬、铻、锄、镰、铧等数量之多，超过西汉，犁的铁刃加宽，尖部角度缩小，坚固耐用，便于深耕。

三国时期曹操在北方实行的屯田制使北方社会转向安定和经济恢复，并开始建设漕运体系，而江南地区开始开湖围田，并发展精细耕作的稻田及丝织业。西晋颁行户调式，包括占田制、户调制和品官占田荫客制三部分，目的在于保障官僚地主的封建特权，而又要限制他们过分强大，以巩固封建统治秩序。

北魏实行三长制与均田制，五家立一邻长，五邻立一里长，五里立一党长，均田制授予露田，实际上就是强制垦荒，有助于耕地的扩大和生产的发展。这一时期农产工具特别是征地碎土工具的进步促进精耕细作的农业继续发展，并开始吸取内迁少数民族牲畜饲养的经验。

隋朝颁布了关于均田和租调的新令，还实行了输籍之法，就是由中央确定划分户等的标准，叫作“输籍定样”，颁布各州县，大量隐漏、逃亡的农民成为国家的编户。唐朝初年实行的均田铳和租庸调法促进了农业经济发展，同时犁有了改进，更加便于深耕，出现了水车、筒车等灌溉工具，纺织成为唐代主要的手工业部门，中国农业社会进入全盛时期，耕地面积扩大，粮食储备迅速增加。

北宋的王安石变法推行了农田水利法、青苗法、方田均税法、保甲法等一系列举措，但触犯了豪绅大地主阶层的利益，以失败告终。在农业生产工具方面，除草用的弯锄，碎土疏土用的铁耙，安装在耧车脚上的铁铧，在北宋的中原和华北地区都已普遍使用。戽水灌田的龙骨翻车,已为南方农民普遍使用;南方山田的大量垦辟，又必是使用高转车作为引水上山的工具。南宋政府为求增加赋税收入，奖励州县官兴修陂塘堤堰等水利灌溉工程,当时的州县官大都兼职“提举圩田”或“主管圩田”。同时每年可两收的占城稻、茶叶、棉花种植等普遍发展。

元朝初年，北方农民成立一种“锄社”。至元七年（1270年）元政府也下令在汉地立社。规定五十家为一社，以“年高通晓农事有兼丁者”为社长。这种“村社”制度，以后遍行南北各地，与保甲制并行，成为元朝的农村基层组织，在鼓励农业生产方面起了一些作用。元朝又设都有水监和河渠司掌管水利。元朝的土地分为官田和私田两种。

明朝前期朱元璋下令农民归耕，承认已被农民耕垦或即将开垦的土地都有归农

民自有，并分别免除三年徭役和赋税。次年，又下令把北方各城市附近荒闲的土地分给无地的人耕种，人十五亩，另给菜田二亩，“有余力者不限顷亩”。明中叶的一系列农民起义使得明朝政府不得不在政治上作一些改革，先后实行了减轻租银、整顿赋役以及抑制宦官、裁撤锦衣卫校尉等措施。更重要的是勘察了皇庄和勋戚庄田，把一部分土地退还农民，以扭转政治腐败、边防松弛和民穷财竭的局面。这一时期农业和手工业的生产水平都超过了前代，犁、锄、叉、镰、水车等主要工具已十分完备，铁工具的数量增加，质量提高，推广更加普遍。

清朝的康乾盛世期间，农业生产比以前有了显著的恢复和发展。耕地面积扩大，垦田面积上升。实行了鼓励垦田和兴修水利的措施，稻谷作物产量提高，经济作物种植增加，与农业结合的家庭手工业如绩麻、纺线、养蚕、织布、缫丝得到了普遍推广。

### 2.1.3 近现代的中国乡村

清道光二十年（1840 年）爆发的中英鸦片战争标志着中国近代史的开始，也是旧民主主义革命时期的开始。这期间太平天国的天朝田亩制度以及以康有为、梁启超、谭嗣同和严复等人为代表的资产阶级改良派发动的变法维新等运动都没有扭转中国农村的困境，至抗日战争爆发，由于连年的国家积弱与战争疮痍，中国乡村遭受严重创伤。在民族危机空前严重的这些年中，自然经济的基础遭到重大的破坏，但民族工商业在夹缝中得到了生存与发展。

随着中国共产党农村包围城市的战略格局的实现，中国农村得以恢复和发展。抗日战争时期为团结各阶层抗日的减租减息政策在解放战争时期改变为没收地主的土地，分配给农民，土地改革一直延续到新中国成立后。1955 年《关于城乡划分标准的规定》中规定了城镇的划分标准，并将城镇区分为城市和集镇，其余为乡村；1958 年 1 月，《中华人民共和国户口登记条例》出台，自此出现了农民与城镇居民两个人为划定的等级。1958 年 8 月，《中共中央关于在农村建立人民公社问题的决议》开启了人民公社建设。20 世纪 70–80 年代，面对严重的三农问题，家庭联产承包责任制自下而上的在我国乡村地区发展，并最终成为了国家政策，在当时对于调动农民积极性，解决温饱问题起到了重要作用。

## 2.2 乡村发展中的问题

### 2.2.1 乡村的兴衰演替

在两千多年的封建社会时期，“重农抑商、以农立国”一直是统治阶层的基本国策。自古以来我国“士－农－工－商”的社会阶层划分方式表明传统社会中农民的地位相对较高。由于我国幅员辽阔、人口众多、经济发展极不平衡，自秦汉以来即

使实行高度的中央集权，拥有庞大的官僚体系，也难以实现对乡村的直接统治，形成了“乡村土地由士绅地主所有、乡村治理依靠士绅和宗族家长”的格局。

近代以来，社会时局迎来重大变革。康有为在其《上清帝第二书》中，向光绪皇帝明确提出把“以商立国”作为经济改革的目标，以改变中国几千年“以农立国”的国策。国家通过乡绅治理农村的局面在鸦片战争以后被打破了。随着早期工业化的推进，不仅农业成为收益低的产业，农村生活条件越来越落后于城市，而且在知识学习与信息传播上，乡村也远不能与城市相比。时至民国，国家陷入全面战争泥潭，政局更加动荡，社会变乱四起。乡村社会更是乱象丛生，满目疮痍。一方面，“农村的政权被把持于一般乡绅，或被垄断于一般劣绅，农民的经济向上，无实现的可能，故农民不得不沉沦于贫穷无智的境遇了”（田中忠夫，1932）。另一方面，“因为内乱战争及举行新政之故，关于农民的赋税比较从前超过得很远”（文公直，1929）。农村百业凋敝，农民的生活状况愈加悲惨，农民对土地革命的需求愈加强烈。

1949 年后农村又经历三个阶段的社会主义改造[1]迅速转入集体化。但历史表明，在经历战争创伤的半殖民半封建社会经济基础之上进行急于求成的集体化改造，并不能为农村带来繁荣。之后的“大跃进”、人民公社运动更是超出了农村经济负荷，因而产生了一系列社会治理问题。“文化大革命”结束后，施行的改革开放政策，率先在农村施行改革。改变高度集中的生产方式和管理体制，实现以家庭为核心的农业生产经营模式。农民自主生产的愿望和积极性得到了发挥，农业生产率获得提高，农业剩余劳动力从隐性走向明朗。这种土地集体所有权与经营权分离、在土地集体所有制基础上以户为单位的家庭承包经营的新型农业耕作模式带给中国农村前所未有的改变和发展。但也出现了很多问题，比如，“农村土地产权不明、农户经营规模小、农产品市场竞争力弱、土地承包阻碍了资源整合、乡村干部权力寻租”等乡村治理问题。

从 1990 年代中期开始，“三农”问题（农民、农业和农村问题的总称）的提出意味着中国社会中乡村发展的矛盾日益突出。虽然中共中央全面部署新农村建设，取消农业税减轻农民负担，又推出了发展现代农业的新战略，政策措施在不断地与时俱进，但三农问题依然存在，甚至旧疾之上叠加新患。

从中国乡村发展的历史演进中可以清晰地看到，乡村所固有的问题聚焦于土地问题和治理问题。正因为土地是乡村的核心资源，在不同的历史阶段其成为各种矛

[1] 农业的社会主义改造：指农业合作化运动。通过合作化道路，把小农经济逐步改造成为社会主义集体经济，是中国共产党在过渡时期总路线的一个重要组成部分。党在完成土地改革以后，遵循自愿互利、典型示范和国家帮助的原则，采取三个互相衔接的步骤和形式，从组织带有社会主义萌芽性质的临时互助组和常年互助组，发展到以土地入股、统一经营为特点的半社会主义性质的初级农业生产合作社，再进一步建立土地和主要生产资料归集体所有的完全社会主义性质的高级农业生产合作社。

盾与问题的焦点。而建立在不同社会历史发展阶段上，与土地所有制形式所关联的乡村治理，是造成乡村矛盾的另一大固有问题。如何解决这两个固有问题一直是中国社会发展不断探索的永恒问题。

### 2.2.2 快速城镇化带来的乡村问题

（1）人才流失，农业劳动力妇女化与老龄化

1978–2013年，中国城镇常住人口从1.7亿增加到7.3亿人，城镇化率从17.9%提升到53.7%，年均提高1.02%。快速城市化对乡村的吞噬与挤压，以及市场经济对农村的渗透彻底改变和改造了农村的内核与外貌（贺雪峰，2004）。在中国的快速城镇化影响下乡村出现了以下几种典型现象：

随着我国城镇化的推进，城乡差别，工农差别的扩大，大量农民开始离开世代耕作的土地，去往城镇从事第二、三产业劳动。据全国农村固定观察点系统30个省近2万农户的调查监测，1992–1995年，平均每年转移农村劳动力540万人左右；1995–1997年，平均每年转移360万人左右；1998年以后，我国针对农业和农村经济总量基本满足需求和结构性过剩的情况，进行了农业和农村经济结构战略性调整，农村劳动人口外出就业的机会也大大增加。1998–2004年年均转移380万农村劳动力，年均增长约4%（刘清芝，2007）（图1–2–1）。其中，一部分农民脱离乡村，举家迁移到中心城市或是附近城镇工作和生活，成为城镇人口。在这些有能力率先转移出去的农村人口中，能够在城镇中定居生活下来的往往是有一定技术和专长的人，很大一部分是农业科技人员，具有较高的文化素质，能较快地接受新的生活。此外，在一年一度的民工潮当中转向城镇工作的，基本上都是那些有初、高中文化程度或有一技之长的青壮年劳动力，而且男性所占比例比女性大。这些有文化、头脑灵活、

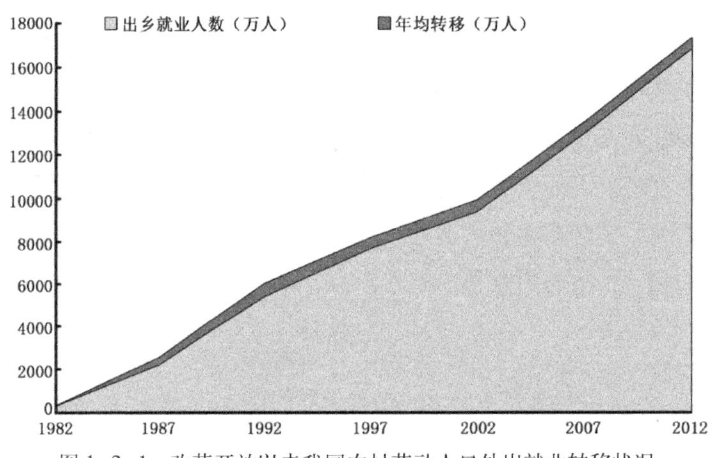


图1–2–1 改革开放以来我国农村劳动人口外出就业转移状况

资料来源：农业部．新时期农村发展战略研究[M]．北京：中国农业出版社，2005．(2005–2014年数据来源为国家统计局)．

懂技术、会管理的乡镇企业经营者，个体工商户和外出打工群体流向城市，对农村劳动力整体素质提高非常不利。农民中有能力者大都外出就业，剩下的就是妇女、儿童和老人维持农业的简单再生产。虽然剩余劳动力通过市场机制有效配置到城镇，但这种流动对农村经济会产生极为不利的影响。农业发展受到冲击，农业生产丧失了最重要的劳动力和有技术、有经营能力的人，这对于农业生产和农村现代化建设产生严重影响（杨山，2009）。

乡村人口老龄化是乡村日益突出的社会问题。以开弦弓村为例（图 1-2-2），1949-1978 年，该村 60 岁及以上人口年均占总人口的 60%-70%，1982 年增至 11.79%，踏上了老年社会阶梯，人口年龄结构金字塔呈现出成年型特征。2000 年全国第五次人口普查时，开弦弓村 60 岁及以上人口占总人口的 20.11%。2004-2010 年开弦弓村人口年报将人口年龄分为 4 段。7 年中，18 岁以下人口年均占总人口的 13.9%，2010 年只有 12.36%；60 岁及以上人口年均占总人口的 22.27%，2010 年达 24.25%，这表明开弦弓村进入了深度老龄化社会（刘豪兴，2008.）。

（2）乡村人口"兼业化"趋势明显

我国的农业属于劳动密集型产业，劳动力大量流失后土地无人耕作，农业技术和资本的投入几乎没有，局部地区生产成本甚至高于收入，种地很难致富，土

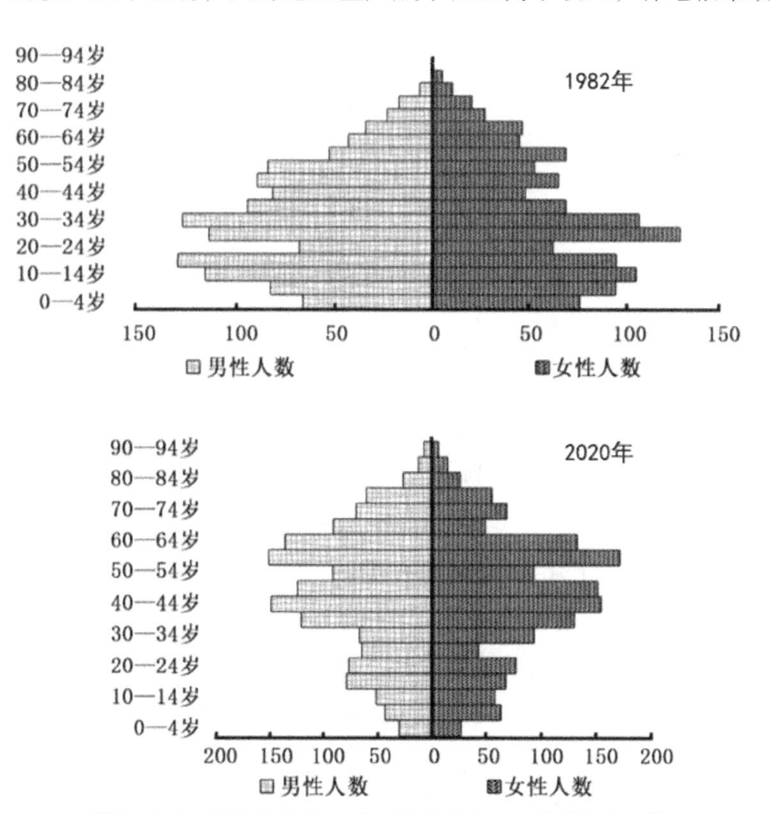


图 1-2-2　1982 年和 2010 年开弦弓村人口年龄结构金字塔

资料来源：刘豪兴．农村社会学 [M]．北京：中国人民大学出版社，2008．

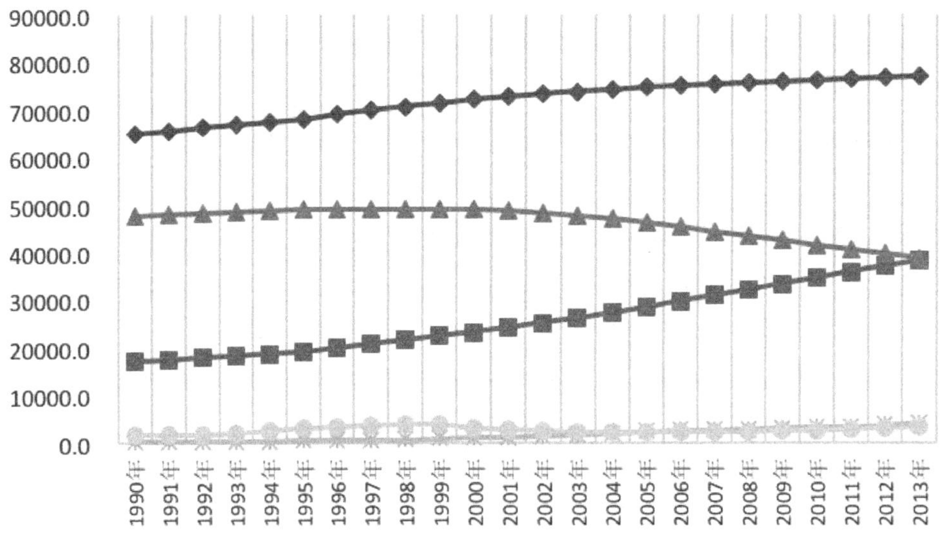


图 1–2–3　1990–2013 年城乡就业人员结构分析

资料来源：作者据国家统计局数据绘制．

地荒芜司空见惯，农业生产萧条。播种面积逐年减少，各户土地利用率下降，流转土地面积增加，农业已不是本地农民从事的主要事业，兼业化程度越来越高。从图 1–2–3 中可见，自 1990 年以来我国城镇就业人员呈上升趋势，而乡村就业人员则呈不断下降趋势。乡村就业人员中的私营企业和个体就业人员呈缓慢上升趋势增长。农村劳动力转移的主要行业中第二产业并不是主导，以服务业为主的第三产业占比重更大（唐晓腾，2012）。

（3）空心化

人口流失带来的直接问题就是旧村衰败，土地抛荒，呈现空心村。同时，农民在外务工会有一部分收入返回乡村，大量的村庄开始呈摊大饼状向旧村四周扩张蔓延，造成“新村蔓延，旧村空心”的现象。旧村和部分农田荒芜，新村建设用地规模过大，导致乡村土地利用更加粗放和浪费。另外，人口流失导致组织乡村管理和公共服务的人缺失，乡村公共生活的逐渐消退。

（4）基础设施落后

乡村在文化、体育、娱乐、医疗等公共服务设施数量不足。据《第二次全国农业普查主要数据公报 2008》，全国仅 87.6% 的村在 3 公里范围内有小学，30.2% 的村有幼儿园、托儿所，医院、卫生院资源仅能覆盖 50% 的村庄；城乡差距、地区差距仍在持续扩大。公共服务资源配置不合理已经成为阻碍农村发展的主要瓶颈（张

能等，2008）。文化体育设施方面，2006 年末，全国有图书室（文化站）的村占全部村的比重仅为 13.4%，有体育健身场所的村仅为 10.7%，而全国拥有体育场馆的乡镇占全部乡镇的比重也仅为 13%，有影剧院的乡镇仅为 16.7%；医疗卫生资源方面，占全国人口近 70% 的农村人口仅享用了约 20% 的医疗卫生资源。2004 年，全国每千人拥有卫生技术人员 3.6 人，而农村只有 1 人；农村每千人平均拥有不到 1 张病床，而城市约 3.5 张（陈振华，2008）。

公共服务设施水平较低。基础教育设施方面，至 2004 年，农村小学的生师比为 28 ∶ 1，同期城市小学的生师比分别为 19 ∶ 1；农村教师整体素质也低于城市，2005 年全国小学具有专科以上学历的教师，农村为 47%–49%，比城市低了 31 个百分点；全国初中具有本科以上学历的教师，农村是 24.34%，比城市低约 38 个百分点。在教育经费方面，农村中学生数量是城市的 4 倍，却只享受到国家中学教育经费的 38%。医疗卫生设施方面，农村地区卫生人员缺乏，专业素质低，乡镇卫生院专业设备明显不足。村级卫生服务层面，随着农村集体经济的持续削弱，农村合作医疗急剧滑坡。

靠近城市的近郊乡村以及大城市的周边乡村，由于快速城镇化吸纳了较多的外来人员（包括外来打工和乡村旅游的导入），而村庄对外来人员管理失效，农村违法建筑和违章搭建问题突出。庞大的外来人口群体又对村基础设施和公共服务构成巨大压力。乡村的社会管理面临众多挑战，村级社区建设日益“复合化”。外来文化和消费文化打乱了原有的乡村文化秩序，宝贵的非物质文化遗产被弱视甚至破坏殆尽。

（5）生态环境脆弱

乡村从选址开始，经过几百年甚至上千年与环境的适应和发展演化，使其生态系统维持在一个相对的平衡状态，长期超饱和状态的耕作和人口压力，使这种平衡变得非常脆弱。由于资源开发过度或者不当导致森林、草原、湖泊与农田等生态系统退化，生态系统抵御自然灾害以及自我恢复的能力不断下降，系统缓冲能力也不断减弱，导致系统的生态服务功能不断下降；生物的生存环境恶化，多样性逐渐减少，食物链的某些环节薄弱化趋势明显；拦河筑坝、河道渠化、硬化等人工市政基础建设等都会对原有的生态系统带来严重破坏。

随着新兴的农业“科学化”和“机械化”的普及，乡村耕种环境发生了巨大变化。但农民整体性的厌农、弃农情绪使得农民耕种积极性降低，有些村庄将大量的土地交给外来人员耕种，虽然土地利用效率并没有得到下降甚至还有所提高，但是由于租种者行为的“功利化”，为了提高农产品的产量和外观美化，大量使用农药和化肥，导致土壤耕作环境破坏加重，严重影响周边生态化耕作的农田（如苹果韭菜的收割难题），产品质量和卫生状况明显恶化，农村的生态环境严重破坏，农村大病重病人员不断增多并严重加剧。

（6）乡村空间碎片化、风貌的丧失

由于长期受到“重城轻乡”思想的影响，乡村空间经历了“集中－分离－集中”的过程，伴随着不同程度的城市化进程，现实中却呈现出被称作“半城半乡”或“城乡一样化”的独特城乡空间现象（杨廉和袁奇峰，2012），急剧扩张的非农建设用地在区域中呈“面”状展开，各类土地利用斑块混杂交错，形成“碎片化”的土地利用现实，对实施农业集约化，现代化极为不利。

由于忽略了对村庄的环境价值、历史文化价值、建筑美学价值等多方面的考虑，而逐渐造成乡土风貌的丧失。中国几千年来适应自然环境而形成的乡土遗产、乡土村落将成为历史，文化认同将随之丧失。

## 2.3　乡村规划的现状与课题

### 2.3.1　当前乡村规划开展的主要特点

（1）以地方政府为主导，社会广泛参与

当前开展的乡村规划主要以地方政府推动为主导。各地均出台了一系列相关规定、政策指引，提出规划要求并在增加经费投入等方面积极推动乡村规划的开展和实施，其中浙江、江苏、广东、四川、安徽等几个省份规划实践起步早。各地开展了各具特色的乡村规划探索，如江苏省开展的现代化新农村建设、浙江省开展的“万村整治、千村示范”工程，海南省开展的生态文明村建设等。总体上看，经济发达地区尤其大城市郊区开展的乡村规划实践更为深入、全面，由于受到城市经济的辐射，这些地区成效更为显著，而偏远地区、城市经济不发达地区，乡村规划的开展相对滞后。

在地方政府积极推动乡村规划的同时，一批“三农”学者、企业和高校也积极参与到新农村建设实践中。如温铁军、贺雪峰等学者积极倡导“新乡村建设运动”、华润集团推动的希望小镇扶贫项目、以同济大学为代表一些高校开展的乡村调查和教学实践等。

（2）各地实践侧重不同，注重多样化发展

各地乡村规划实践侧重不同，规划编制内容上也存在一定差异。大致分为三类。第一类侧重环境整治和环境美化。如江苏省出台了《全省美好城乡建设行动实施方案》（2011）和《全省村庄环境整治行动计划》（2011），强调乡村建设的规划引导和环境整治。第二类侧重土地的集约化。如许多地方围绕土地整理提出“三个集中”（产业向园区集中、居住向社区集中、土地向规模经营集中），广州提出包括“留用地入园”、“居住入社区”、“盘活空心村”等规划措施。第三类侧重建设规划。一些地区注重农村居民地区的适度集中，推进新农村社区集中建设。



各地根据地域特点和类型差异提出对新农村规划的指导，普遍采取与不同地区

发展实际相适应的分类指导的框架，有的按发展模式划分，有的按地域差别划分，有的按镇村体系类型划分，指导确定乡村规划编制方法。如广州市划分城中村、城边村、远郊村、搬迁村；江苏省和安徽省划分城郊型与乡村型村庄；重庆市划分为都市型、城郊型、远郊型村庄；上海市划分为城市规划用地内、邻近城市集中建设区、远离城镇集中建设区的村庄等。

（3）多维度探索乡村规划的实践创新

乡村规划实践具有综合性、多样性的特点，各地在实践中积极探索在制度改革、政策创新、适应地区特点的经济发展模式以及乡村规划编制方法、组织方式等多维度的创新。例如，广州围绕土地制度创新，提出“三个置换”（以土地承包经营权置换城镇社会保障或承包企业股权、以农村宅基地和农民住房置换城镇产权住房、以集体资产所有权置换股份合作社股权）；上海集合郊野公园和城市建设用地减量化要求，乡村规划编制中强调集体建设用地土地流转，在不增加村内建设用地总量的同时，严格实施保护耕地，对低效建设用地进行减量化；成都地区在城乡统筹实践中推行乡村规划师制度，探索乡村规划组织、管理和实施的方式等。

### 2.3.2 乡村规划实践中存在的主要问题

（1）存在认识上误区和脱离实际现象

城镇化是农村人口不断向城市转移的过程，农村经济衰退和农村社会萎缩是城镇化面对的长期问题和矛盾。因此，乡村规划与城市规划面对的基本问题不同，应对乡村衰退、塑造乡村活力是乡村规划的基本出发点和存在的价值所在。但一些地区的乡村规划实践并未关注乡村发展趋势，片面理解城镇化和农村现代化，对减量规划、萎缩规划认识不足。

农村的生产生活范式与城市不同，分散是农村人居环境的基本特点。但许多地方存在乡村规划脱离乡村发展实际的现象，违背农村地区的发展规律。例如，一些地区片面强调将农村居民点整治与土地增减挂钩，盲目撤并乡村居民点。也有一些地区片面强调集中的农村社区化建设，脱离农村的生产生活方式，盲目推行农民上楼。

（2）重物质空间轻自身循环机制建设

乡村发展问题具有综合性的特点，发展机制不同于城市。在推进乡村规划过程中，物质环境的更新只是其中一个方面，或者是某一阶段的任务，而长期任务则是如何建立起乡村可持续发展的机制。目前，大量乡村规划实践集中在村庄风貌整治和环境改造，这些做法对于改善农村地区的生活环境是必要的，并且容易在短时间内收到成效。

要实现农村地区的可持续发展有赖于建立自我良性发展的循环机制，既需要国家层面的顶层涉及，也离不开地方实践的积极探索。包括激发农村地区经济发展活力，探索适合农村地区发展实际的公共服务和基础设施配置方式，促进城乡的双向交流，

增加农村地区公共政策供给以及推进城乡二元化体制创新等内容。尽管这些方面在现有的乡村规划实践中均有所涉及，但需要进一步加强。

（3）规划体系、规划方法和实施机制的局限

虽然《城乡规划法》中明确界定了乡村规划的法定地位，同时也提出乡村规划需要从居民意愿出发，满足乡村发展的实际需求。从现行规划编制体系特点来看，具有自上而下政府主导的特点，而乡村规划尽管也需要体现政府对乡村发展的引导，但更多的应是一种自下而上的规划。两者之间存在着一定的“断层”现象。例如，乡村规划与上位规划之间的关系，乡村规划的法定性内容如何界定等。

从居民意愿出发、体现公众参与是乡村规划编制的基本方法，规划内容也与城市规划存在差异。但许多地方规划实践仍然是以城市发展的思维对待乡村问题，规划方法上对此尚不适应。

在实施机制方面，乡村规划需要逐步适应村民自治的乡村治理模式，目前大部分规划实践仍然主要体现了地方政府主导规划实施的特点。

### 2.3.3 亟待开展的一些研究课题

无论是对乡村发展问题的认识，还是对乡村规划的研究，都是目前城乡规划工作的薄弱环节，许多方面亟待开展研究，主要可以归纳为四个方面：

（1）乡村发展特点和规律研究

第一，乡村的发展机制不同于城市，是一种具有自组织特点的社会聚落，需要研究其运行特征、组织方式和发展的规律；第二，城镇化对乡村发展将产生长期影响，需要从城镇化和现代化宏观视角，认识乡村的发展趋势；第三，乡村差异性大，反映地区在发展条件、分布区位、地理条件、民族文化、历史传统等各个方面，需要研究不同地区的乡村发展类型和特点。

（2）乡村社会治理与政策研究

乡村发展问题本质上是社会问题，乡村的萎缩是城镇化的客观趋势，但对一个国家而言，只有城市的现代化，而没有乡村的现代化，都不是成功的。实现乡村社会的现代化、经济的现代化和生活方式的现代化，提高乡村现代化治理能力，是新型城镇化的重要任务。制度创新是实现乡村现代化的基础，政策设计是重要手段。关注乡村的社会变革和乡村规划的干预方式，加强政策研究，是乡村规划研究亟需加强的重要内容。

（3）乡村规划理论与方法研究

尽管乡村规划应视作城乡规划体系的组成部分，但由于乡村社会与城市社会的差异，在理论与方法体系上仍然需要拓展，并逐步理清乡村规划与城乡规划体系内涵与外延的关系，主要包括四个方面：

首先是乡村规划的知识体系，乡村发展具有综合性，体现相关学科的交叉融合是乡村规划的基本要求，这对乡村规划教育和人才培养将会产生重要影响；其次是中国乡村规划思想体系，实现中国城镇化进程中乡村与城市的同步现代化是乡村规划的思想基础；再次是乡村规划的内容体系，乡村规划内涵上具有区域规划、更新规划、社区规划的特征，同时乡村规划的类型具有多样性，乡村差异性大，符合实际、因地制宜是乡村规划的基本原则。乡村规划的开展既要体现政府对乡村的积极引导，也要体现村民自治的基本特点，实施主体和需求差异对应的规划内容和方法不同；最后是乡村规划方法体系，乡村规划类型的多样性决定了方法的多样性，公众参与是树立乡村规划价值导向的一种基本能力，乡村量多面广，以及动态性、日常性都会带来乡村规划工作方法、内容和规划管理上的难度。

结合国家政策与地方实践将1949年后的乡村规划概述为四个阶段（图1-2-4），1949年前主要侧重于“乡村建设实验”，极少涉及乡村规划的内容（梅耀林，2014）。国内乡村每一时期的演化与当时的经济社会发展特征及需求密切相关，规划内容逐渐由粗到细、层次亦由少到多。乡村规划所取得的社会效益仍是较为宏观的，对于村庄迫切所需要解决的中微问题，还未能深入。

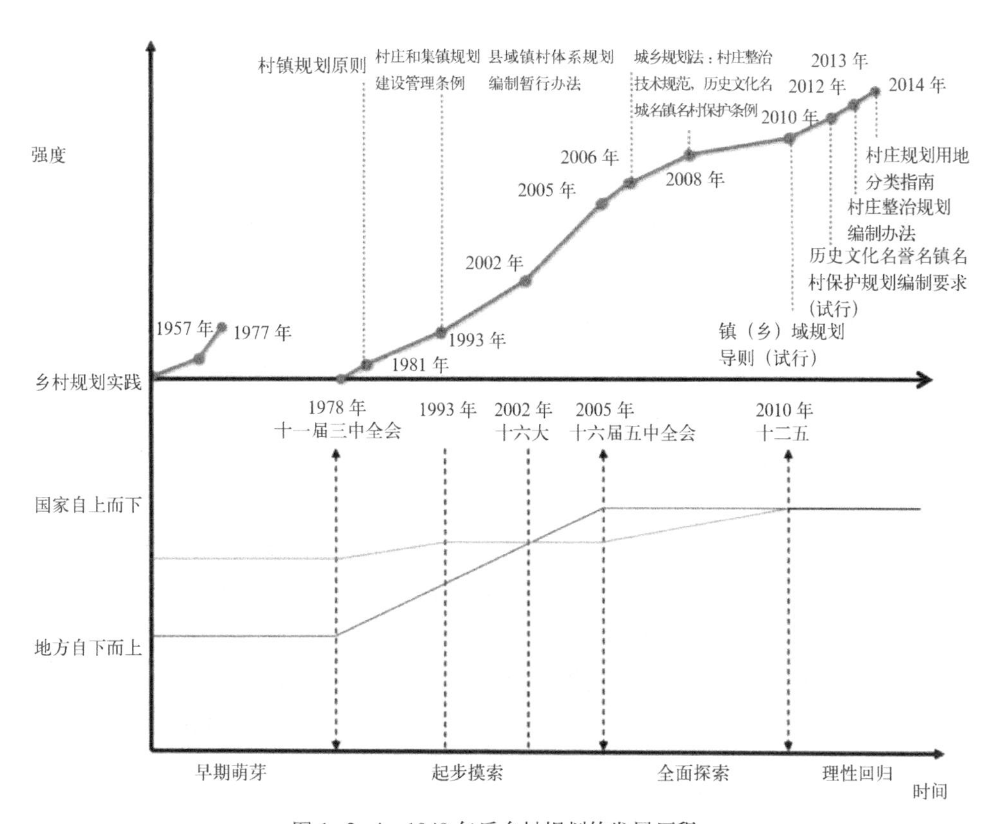


图1-2-4 1949年后乡村规划的发展历程

资料来源：梅耀林，汪晓春，王婧等．乡村规划的实践与展望[J]．小城镇建设，2014，11期．

（4）乡村规划实践与实施机制研究

面向实践是乡村规划的重要特点，按需规划是乡村规划实践的基本要求，因此需要不断通过规划实践完善乡村规划体系和工作方法。乡村规划实践需要广泛的社会动员，深入理解农村发展实际，深入调查分析规划村落的现状和问题，动态监测乡村地区不断发生的变化，及时把握阶段性需求，寻求基于地方性的规划方法。在实践中解决乡村规划碰到的实际问题，如针对适应农村地区分散化形态的公共服务均等化的实现路径以及基础设施配置方式等。从不同地域发展实践出发，有助于探索地区差异化发展道路，包括地区间发展差异的比较研究、不同地区城镇化动力机制研究、政策影响研究以及乡村规划实施机制研究等。在实践中，总结经验提高乡村规划的编制水平，根据实际完善乡村规划编制的组织方式、规划管理和法规体系、人才培养模式等。

## 本章思考题

1. 为什么乡村不等同于农村？
2. 为什么乡村需要规划？
3. 您认为乡村的未来应是什么样的？

## 参考文献


[1] 费孝通 . 江村经济——中国农民的生活 [M]. 北京：商务印书馆，2014.

[2] 施坚雅著，史建云，徐秀丽译 . 中国农村的市场和社会结构 [M]. 北京：中国社会科学出版社，1998：6–8，22–24.

[3] 刘豪兴 . 农村社会学 [M]. 北京：中国人民大学出版社，2011（2004 第一版）.

[4] 冯骥才 . 不把“新农村”变“洋农村”. 载光明日报 . 2006–03–08.

[5] 张小林 . 乡村概念辨析 [J]. 地理学报，1998（4）.

[6] 陈威 . 景观新农村：乡村景观规划理论与方法 [M]. 北京：中国电力出版社，2007.

[7] 乔家君 . 中国乡村社区空间论 [M]. 北京：科学出版社，2011.

[8] 刘豪兴主编 . 农村社会学（第二版）[M]. 北京：中国人民大学出版社，2008.

[9] 雷诚，赵民 .“乡规划”体系建构及运作的若干探讨——如何落实《城乡规划法》中的“乡规划”[J]. 城市规划，2009（2）.

[10] 赵淑杰，陈元 . 天津市现代化农村建设对策 [J]. 天津学院学报，2004（11）.

[11] 杨友孝 . 中国农村可持续发展区域评价与对策研究 [M]. 北京：中国财政经济出版社，2002.

[12] 刘清芝 . 中国农村人口结构综合调整研究 [D]. 东北农业大学，2007.

[13] 王景新 . 乡村建设思想史研究脉络 [J]. 中国农村观察，2006（3）.

[14] 董磊明．从覆盖到嵌入：国家与乡村 1949 — 2011[J]. 战略与管理，2014（3-4）.

[15] 曹锦清．黄河边的中国：一个学者对乡村社会的观察与思考 [M]. 上海：上海文艺出版社，2000.

[16] 全国高等院校城乡规划学科专业指导委员会，哈尔滨工业大学建筑学院 编．美丽城乡·永续规划——2013 年全国高等学校城乡规划专业指导委员会年会论文集 [M]. 北京：中国建筑工业出版社，2013.

[17] 同济大学建筑与城市规划学院，上海同济城市规划设计研究院，西宁市城乡规划局 编．乡村规划——2012 年同济大学城市规划专业乡村规划设计教学实践 [M]. 北京：中国建筑工业出版社，2013.

[18] 张尚武．城镇化与规划体系转型：基于乡村视角的认识 [J]，城市规划学刊，2013.

[19] 国风．中国农村的历史变迁 [M]. 北京：经济科学出版社，2006.

[20] 杨山，陈升，张振杰．基于城乡能量对比的城市空间扩展规律研究——以无锡市为例 [J]. 人文地理，2009（6）.

[21] 张能，武廷海，林文棋．农村规划中的公共服务设施有效配置研究 [C]. 转型与重构——2011 中国城市规划年会论文集 2011. 北京：中国建筑工业出版社，2011.

[22] 陈振华．城乡统筹与乡村公共服务设施规划研究 [J]. 北京规划建设，2010（1）.

[23] 田中忠夫．国民革命与农村问题 [M]. 北京：村治月刊社，1932.

[24] 文公直著．中国农民问题的研究 [M]. 上海：上海三民书店，1929.

[25] 贺雪峰，胡宜．村庄研究的若干层面 [J]. 中国农村观察，2004：65-71.

[26] 唐晓腾，潘智勇．汤村故事：城市化中的乡村上海 [J]. 党政论坛：干部文摘，2012：58-61.

[27] 杨廉，袁奇峰．基于村庄集体土地开发的农村城市化模式研究——佛山市南海区为例 [J]. 城市规划学刊，2012（6）：34-41.

[28] 张泉，王晖，梅耀林，赵庆红．村庄规划（第二版）[M]. 北京：中国建筑工业出版社，2011.

[29] 葛丹东，华晨．论乡村视角下的村庄规划技术策略与过程模式 [J]. 城市规划，2010（6）：55-59.

[30] 周锐波，甄永平，李郇．广东省村庄规划编制实施机制研究 [J]. 规划师，2011（10）：76-80.

[31] 梅耀林，汪晓春，王婧等．乡村规划的实践与展望 [J]. 小城镇建设，2014.

[32] 邱幼云，张义祯．中国近百年农村建设的历史逻辑．中国社会学网，http：//www.sociologyol.org/yanjiubankuai/fenleisuoyin/fenzhishehuixue/nongcunshehuixue/2007-03-26/950.html.

[33] 赵甲平．中国农村的发展史 [EB/OL].http：//www.qh88.cn/%E6%96%87%E9%9B%86/%E4%B8%AD%E5%9B%BD%E5%86%9C%E6%9D%91%E5%8F%91%E5%B1%95%E5%8F%B2.htm，2009-03-07/2015-09-22.

# 第二章　乡村空间的解读

## 第1节　乡村空间的构成

### 1.1　乡村空间的特征

乡村空间不完全是一个自然空间，是人类自农业文明以来对自然不断认识，通过利用太阳能进行空间化种植形成的耕地，通过驯化野生动物形成的牧场，以及人类为自身生存对自然改造形成的生产和生活的空间（系长浩司，2012）。因此，乡村是一个人工的空间，和高度人工化的城市空间相比，乡村空间是依托自然环境而生成，是对自然环境的利用和资源管理形成的空间，是人与自然在高度相关的时空中显现的动态空间。因此，乡村也是由自然、社会、经济和文化共同作用的结果，乡村空间可以从不同的学科进行解读，基于乡村空间更多的自然属性，首先从生态

学角度来认识乡村空间十分重要。

仅以我国长三角圩区的乡村空间为例，由于地处冲积平原和海水与淡水交替之间，生物多样，资源丰富，大量兴建的圩区都是通过人工开挖运河，将所挖出的泥土堆于运河两旁，形成相对地势较高的闭合型的“垄”，将房屋建造于“垄”之上，既可防涝，又可获得良好的通风和光照条件，将围合在地块内部的水排到运河后获得耕地，在地块中部保留洼地作为鱼塘，使地块具有一定的水量调节和蓄洪能力，形成由“垄、宅、田、塘”四要素共同构成一个圩的基本单元，同时也是一个基本的家族领地。这些相似和连绵的基本单元构成了圩区，这种古老的空间体系沿用至今，支撑着水乡地区的生产生活和社会经济的发展。纵横交错、四通八达的运河既是水量调蓄的空间，又构成沟通了村庄之间，以及村庄和外部联系的水路交通体系。村落沿水路而筑，呈线型，每户都可以公平地取水和排水，享受平等的区位条件。从村落到耕地中心的水塘依次安排住宅、柴草燃料堆放、家禽家畜养殖、蔬菜种植、水田和鱼塘。由于宅基地地势较高，有利于形成自然排水坡度，使生活污水从住宅自然流向农田，实现有机灌溉，并使剩余营养物质最终汇集到圩田中心的水塘喂鱼，鱼塘和农田又为住户提供了粮食和水产品，进而形成了完整的物质循环利用体系（案例 2–1）。

由于考虑到冬季西北风的影响，住宅建筑开窗多为朝南，北墙无窗或开小窗，尽量减少冬季的热损失，房屋北侧种植常绿树，以抵御冬季西北风寒，南侧种落叶树，以利于夏季遮阳和冬季接收光照，而沿水路两侧大量种植树木则有利于在夏季形成小气候，降低水路和住宅周边温度，形成舒适宜人的居住环境。

位于圩田中心洼地的鱼塘（目前常见的形态为一段排水沟）实际上是一个人工湿地，不仅具有经济价值，还具有蓄洪和排洪功能，枯水期可以提供灌溉用水，洪水期可保证宅基免于自然灾害。这种连续的排洪通道可以沟通相邻的圩区，形成更大区域的防灾体系，实现区内联动，成为当地乡村社会网络的重要组成部分（图 2–1–1）。

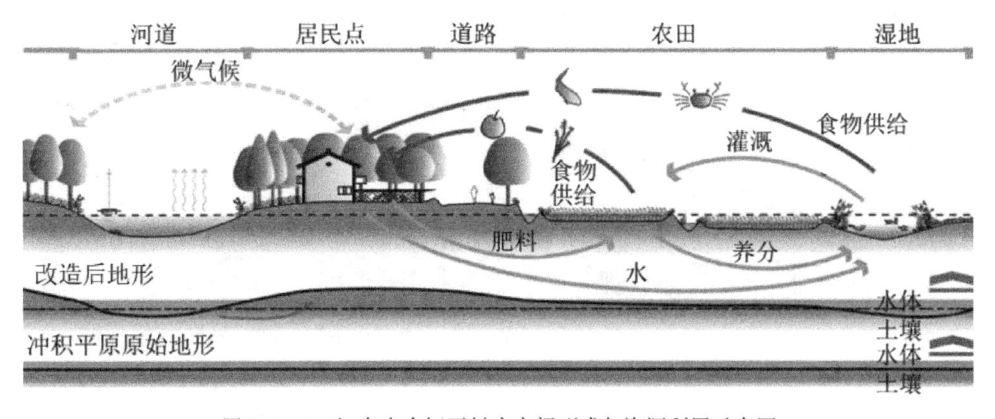


图 2–1–1　江南水乡圩区村庄空间形成与资源利用示意图

资料来源：作者自绘．

## 1.2　乡村空间的区域结构

乡村是一个区域，相对于城市而言，乡村是以从事农业为主要生活来源的人口分布较分散的地区。由于乡村的生产和生活来源多以地方自然资源为主，村庄的产品和劳动工具往往会是单一或同质的，而周边资源相比往往具有异质性，于是有了与其他村庄交易的需求。另外，家族是乡村生产生活的基本组织单元，随着家族繁衍和人口增长，生产效率的提高，社会交往需求会增加。然而，传统的乡村是一个熟人社会，熟人之间的交易是无法进行的。因此，在一天出行范围内，一定的乡村地区的中心地出现了集市，集市交易一般从早上开始，中午结束，平原地区从周边村庄到集市的平均距离一般为 3 至 5 公里。集市有定期、不定期和常年集市，乡村地区的集镇大多数也是在这些传统集市的基础上发展建设起来的，集镇是集市交易频繁的结果，也是集市交易后剩余产品再交易的空间，集镇促成了乡村地区兼业和专业商人的定居，商家起初是作为农民的代理人，将收集起来的农产品，通过倒卖获利，而后又进一步拓展交易的业务，并建造店铺，将集市转变为集镇，现在的集镇已经成为集商品流通和交易、生产就业、文化娱乐和居住为一体，成为乡村地区社会经济的中心，主要服务于周边的乡村地区。因此，乡村区域的空间存在集镇和村庄两个不同的层次。由于自然地理、人口密度、

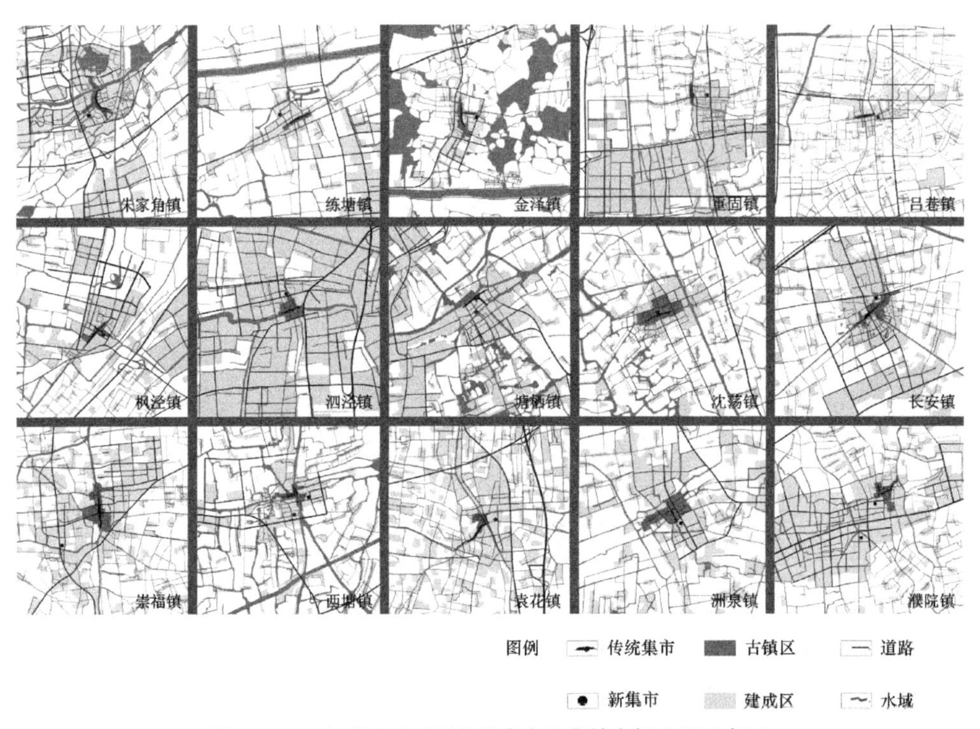


图 2-1-2　江南水乡地区传统集市和集镇空间关系示意图

资料来源：宁雪婷．集市对江南地区小城镇空间影响的研究——以奉化萧王庙街道为例 [D]. 同济大学，2014.

乡村产业形态、历史成因的不同，和区域社会经济发展水平的不同，我国的集镇空间形态和分布密度存在巨大的差异，表现出强烈的本土空间特征。还是以江南水乡为例，传统集镇用地规模在1平方公里以内，集镇多位于水路或水陆交通便利的交汇处，集镇的空间是基于集市的发育和成长的，集市最初一般沿岸线发展，超出步行距范围或受到空间阻隔时，集市空间便会沿岸线纵深发展。另外，在同一地域，集镇的空间形态具有极大的相似性，即使在快速城镇化进程中，集镇建成区的规模扩大了几倍，但传统集市仍然处在相对中心的位置，并且依然富有活力（图2-1-2、案例2-2）。

# 第2节　乡村空间的变化

## 2.1　村庄的原型

村庄是构成乡村空间的基本单元，我们现在看到的村庄大多数是在传统村庄的原址上形成和扩展出来的，通常将没有受到工业化和城市化影响的传统村庄的空间形态称为原型，对村庄原型的研究，对解读乡村空间的成因，认识村庄空间的结构和文化传承的脉络具有重要的意义。传统村庄是基于传统农业自有的耕作和生产方式，利用周边资源自然逐步发展而形成的，具有与所在自然环境、地形地貌相融合的景观特色，其空间格局是由山、水、田、村、宅等基本物质空间要素构成的，是农业生产空间、建筑与各类空间复合构成的本土化空间，也是由密切的血缘和地缘关系构成的相对封闭和自给自足的社会文化体系，是乡村生产生活和自然环境共同构成的复合体，研究村庄的原型对乡村空间解读和发掘人与自然的深层关系具有重要意义。

在传统村庄空间内，由于农业的劳动效率存在明显的距离衰减，往往形成以宅基地为中心的同心圆式土地利用结构，以住宅为中心由内向外依次为家禽养殖、提供蔬菜的园地、高产耕地、中低产耕地，再向外为位于耕作半径之外的牧地、林地等非耕地。随着人口增加和家族内部分解，以及农业生产效率的提高，在适合耕作地区出现村落群，同一区域的村庄空间仍然表现出相似的同心圆结构，这种连绵不断重复出现的村落地带组成了乡村地域的景观特色。然而，即使在不同自然地理和气候条件的地域，资源条件和农业类型不同，但从村庄原型构成的内在逻辑来看，仍然具有一定相似性。因此，研究原型，对分析村庄的形成、发展和演变，正确认识村庄发展现状和存在的问题具有重要意义。

我国大多数村庄是以家族繁衍为原点的。因此，原型的基本空间单元就是一个

家族领地，也被称作自然村，自然边界、农田和宅基三个基本要素构成了一个基本的空间单元。以水网地区村庄空间为例，出于耕作的需求，首先对自然水系进行整理，使相邻河道的间距通常在200米左右，以便于形成自然的排水坡度，利于农田排水和灌溉，河道所围合的空间也就自然成为一个家族领地，并以此构成了明确的产权界线（图2-2-1）。

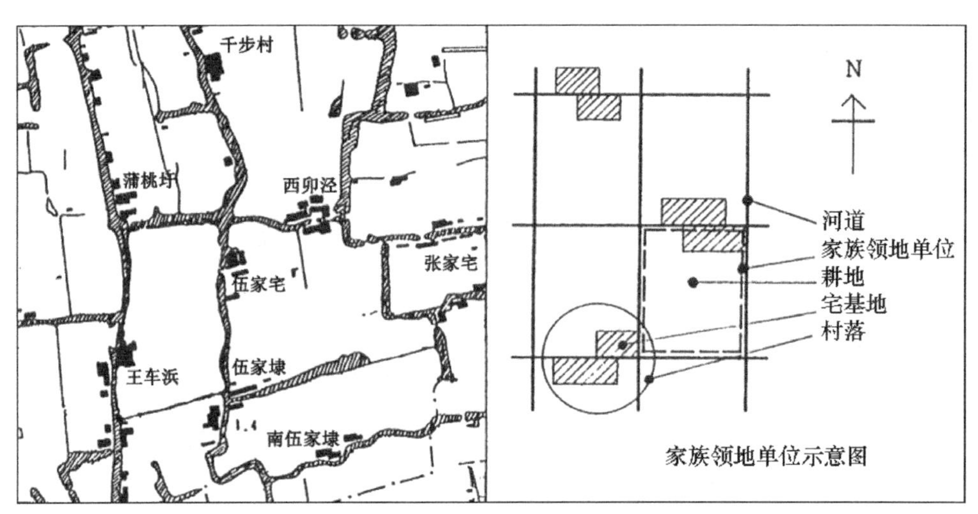


图2-2-1　水乡地区传统家族领地空间示意图

资料来源：作者自绘.

村址和宅基的选择通常基于接近生活资源和安全的需求，早期的选址甚至通过占领其他动物领地而获得，来自于动物的本能和自然选择，但仍然表现出适应气候变化，选择适宜耕作的土地、适宜家族繁衍和适宜居住的小气候的智慧，以及通过人工方式改造部分自然空间的智慧。同一血缘关系的家族在空间上相对集中，主要道路、场地、宗祠、水井、水塘、古桥、古树等是家族公共生活的中心，具有综合的功能，既是生活的空间，也具有生产的功能，还是家族的精神场所（案例2-3）。

传统村庄不但是一个独立运作的生命体，也是一个自治体，主要有长老制和协商制。从空间管控的角度看，协商制发挥着重要的作用，通常以村规民约（或乡规民约）形式体现出来。所谓村规民约是在民主协商的基础上制定的一整套行为规范，涉及做人底线、处事原则，纠纷调解和生产生活中的重大安全问题，以及处罚措施等。在空间管控方面，村规民约往往会涉及明确的宜建、禁建区规定，有针对性的处罚措施，对土地和空间等各类资源的分配，甚至还涉及建筑退让、建筑形式和建筑高度的具体规定和尺寸。村规民约有书面和口头等不同形式，通过世代传承，对村庄的长效资源管理、环境保护、土地利用和子女教育具有良性作用，强化了家族内部的凝聚力，也体现了对自然的敬畏与尊重。

## 2.2 村庄的土地使用

### 2.2.1 土地使用的结构

村庄空间的土地利用与其产业类型密切相关。在传统村庄中，种植业和养殖业占据了产业的主体。由于劳动效率存在明显的距离衰减，往往形成以宅基地为中心的环形土地利用带。以宅基地为中心由内向外依次为园地、高产耕地、中低产耕地，再向外为位于耕作半径之外的林地、牧地、荒地等非耕地。在村庄发展到一定规模后，随着人口的增长，村庄的建设密度也逐渐变大，各住宅之间的距离变小，宅基地之间的非耕地逐渐消失，中低产耕地也逐渐缩小，宅基地以外以园地（如，靠近住宅的自留地和自家菜园等）和高产耕地为主。

### 2.2.2 土地使用调整的周期

一般情况下村庄人口的增长可以带来土地使用效率的提高，但不会带来土地使用结构的变化，然而，居住空间密度的变化，往往会导致空间的裂变，形成旧村和新村两个部分，这种现象往往在25年左右为一个周期的新生代组织家庭时出现，也就是说大约每25年村庄的土地使用要进行一次调整，其中包括新生代宅基地划拨和耕地再划分两部分，即使没有政策的变化，这种调整也是必要的。新生代的住房多修建于原有住房周边，或另辟新地，往往呈相对集中的建设形态，村庄内就此形成了我们通常所说的新村和旧村两部分。由于时代变化，新建住宅和原有住宅不但在建筑形式和风格上会有较大的不同，新村和旧村的空间肌理甚至截然不同。

图2-2-2为华东地区某自然村历史演变的示意，该村沿一条河道南北而筑，1994年全村有36户，北侧为王氏家族，南侧为赵氏，两姓氏家族隔河相望。随着各自家族人口的增长，村庄宅基地沿河道向东西两侧横向扩展，至人民公社时期，村集体经济不断扩大，统一建设畜棚、养殖场、公共晒场和幼儿园等，并修建石桥以便于来往。到1984年实行家庭联产承包责任制，沿河的村庄建设用地横向扩展到达领地边界，宅基地开始向垂直于河道的纵向扩展，为避免建设混乱，经村民小组共同研究决定新生代建房统一依照建设部门规定的宅基地标准，并集中建设在河道南侧，由此打破"北王南赵"的氏族空间格局，形成王、赵两氏家族新生代在空间上融合的"新村"。

### 2.2.3 宅基地和耕地的关系

土地调整的一项重要任务就是耕地的再次划分。在此仍然以自然村为例，1984年实行家庭联产承包责任制后，村民小组在对每一块责任田的肥力、灌溉条件、可达性和与宅基地的距离等进行分类和综合评价后，依照评价结果，将责任田公平地分包到每个农户，使每户都会分配到距离其宅基地较近、较远、较高、较低的土地。

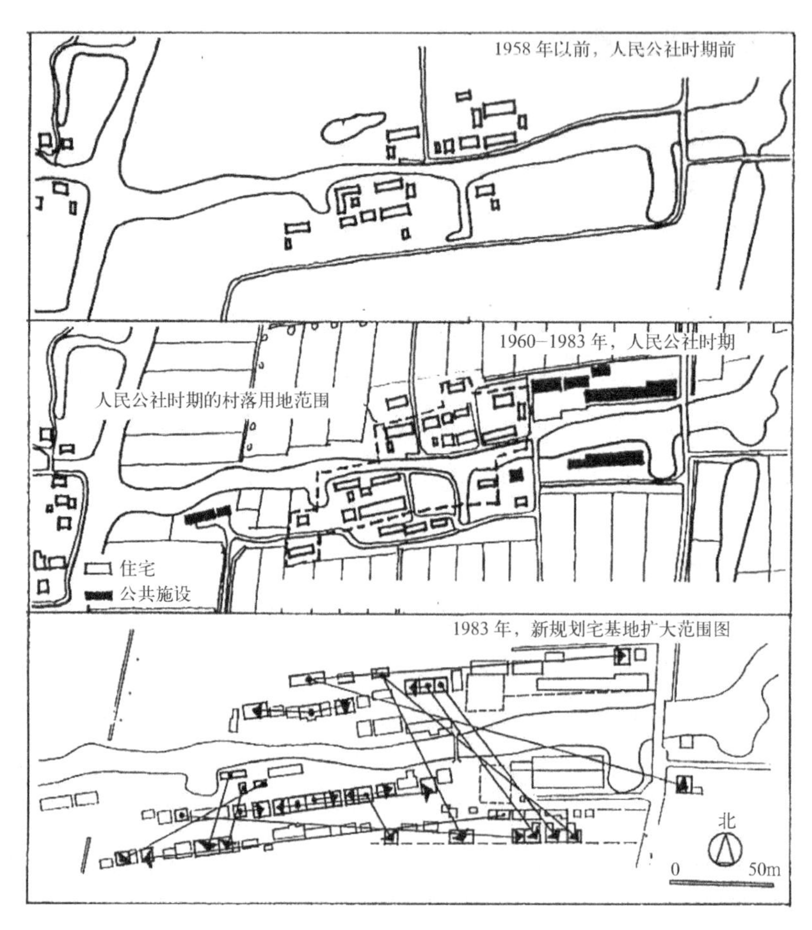


图 2–2–2　某村落空间变化示意图

资料来源：作者自绘，1994 年．

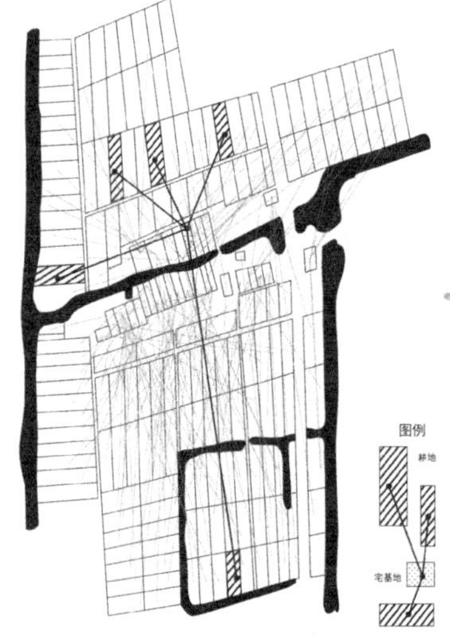


图 2–2–3　某村宅基地与家庭承包责任田关系示意图

资料来源：作者自绘，1994 年．

如果将每一户宅基地和其分配到的责任田连线长度相加，可以看到几乎每户的劳作距离是相等的。另外，还可以看到村域耕地被划分为若干个组团，每个组团内都有全村各户的责任田（图 2–2–3）。在对土地灌溉的过程中也遵循同样的原则，即“先远后近，先高后低，先贫后富”。由此可以看出乡村社会内部自组织在资源分配中的重要作用，这种“绝对”公平主义的运作方法是村庄得以维系的内在秩序，而从另一个角度来看，村庄土地的结构更加复杂化。随着乡村劳动力的外出，农民的兼业化、乡村产业的多元化和农产品的市场化，在乡村普遍存在农地闲置，种植混乱，以及乡村景观的碎片化，使农业现代化面临诸多的挑战。

虽然此例只是个案，但类似的土地使用结构在中国的农村具有普遍性，只是在不同的地区所发生的时间不同。

## 2.3 乡村空间变迁的外部因素

造成乡村空间变迁的外部因素有很多，饥荒、战乱和工业化往往会导致大量人口流动和移民潮，同时国家制度和政策的变化，也会成为乡村空间变迁的重要因素。近代乡村的变迁主要来自工业化和城市化两个方面，但是从引起乡村空间变迁的外部因素来看，工业化和城市化的作用往往是同时的。

乡村工业化并不是由乡村内部自下而上发生的，而以往讲的农业现代化所指的就是乡村工业化，主要的方法就是用工业化的思路改造农业和发展乡村企业。第二次世界大战后，西方国家进入战后恢复时期，殖民地国家纷纷独立，无论城市还是乡村都积极开展社区自救和生产互助，以及城乡社会重组。我国1950年代初期，尤其是在第一个五年计划的实施中，通过土地改革实现了耕者有其田，调动了农民致富的积极性，以家庭为中心的小农经济得到发展，出现大量农业剩余劳动力，与此同时城市发展已进入了一个新时期，大量民工涌向城市，尽管城市建设用工短缺，但仍然无法为大量的民工提供足够的就业岗位，由于人口无序流动，导致一时的社会无序状态，为限制城乡之间人口的自由流动，1955年国务院制定了城乡划分的标准，从而通过户籍制度限定城乡的人地关系，为城乡之间的人流、物流和土地置换设定了一系列的条件。由于农业现代化进展缓慢，推进乡村工业化势在必行，随后的人民公社制度成为一项重要的治国之策。人民公社制度从集体所有制出发，对乡村空间产生了巨大的影响，其重要的标志就是在全国范围内大搞农田水利基本建设和兴办乡镇企业，当时称作社队企业，并试图通过乡村工业化解农业剩余劳动力和发展民族基础工业，进而通过“工、农、商、学、兵一体化的公社”实现乡村的现代化和“乡村城市化”。人民公社时期“以改土治水为中心的田、渠、井、林、路、村六位一体的农田水利基本建设”取得巨大的进展，改变了乡村的空间和景观。土地方格化，方便了农业机械化、水利化和电气化，提高了农业的抗风险能力，但是大面积开垦粮田，将乡村河道裁弯取直，水路变陆路，砍伐森林和围湖造田的运动造成乡村土地过度开发，不但导致了严重的生态问题，也造成乡村价值的流失、乡村风貌的缺失。另一方面，乡村工业化带来了农民的兼业化、身份的多重化，传统的长老制土崩瓦解，密切的家族血缘关系和地缘关系正逐渐被业缘所取代，乡村空间的内部结构正在发生剧烈的变化。纵观1949年以来乡村社会经济的变化，以我国沿海较发达地区的乡村为例，多数村庄都经历了“迁村并点”式的建设运动，在具有标志性的社队合并，1980年代初的大规模农房建设，和1990年代末以来的城市扩张三个历史时期，乡村的空间都发生了巨大的变化。

全球化和城市区域功能结构的拓展，城市建设用地的扩张直接挤压了乡村的空间，乡村大量土地被征用。城市功能外溢，乡村成为承接城市迁出工业、仓储、大型基础设施和填埋场的天然大容器。而另一面，乡村劳动力涌入城市，乡村人口减少，人才流失导致乡村社会空心化和废墟化。城市和区域之间的大型基础设施肢解和分隔了乡村社区，对乡村水系、道路、景观，以及生产和生产环境造成了巨大的影响，在发达地区和大城市郊区，这些影响是不可逆的，而实现城乡统筹和一体化发展是我国始终坚持的城市化基本方针，这也为城乡规划研究提供了大量的新课题，而研究乡村规划，对乡村空间的全方位的解读是不可或缺的。

## 本章思考题

1. 与城市空间相比，乡村空间的构成有哪些特点？

2. 同一村庄内的旧村和新村有何内在联系？

3. 如果将乡村空间划分为自然空间、生产空间和生活空间三类不同的空间，三者的关系应是怎样的？

## 参考文献

千贺裕太郎编集 . 朝仓邦造：农村计画学 .2012-4-30.

# 第三章 乡村规划的理论与历史

## 第1节 古代的乡村规划思想

### 1.1 乡村聚落的形成及演变

乡村的起源是自发的，村落的形态是多样的。在原始社会，人类为了生存必须适应环境建立居住地，起初人类并没有固定的栖息地，主要依靠自然洞穴藏身。随着原始农业的出现，人类开始用石斧、石凿营造人工聚落，逐渐实现了由天然穴居到人工聚落的发展演变过程。

考古发掘及研究表明，旧石器时期人类的居住形式大体可以概括为“树栖”、“天然穴居”和“临时性人工建筑”三种主要聚居形态。在新石器时代的乡村聚落中，开始出现编织、制陶等手工业劳动分区。在母系氏族社会时期，乡村聚落结构多为向心式布局，关中地区的

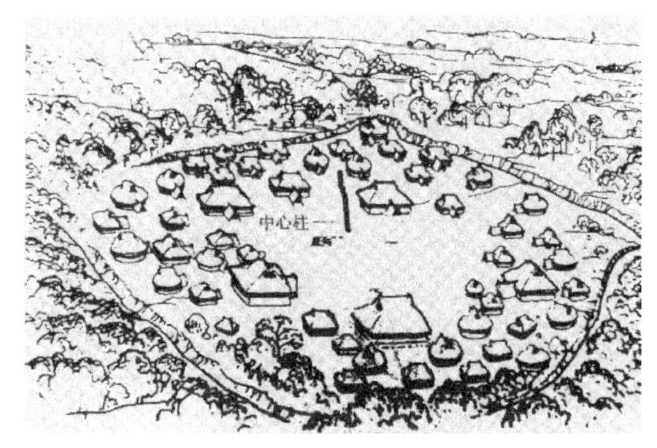


图 3-1-1　姜寨母系氏族聚落复原想象图

资料来源：易涛．中国民居与传统文化．成都：四川人民出版社，2005．

半坡、姜寨、大地湾、北首岭，中原地区的河南裴沟北岗聚落遗址等，均具有这样的特征。

陕西临潼姜寨遗址（图 3-1-1），西南临河为天然屏障，其余三面为人工开出的壕沟所围绕。村落东面为通往外部的道路（豁口），村内为居住区，内部分为五组建筑群，每组围绕一大房子布置。五组房子的中心为一个广场（空地），所有房屋的入口皆朝向中心广场，中心广场可能是村落首领召集氏族聚会、议事和活动的场所，氏族的大房子则可能是氏族成员聚集的中心，是宗族维系血缘和人际关系的纽带，也是群体抵御外界环境和天敌的需要。后世的村镇形态多以宗祠为中心，大约也是由此发展而来的。

村落的形成可能是从单一的狩猎畜牧业走向农耕的标志。原始农业的出现，导致了乡村聚落空间的形成。进入奴隶社会和封建社会后，随着社会生产力的发展，人类逐渐走向饲养家畜、栽培作物，过上相对安定的定居生活。夏、商、周王朝的建立是经过部落之间的兼并战争，形成了几个较大的部落联盟。而当时的土地制度实行采邑制，乡村聚落完成从“聚”到“邑”的进化过程，“邑”成为当时乡村聚落的主要形式。三代后期《周易》的出现，不仅对中国的文化发展产生了巨大的影响，同时也成为中国风水文化的源头。

三代社会是典型的自然经济形态，到战国时代发生了变化：一是井田制瓦解了，确立了土地私有制；二是东周中央政权大权旁落，各诸侯国都成为独立的实体。各国官营工商业日趋衰落，民营工商业得到蓬勃发展。在这种社会条件下，各诸侯国欲立于不败之地，必须走富国强兵之路。这时候法家为各国提出了“重农抑商”的思想和政策，促进了农业的发展。随着农业生产能力的发展，乡村聚落开始表现出不平等的现象，出现了中心聚落与普通聚落相结合的格局。中心聚落往往规模较大，有的还有规格很高的特殊建筑物，它集中了高级手工业生产和贵族阶层，与周围其他普通聚落一道，构成了聚落之间初步的不平等关系。

秦朝统一六国，技术的进一步发展，铁制的农具得到普及。同时，伴随着人口的增长乡村聚落的数量得到进一步增长，建设水平有了较大的提升，黄河流域的乡村聚落的发展出现了一个稳定的时期。唐宋时期，乡村聚落在中国分布进一步扩展，乡村聚落空间格局发生了比较显著的变化，开放性布局的村落开始增多，呈现出形态各异的地域环境特色。在不同自然环境条件下形成了山村、水乡、平地村落、渔

村、窑洞等不同村落形态，尽管乡村聚落在形态上存在着差异，但还是存在一些共性，如聚落空间组织通常具有外部防御性和内部中心性的特征。

## 1.2 崇尚自然 讲究风水

中国古代文化从整体上看是一种典型的农耕文化，尤其重视人与自然的和谐统一。传统聚落的选址和空间布局体现了人、建筑与环境之间和谐共生，是“天人合一”传统生态观念的直接反映。自然环境对于乡村聚落的形成具有重要影响。自然生态除了为聚落形成提供资源背景外，同时也构成制约聚落空间发展的基本要素。

因此，从营建家园伊始，聚落居民首先需要面对的挑战就是协调与自然环境的关系。传统的自然观决定了人们将顺应自然、因地制宜作为聚落营建的主导思想，主要体现在村落的选址、理水和理景等方面。水是乡村生产生活的命脉，水资源条件成为村落形成与布局的关键因素。早期的村落诞生于河流两岸，水源地的位置、水量等决定着村落的选址和村落的规模。理水关系到聚落的存亡大计，为了满足农田灌溉、生活、消防以及排污用水的需要，乡村聚落一般都要进行适当的水系改造。

村落选址受诸多因素的影响，与特定的自然地理条件及社会因素紧密联系在一起。在早期的村落发展中，自然地理因素对村落的区位起着决定性的作用；随着人类开发利用自然的能力增强，村落的区位选择就更为自由，社会文化环境的影响作用就更大了。由于技术条件的局限性，自然因素对乡村聚落的影响仍然十分显著，处于相同自然环境下的聚落往往具有一些共同的特征，与当地的地形地貌有机结合后，又形成了多样化的空间形式。

乡村聚落的营建非常注意与风景环境的关系处理，将自然风景纳入聚落的环境系统之中，使得聚落空间的塑造被赋予了独特的个性，营造出地域色彩浓郁的“桃源景色”。据记载，浙江诸葛村最晚从明代起就有“八景”（图 3–1–2）。《高隆诸葛氏宗谱》里有《高隆八景之图》（高隆村为诸葛村最初的名称），还记录了一批写于明代正德年间的八景诗，大多出自地方文士的手笔。田园风光、山水景致作为乡土文人的生活场所和理想环境，蕴藏着那时人们的乡土情谊和美好记忆，所以，乡土文人不但对田园风光和山水景致很敏感，而且总与充满道德价值的美好生活联系在一起的。而且，以“八景”、“十景”为名的乡村自然景观，后来成为中国文士园林的原型。

古代社会的乡村规划特别讲究风水，大多通过风水观念实现对美好居住环境的追求和选择。“风水”一语出自晋人郭璞的传古本《葬经》，书中有“气乘风则散，界水则止，古人聚之使不散，行之使有止，故谓之风水。风水之法，得水为上，藏风次之”的论述。《葬经》正式确定了风水的哲学基础，并为后世的风水术定下了基本的价值观念。到唐宋时期，风水的发展更为复杂，在体用两方面都很完备了。

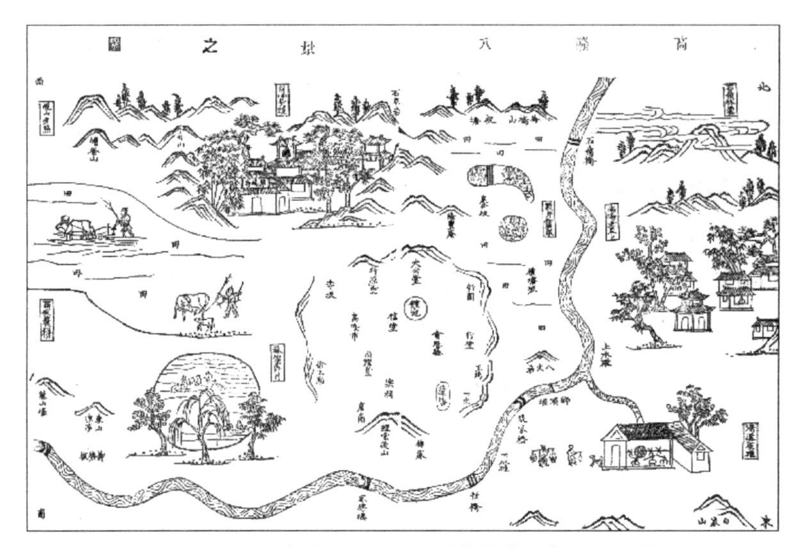

图 3-1-2 《高隆八景之图》所描绘的理想田园风景

资料来源：陈志华，楼庆西，李秋香．诸葛村：中国乡土建筑．重庆：重庆出版社，1999.

宋代以后风水盛行，涉及日常生活的方方面面，并成为乡村规划的重要观念和基本范式。

简单的讲，风水是一种活在民间的共同信仰。风水产生于古代择居实践的经验积累，在村落选址之初，风水学说对居住环境做了种种理想化的布局要求，以满足族人对宗族繁盛、财源广进、文运兴旺的希冀。风水学说反映了中国人传统的环境观念。按风水理论，作为聚落基址的吉地一般须具备“以山为依托，背山面水”的特征。风水学说对于村落外部环境更具体的要求是：背靠主龙脉线上的祖山、少祖山、主山，左右是左辅右弼的砂山——青龙白虎，前有河水流淌绕过，或是带有吉祥意义的弯月形水塘，水的对面要有对景案山，更前方为朝山。

徽州宏村始建于南宋绍兴年间（公元 1131-1162 年），距今约有九百年的历史，宏村的选址及规划由海阳县（今休宁）的风水先生何可达所谋划。将宏村家谱中记录村落周边环境的图与这种理想风水格局对照，可以发现宏村基本上是按照这种理想的风水格局选址、规划和营建形成的（图 3-1-3）。

在古代乡村规划布局中，“村口”往往是其中的重点所在，通过河流、树木、建筑等环境要素的组织成为村落的标志性景观（图 3-1-4）。对于古村落而言，宗庙建筑是必不可少的，而村口空间开敞，适于布置体量较大的祭祀建筑。村落内部“街巷”通常曲折幽深，界面完整连续，主要是因为士绅家族数代共居以及同族聚居形成了较大的居住团块，因而具有较长的边界线。同时，出于风水、防火、防盗上的考虑，形成了由建筑院落限定街巷空间的整合关系，村落建筑与街巷的图底关系非常清晰。

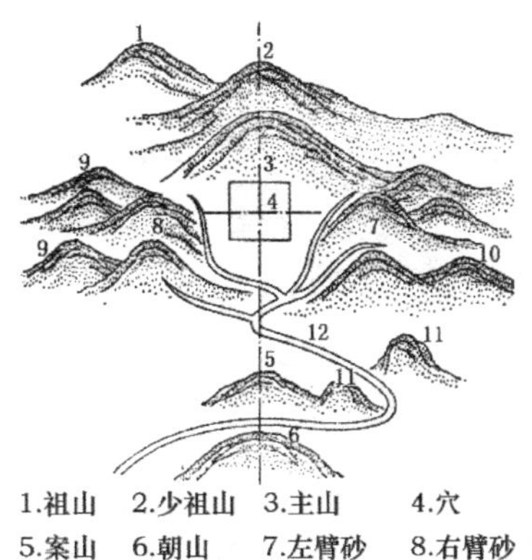

图 3–1–3 宏村选址与理想风水格局比照图

资料来源：段进，揭明浩．世界文化遗产宏村古村落空间解析．南京：东南大学出版社，2009．

## 1.3 血缘关系与宗法观念

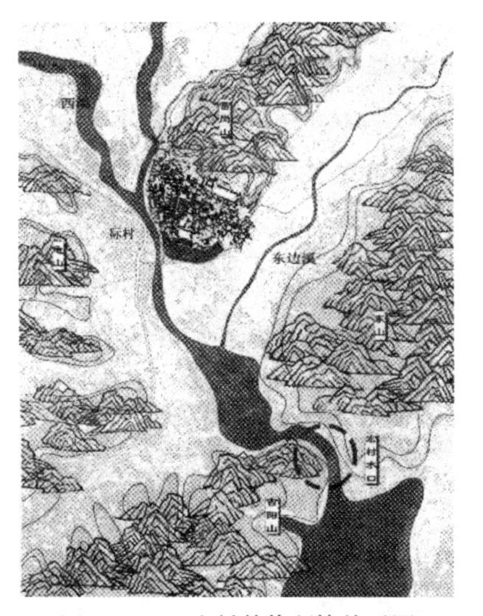

图 3–1–4 宏村整体环境关系图

资料来源：段进，揭明浩．世界文化遗产宏村古村落空间解析．南京：东南大学出版社，2009．

东汉思想家荀悦在《申鉴·政体》里讲到“天下之本在家”，表明了“家”作为社会细胞的重要性。历史上，家的功能不仅仅在于生儿育女和从事经济活动，它是一个向后代灌输思想规范和行为规范的地方，甚至还是维护封建社会制度的执行者。儒教、礼法等观念反映在住宅形式上要求端庄、严谨对称式布局，住宅中最重要的堂屋前檐或太师壁上方悬一匾额，匾额写着堂号就是住宅甚至家庭的名称，如缵业堂、承启堂、敦复堂等都有教化意义。

住宅如此，乡村聚落规划更是如此。随着时间的推移，血缘关系、宗法等社会关系逐渐开始在乡村规划中产生了影响。作为江南地区血缘聚落代表的浙江诸葛村，它的内部空间结构是分团块的，每个团块都以房派（大家族内部的划分方式）的祠堂为中心，而全村又以丞相祠堂（总祠）和大公堂为总的礼制中心，其他小的礼制中心均围绕总的礼制中心四周而建（图 3–1–5）。在丞相祠堂之下，诸葛氏又分为孟、仲、季三分，各有分祠即：崇信堂、雍睦堂和尚礼堂。因此住宅区主要分三大片。孟分在大公堂前中塘四周，以雍睦堂为中心，季分在高隆市，以尚礼堂为中心。往下又分为几级房派，房派有自己的小宗祠，称为“大厅”和“小厅”，总称“众厅”。大体上说，各房派成员的住宅

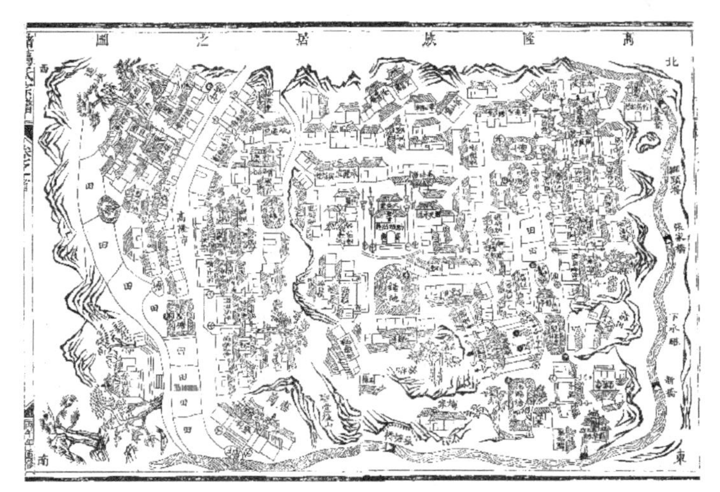

图 3-1-5 《高隆族居之图》中反映的诸葛村内部空间关系

资料来源：陈志华，楼庆西，李秋香．诸葛村：中国乡土建筑．重庆：重庆出版社，1999.

簇拥在支祠或“祖屋”周围的更小的团块组成。这些多层次的团块，组成村落的基本部分。这种结构原则，体现了宗法制度的多层次的组织关系。

在中国的南方，尤其是浙江、安徽、江西、广东、福建等地，有大量的聚族而居的血缘村落，它们是宗法制度和观念的社会群体，这些以血缘关系为纽带形成的乡村聚落，能够绵延数百年而不衰败，当然有经济、地理和历史的客观原因，但强大的宗族制度是能保存至今的重要原因。在封建的农业社会里，宗法制度是专制制度的基础，家族与宗教的力量都出自乡村社会本身，来自乡村之外的政府力量则常扮演一种控制的角色。宗族势力，大体指的是与国家政权力量相对应的基层社会控制力量，以血缘关系或地缘关系为纽带而结合形成的一种社会力量或社会组织，其中最基本的就是家族（宗族）组织。

徽州是中国正统宗法制度传承的典型地区，历史上的徽州为宗法制度的传承和光大提供了良好的土壤。由中原南迁而来的大量移民中不乏大的士绅家族，他们本来就有着强烈的宗法观念和严密的宗法组织，拥有世代相传系统的谱牒，门第森严。南迁入徽后，生存需求、文化传承等促使中原世族采取种种措施极力维护，并巩固原有的宗法制度。于是，聚族而居、尊祖敬宗、崇尚孝道、讲究门第成为徽州社会风尚。

宗族的作用，除了敬宗收族，还管理乡民生活的一切方面，起着类似地方自治政权的实体的作用。除了祭祀先祖，管理公共事务外，也管理乡民的私事，如婚丧嫁娶，诉苦申冤，兄弟分家，奖善惩恶，它与乡民生活的关系十分密切，维护着封建社会的伦理秩序。宋代徽州作为程朱理学故里受到程朱理学的影响尤其深刻，程朱理学将宗法伦理观念提高到“天理”的高度，朱熹的《家礼》成为徽州人维系和巩固宗族制度的基本准则。礼学指导下的徽州宗法组织更加制度化，“尊祖”必叙谱牒，“敬宗”当建祠堂、修坟墓，“睦族”须有族产以赈济。族谱、祠堂和族产成为实现尊祖、

敬宗和睦族必不可少的物质基础。宋以后，中国的社会经济结构发生了很大的变化，社会权利、财富得以重新分配，宗族组织变成了封建社会基层社会组织，宗族村落形态成为主要居住结构模式。

传统的村落多聚族而居，对聚族而居的村落，血缘关系和宗族制度便成为维持村落社会的纽带。反映在物质空间形态上，常常是以宗祠为核心而形成一种公共活动的中心节点。在村落建筑中，表现宗族力量的就是宗祠。祠堂是礼制中心，宗法制度的物质象征，寄托着宗族成员的归属感。徽州聚落都建有祠堂，一个总祠，以下数个甚至十多个分祠。村落布局通常是以宗祠为核心形成公共活动中心，凡祀祖、诉讼、喜庆等族中大事均在祠堂进行（图 3-1-6）。小的如村落内部的土地庙往往成为乡民公共活动的场所；大的如庙会活动，往往吸引更大范围内的人来参与庆典活动。这样久而久之，宗祠便成为乡民日常生活中心，同时也成为徽州村落的精神象征中心。对于历史久、规模大、宗族势力强的一些徽州村落，这样的中心不在少数，并且有层次、等级之别，形成一种有内在联系的结构。这样看似自由布局的村落，实际上是以一种由血缘宗族关系连接形成的潜在的社会有机体（图 3-1-7）。

图 3-1-6　宏村内祠堂与街巷的关系

资料来源：段进，揭明浩．世界文化遗产宏村古村落空间解析．南京：东南大学出版社，2009.

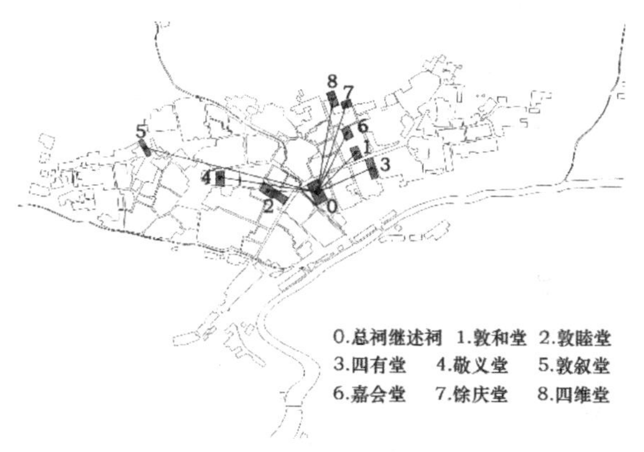


图 3-1-7　瞻淇村主次祠堂分布图

资料来源：东南大学建筑系、歙县文物管理所．徽州古建筑丛书——瞻淇．南京：东南大学出版社，1996.

# 第 2 节　近现代乡村规划理论与实践

## 2.1　乡村设计的理论

### 2.1.1　田园城郊（Garden suburb）理论

田园郊区（Garden Suburb）理论起源于 18 世纪的英国，比田园城市早出现 100 多年，最初的思想是在前工业化时代的村庄（preindustrial village）中结合土地使用、景观及建筑的启蒙（enlighten）来创造物质空间的环境艺术（environmental

art），并希望以此来塑造邻里（neighborhoods）和培育社区感（sense of community）（Stern，等，2013）。

最早的田园郊区可以追溯到1760年的海尔伍德（Harewood）（图3-2-1），这一阶段主要由地产所有者（estate owners）发动，通过建筑物、街道、广场及公共设施的组织形成更优雅的环境，代表作是1794年位于John' s Wood的Eyre Estate（图3-2-2），甚至也有人认为它是田园郊区的开端（Galinou，2010）。之后田园郊区发展成为较为完善的指导乡村地区居民点建设的理论，在总体布局上强调通过良好的规划使各个建筑形成互相之间的关系，并开始考虑处理机动车交通的影响，强调带有花园的住房的良好环境，为居民相互之间的交往创造公共空间，并最终形成良好的社区氛围。1907年的汉姆斯特德田园郊区（Hampstead Garden Suburb）是在英国发展的巅峰之作（案例3-1）。田园郊区理论也传播到了加拿大、巴西、阿根廷等国家，但其在两次世界大战间即1940年代逐渐归于沉寂。

### 2.1.2 美国的乡村设计（Rural Design）

汉姆斯特德田园郊区的设计师雷蒙德·昂温（Raymond Unwin）在美国开创了昂温学派，强调建筑的区位和道路的安排，认为它们对于产生视觉优美的城镇设计具有极其重要的作用（图3-2-3）。夏普（Sharp）在1946年出版的《剖析村庄》中也分析了村庄街道的空间的闭合型空间及街景焦点的作用（其分析案例之一就是第一座田园郊区海尔伍德）。

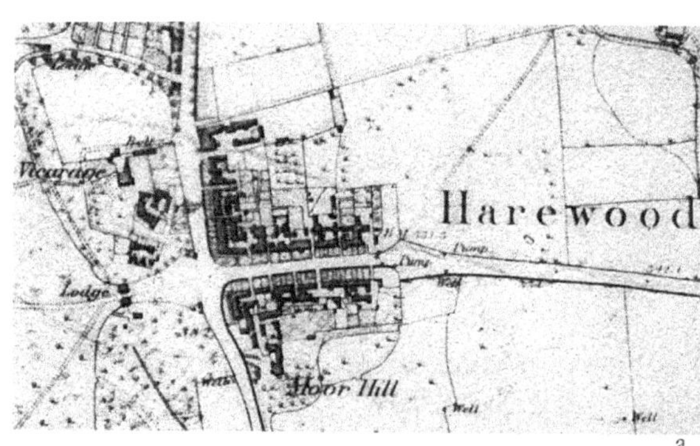

a

c

a 制于1850年的军用调查地图
b 主要街道照片
c 1910年拍摄的照片
d 2009年航拍图片

b

d

图3-2-1 海尔伍德田园郊区

资料来源：Robert A.M.Stern，David Fishman，Jacob Tilove. Paradise planned：The garden suburb and the modern city [M].United States：The Monacelli Press，2013.

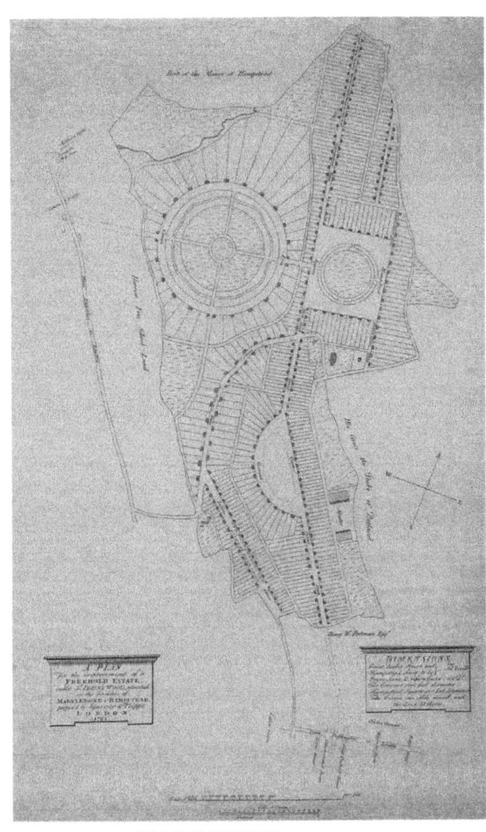

a 1794 年的规划图纸

b 这张 William Frederick Wells 创作于 19 世纪早期的水彩画描述了 John's wood 的景象——令人愉悦的牧场及由树木形成的边界线

c 这张 Henry Warren 创作于 1818 年的风景画描述了 John's wood 开发初期的景象

图 3-2-2　Eyre Estate 田园郊区

资料来源：Mireille Galinou. Cottages and villas：The birth of the Garden Suburb[M]. Singapore：Yale University Press，2010.

a 昂温的城镇景观草图，它说明了弯曲的道路和终端街景建筑焦点的重要性

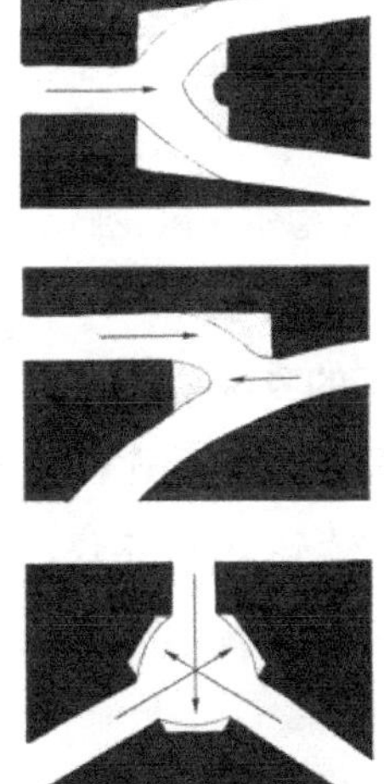

b 昂温设计的三种交叉路口，说明建筑前的公共开放空间对于靠近的车辆起到的额“封闭视角的”效果

图 3-2-3　昂温学派设计图纸

资料来源：兰德尔·阿伦特著．国外乡村设计[M]．叶齐茂，倪晓晖译．北京：中国建筑工业出版社，2010.

库赖（Cullen）在 1964 年出版的《城镇景观》认为“存在一种关系的艺术……旨在使用所有的元素来创造人工的环境……把它们按照梦想的方式编织在一起”。B. 格林比（Greenbie）在 1981 年出版的《空间：人类景观的尺度》中，分析了乡村街道的空间尺度（图 3-2-4）。

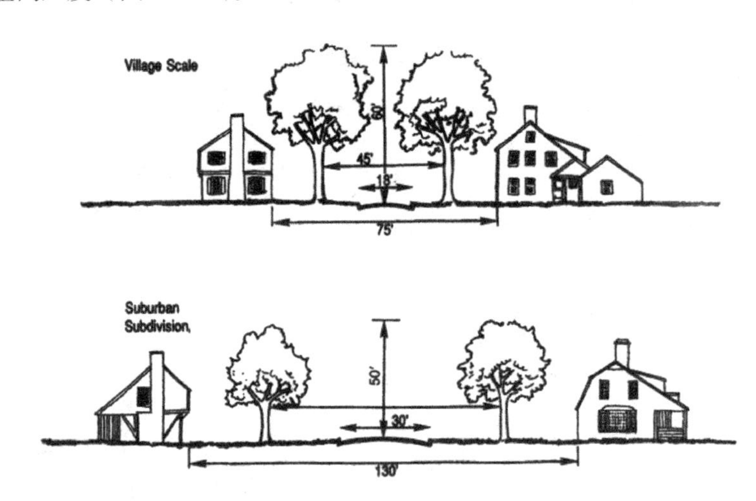


两种街道的草图显示了传统村庄或小镇街道和现代土地划分规则下街道的宽度和高度比之间的差别。按照现代土地划分标准所创造的建筑形式完全超出了老居住区历史性发展模式的尺度，街道两边住宅之间距离是传统街区的两倍。

图 3-2-4　格林比乡村街道尺度研究图纸

资料来源：兰德尔 · 阿伦特 . 国外乡村设计 [M]. 叶齐茂，倪晓晖，译 . 北京：中国建筑工业出版社，2010.

威廉、克鲁格及拉菲格（William，Norman，Jr.，Edmund H.）于 1987 年出版的《佛蒙特城镇景观》中提出了 10 个被大多数研究城镇所分享的共同特征，包括：社会机构的建筑围绕着城镇绿地；人的尺度；高质量的建筑；交通流量不大；限制商业设施；景观；没有不相称的建筑；闭合的感觉；有序和特殊风貌。1990 年代，尼尔森（Nelessen）在调查与实践基础上形成了一套关于村庄街道、居住区、零售商业区域和小型乡村居民点标准。这些标准也体现在了他为新泽西州丹佛镇所做的设计方案中（兰德尔 · 阿伦特著，2010）（案例 3-2）。

### 2.1.3　中国的乡村设计

以 1982 年国家建委、国家农业委员会颁布《村镇规划原则》为引导，从 1980 年代开始一直持续到 1990 年代，小城镇规划与乡村设计进入了一个高潮期（图 3-2-5、图 3-2-6）。

## 2.2　社会改良与弱化分工的理论

### 2.2.1　空想社会主义在乡村的试验



1817 年罗伯特 · 欧文（Robert. Owen）的“协和村”中考虑了农业问题，他认

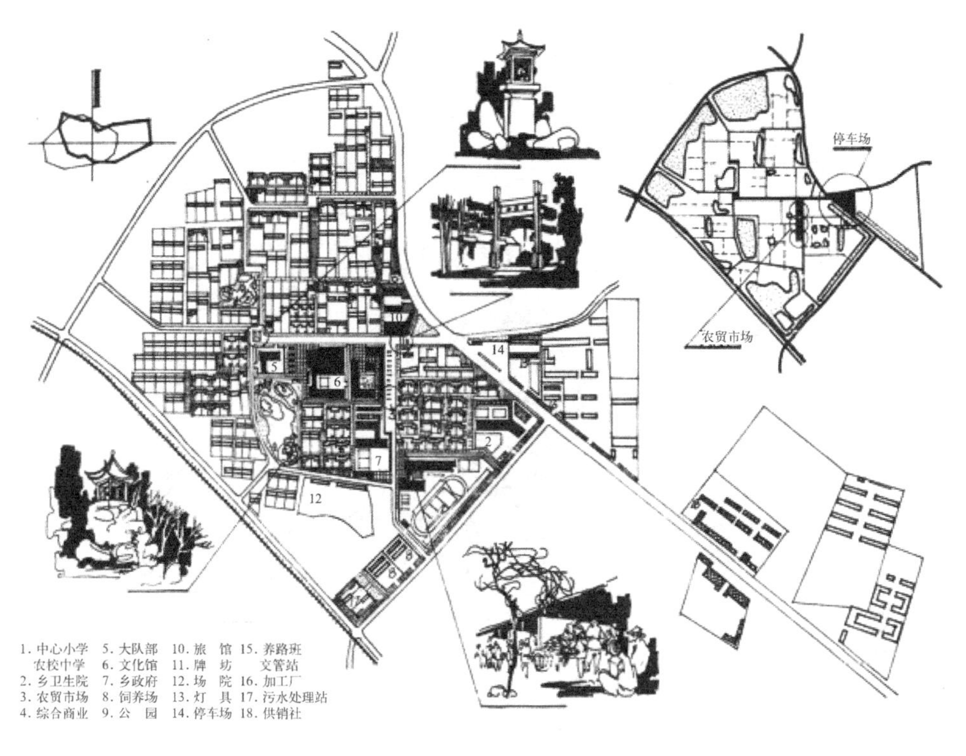


新建住宅建筑保持和发展了地方传统模式，采用了“四破五”平面，并加以科学改进成为新型方案。同时利用了地方材料，力求同原有建筑在风格上取得协调。

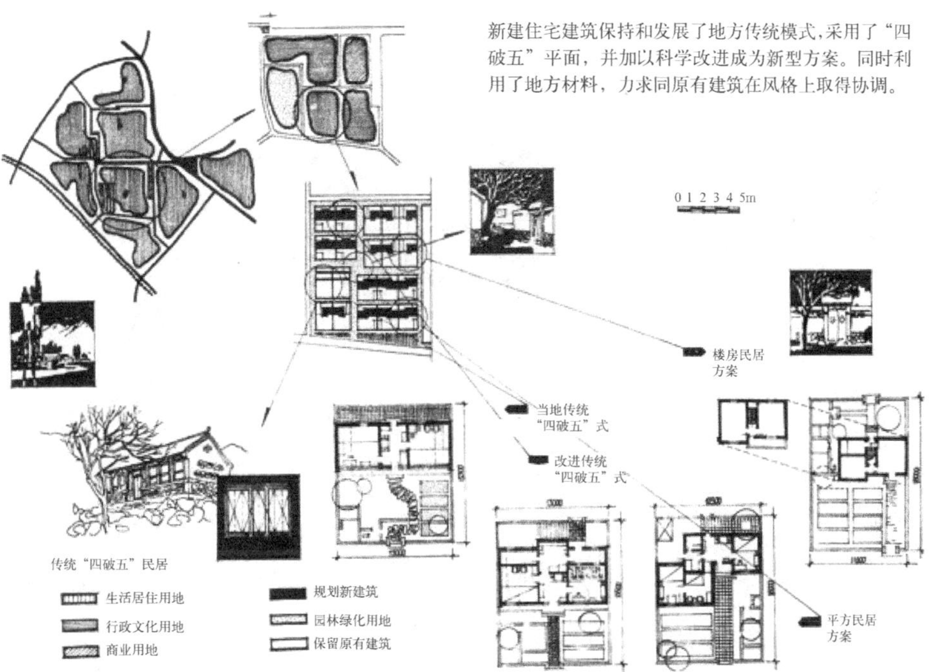


图 3-2-5 天津蓟县官庄镇设计图纸

资料来源：袁镜身．当代中国的乡村建设[M].// 邓力群，马洪，武衡．当代中国丛书．北京：中国社会科学出版社，1987.

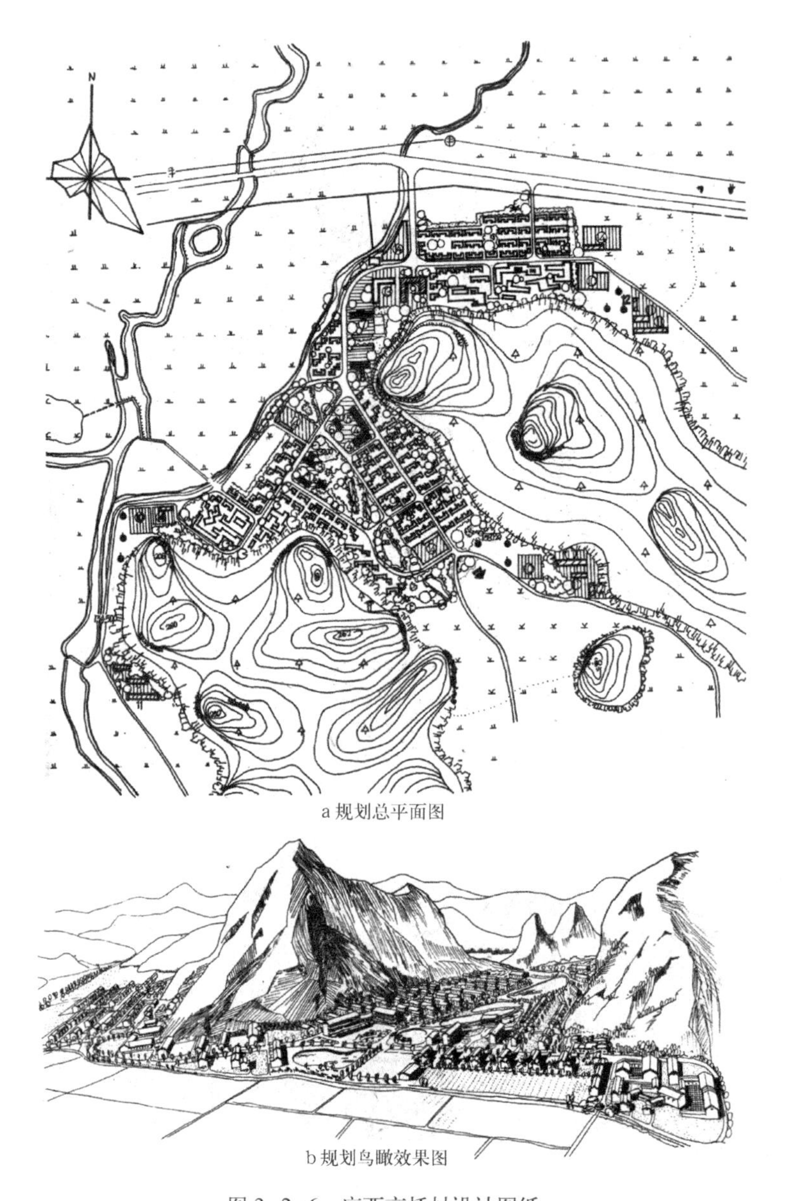

a 规划总平面图

b 规划鸟瞰效果图

图 3-2-6　广西高桥村设计图纸

资料来源：袁镜身主编．当代中国的乡村建设 [M]．邓力群，马洪，武衡主编．当代中国丛书．北京：中国社会科学出版社，1987.

为其理想人数应介于 300-2000 人之间，人均 1 英亩耕地或稍多一点，建设这样的社区可以达到节约生产的目的（孙施文，2007）。

在中国，康有为于 1913 年发表了“大同书”，表达了其乌托邦式社会主义的思想：“今欲至大同，必去人之私产而后可”，实现所谓“公农”、“公工”、“公商”，进行有计划的生产（侯丽，2010）。在日本，1918 年，武者小路实笃在宫崎县儿汤郡木城村建立了第一个“新型村”，希望通过协作达成人与环境的共生，构成一个心灵相通、相互理解的世界。“新型村”在日本一直延续到今天，虽然面临着人口减少、高

a “新兴村”规划图纸　b 开垦中的“新型村”　c 武者小路与妻子　d “新兴村”创建 38 年集会　e 今天的“新型村”

图 3-2-7　武者小路的“新型村”

资料来源：侯丽．理想社会与理想空间——探寻近代中国空想社会主义思想中的空间概念 [J]. 城市规划学刊，2010（4）：104-110．网络资料：http：//atarashiki-mura.or.jp.

龄化的问题，但仍然保持着生产活动并开展了绘画、陶艺制作、马拉松等多种活动（图 3-2-7）。

1919 年，周作人考察了“新型村”并回国进行了大量的宣传与实践，被称为新村主义。中国第一批马克思主义者如李大钊、毛泽东、周恩来等在当时都表现出对“新型村”的兴趣。（井琪，2006）中国的新型村试验随着马克思主义者走向社会主义革命道路而终结，但空想社会主义对之后的人民公社产生了深刻影响。

### 2.2.2　弱化分工理论下的乡村规划

马克思、恩格斯是从“分工”来理解城乡问题的：“一切发达的、以商品交换为媒介的分工的基础，都是城乡的分离。”“第一次大分工，即城市和乡村的分离，立即使农村人口陷于数千年的愚昧状况，……它破坏了农村居民的精神发展的基础和城市居民的体力发展的基础……由于劳动被分成几部分，人自己也随着被分为几部分。为了训练某种单一的活动，其他一切肉体的和精神的能力都成了牺牲品。”（天津大学马列主义教研室政治经济学组，等，1983）

消除分工带来的城乡差别的理论在乡村领域集中体现在人民公社中。1958 年 8 月，《中共中央关于在农村建立人民公社问题的决议》中提出，把农业生产合作社“合并和改变成为规模较大的、工农商学兵合一的、乡社合一的、集体化程度更高的人民公社”，要求公社社员都要做到“组织军事化，行动战斗化，生活集体化”。

为追求公社规模，大规模的乡村迁并与公建设计是这一阶段乡村规划的特点。“组织军事化”，就是要把社员群众按照军队营、连、排、班的建制组织起来，听从统一指挥；“生活集体化”，就是要求按照男、女、老、幼、青壮年等不同性别、不同年龄分别到不同的集体中去劳动、工作和生活（图 3-2-8）。公共食堂在当时

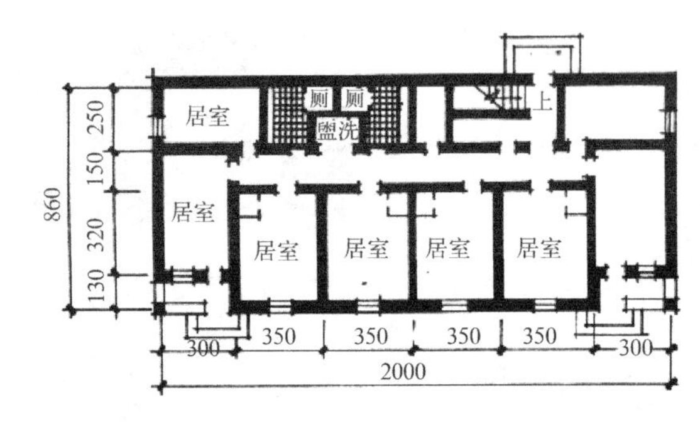


a 河北徐水县大寺各庄住宅楼平面

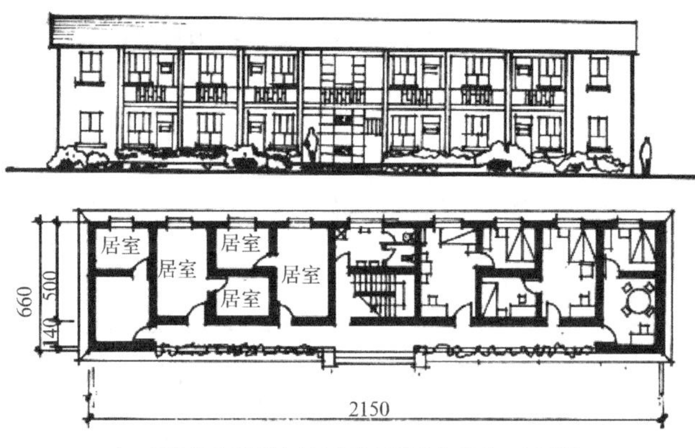


b 河北徐水县遂城人民公社外廊式住宅平、立面图

图 3-2-8 河北徐水县人民公社的居住建筑设计图纸

资料来源：王延铮，邬天柱，张国英，罗存智，吴征碧，王智怀．河北省徐水县遂城人民公社的规划[J]. 建筑学报，1958（11）.

被认为直接影响生活集体化的实现，因为需要将妇女从家务劳动中解放出来（图 3-2-9）。

1953-1963 年，大寨大队建成了大寨新村（案例 3-3）。其做法为：坚持自力更生，艰苦奋斗的精神，发动群众自己烧砖、采石。所有住宅都由大队统一组织施工，建成的住宅产权归集体所有，由大队按照各户人口组成情况，分配给社员居住，社员要缴纳房屋维修费用。随后在全国各地掀起了“农业学大寨”高潮（袁镜身主编，1987）。

随着人民公社制度的终结，乡村规划中的弱化分工理论随之结束。

## 2.3 运动式的乡村建设

### 2.3.1 自上而下的乡村建设

1920 年代的乡村建设运动是典型的精英主导的乡村运动，其没有取得预想的结果，此后中国共产党领导的乡村建设逐渐展开：①革命根据地时期的减租减息运动、

a　广东省番禺人民公社沙圩居民点公共食堂内庭院与南立面

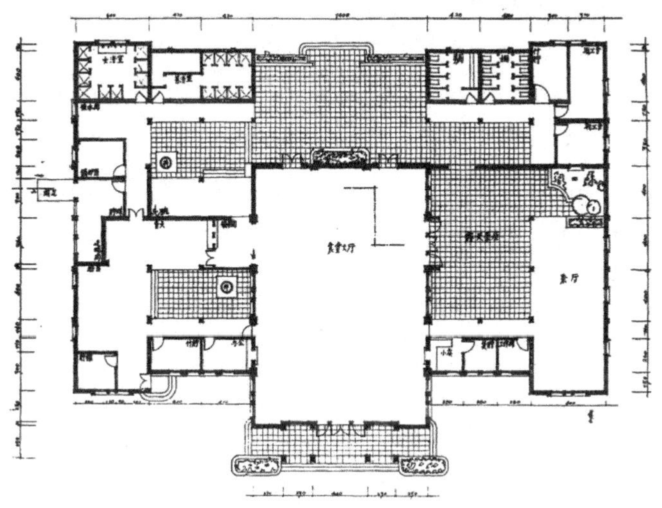

b　广东省番禺人民公社沙圩居民点公共食堂平面图

图 3-2-9　广东省番禺人民公社沙圩居民点公共食堂设计图

资料来源：华南工学院建筑系．广东省番禺人民公社沙圩居民点新建个体建筑设计介绍[J]. 建筑学报，1959（2）．

大生产运动等，组织人民恢复和发展生产，支持抗战；②解放战争期间的"耕者有其田"用以解决农民迫切需要土地问题；③ 1949 年后土改运动继续展开，并大力兴修水利，以及开展爱国卫生运动等进行移风易俗教育（图 3-2-10）。

1950 年代提出的社会主义新农村主要任务是依靠自力更生，通过合作化的

土地房產所有證

中華民國 [illegible]

a　减租减息运动

b　土地房产所有证　　c　爱国卫生运动

图 3-2-10　中国共产党领导的各类乡村运动

资料来源：袁镜身．当代中国的乡村建设[M]．邓力群，马洪，武衡主编．当代中国丛书．北京：中国社会科学出版社，1987.

方式，改善农村生产生活的基本条件和服务，发展农业尤其是粮食生产（王艳敏，等，2006）。如广东省南海县蟠岗乡1958年提出在80天内全乡基本实现农业机械化和农村电气化，规划村村建立沼气发电站和农具修理厂等目标，因此在全乡开展了“热烈的‘五投一献’运动……以保证这个革命措施的实现”（张运濂，1958）。

此后，社会主义新农村的概念又经过了改革开放之初提出“文明村（镇）建设”、“社会主义新农村建设”，1990年代中后期提出建设“富裕民主文明的社会主义新农村”、“有中国特色社会主义新农村”，以及2005年的“生产发展、生活宽裕、乡风文明、村容整洁、管理民主”的社会主义新农村建设等几个阶段。2008年，在社会主义新农村基础上，浙江安吉县提出“中国美丽乡村”计划，提出用十年左右时间，把安吉县打造成为中国最美丽乡村。在工作机制、投入机制、建设机制、管理机制、发展机制等方面都体现出运动的特征（柯福艳等，2012）。

日本学者青木志郎提出的“行政·运动论”可以用来总结这种自上而下的乡村建设，其认为乡村规划在本质上是完成行政意愿的一种行动。

### 2.3.2 村民自治与尊重村民意愿的乡村规划

最早的村民委员会1979年出现在广西宜州市合寨村。为解决人民公社向“分田到户”转换的过程中出现的社会问题，合寨村通过党员、群众选出治安带头人，之后制定村规民约，以起到自我约束之功能（徐勇，2002）。1998年《村委会组织法》确立了我国“乡政村治”的格局，在村民自治的条件下，乡村规划在编制内容、编制形式、成果表达等方面都体现了新的特征。

《城乡规划法》第十八条规定：“乡规划、村庄规划应当从农村实际出发，尊重村民意愿，体现地方和农村特色。”乡村规划涉及的众多利益相关者中，村民利益是最基本的，在乡村规划编制的框架内，完善村民作为利益主体的法律地位，使村民全面参与规划的编制过程及村民在规划审批阶段提供必要的决策。而全面参与就是指村民自己做规划、自己主导规划的过程，以此决定重大问题的解决方式及村庄发展方向。在这个过程中，规划专业人员需要做的就是在保证规划科学性的前提下，在技术上为村民提供服务和帮助（乔路，等，2015）。乡村规划实质上成为村民自我发展的一种运动。

### 2.3.3 农村社区建设

1915年，查尔斯·葛文宾（C. Galpin）发表的《一个农业社区的社会解剖》提出交易圈概念，使农村社区的经验研究成为可能。社会学家吴文藻在1930年代将“社区方法论”引入中国，其后，费孝通接受了吴文藻的基本观点，认为“具体的社区”

是研究社会的切入点（刘豪兴，2004）。

中国的社区有着强烈的主动型色彩。西方国家的语境中多是“社区发展（development）”，而中国强调“社区建设（build）”（潘屹，2009）。农村社区建设，特指2006《中共中央关于构建社会主义和谐社会若干重大问题的决定》中提出政治任务。其定义为“在党和政府的领导下，动员各方面力量，整合社区资源，强化社区功能，解决社区问题，合力建设管理有序、服务完善、文明祥和的新型农村社会生活共同体的过程”（詹成付，2008）。

### 2.3.4　法国的乡村生态博物馆运动

乔治·亨利·里维埃和雨果·戴瓦兰1971年创造了生态博物馆学的概念，其基本观点是“人处于他的环境中”，具有三个基本特点：学科交融；与所反映的社区的有机连结；社区居民参与构建和运行生态博物馆。“生态博物馆是居民参加社区发展和区域发展计划的一种工具。”（阿兰·茹贝尔，2005）（案例3-4）。

## 2.4　经济地理学对乡村规划理论的影响

### 2.4.1　杜能圈与中心地理论

德国学者杜能在1826年出版的《农业和国民经济中的孤立国》中阐明农业土地的不同经营方式，不仅取决于土地的自然特性，更重要的是依赖其社会经济的空间要求，其中尤以不同用地到农产品消费地的空间距离影响最为突出，并最终推导出围绕着封闭的市场中心，农业土地的经营方式按集约化程度的高低呈同心圈状的空间规律。1933年德国地理学家克里斯塔勒在《德国南部的中心地》中提出中心地是指相对于一个区域而言的中心点，而这一中心点的基本功能是向区域内各点提供具有中心功能的商业和服务，如零售、批发、金融、行政、管理、专业服务和文化娱乐等，因而也往往表现为区域内的中心城市或聚落（彭震伟，1998）。经济地理学研究对乡村规划理论产生的影响体现在村镇体系规划和中心村理论两个方面。

### 2.4.2　村镇体系规划

在乡村规划中，出现了村镇总体规划的层次，将一个乡社范围内所有的村庄和集镇作为一个有机整体，通盘考虑其地理分布、人口规模、发展方向和相互之间的联系问题，使村庄和集镇在总体上得到合理布局。以1983年湖北省京山县村镇分布规划为例（图3-2-11），经过规划，全县的村庄合并为4285个，减少用地480顷（袁镜身主编，1987）。

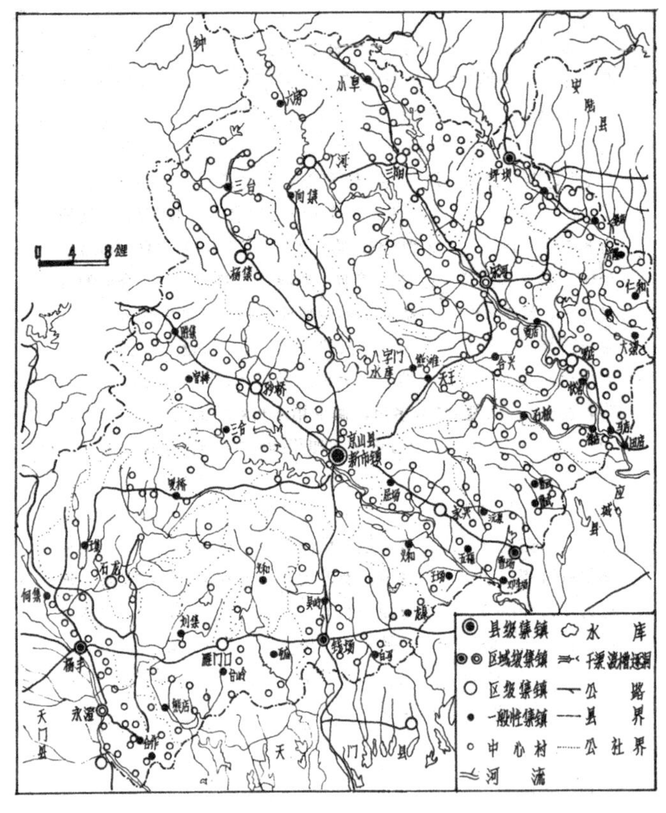


图 3-2-11 湖北省京山县村镇分布规划

资料来源：袁镜身主编．当代中国的乡村建设[M]．邓力群，马洪，武衡主编．当代中国丛书．北京：中国社会科学出版社，1987.

### 2.4.3 迁村并点与中心村

中心地理论对我国中心村理论产生了直接影响，如1994年的苏州工业园区边缘区的中心村建设就直接引用了中心地理论（袁莉莉等，1998）（图3-2-12）。中心村区别于自然村与行政村，自然村是自然形成的从事农业生产的人们集聚生活的最基层的居民点；行政村是隶属于乡（镇）领导的一级行政组织，是管辖郊区一定区域经济、社会和人口的行政概念；而中心村是经过规划建设形成的具有一定规模和相应的社会服务设施、基础设施的农村居住社区，是具有一定规模的农村集中建设区（张长兔等，1999）。可以看出，中心村主要是基于公共配套服务的一个概念。

中心村理论与1990年代的“三个集中”相结合，对城镇与乡村空间结构关系产生了一次深刻的调整。所谓“三个集中”的原则，即农村人口向小城镇集中，耕地向种田能手集中，工业向小区集中。在这样的理念下展开了全国范围内继解放初期土改与人民公社时期后的第三次迁村并点的热潮。但是，在这一进程中由于对农村住宅建设周期、集体所有的产权特性以及村民资金能力与意愿等方面因素的考虑不足，使得一部分规划意愿并没有得到充分实现（刘保亮等，2001）。

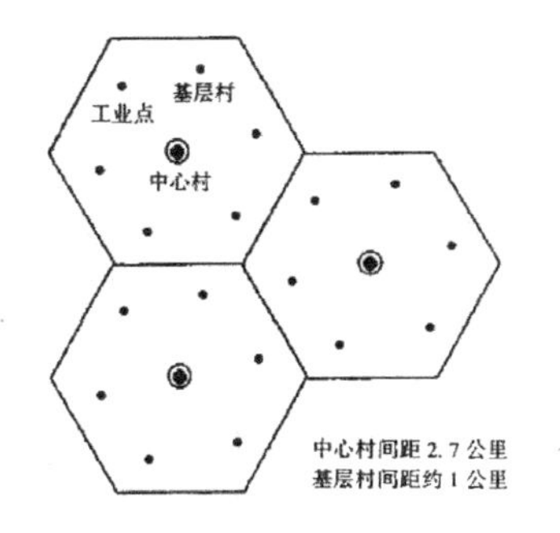


设 A 村、B 村、C 村、D 村、E 村的“重量”分别为 W1、W2、W3、W4 和 W5，则中心村坐标为：

$$X=(W1^*Ax+W2^*Bx+W3^*Cx+W4^*Dx+W5^*Ex)/5,$$

$$Y=(W1^*Ay+W2^*By+W3^*Cy+W4^*Dy+W5^*Ey)/5$$

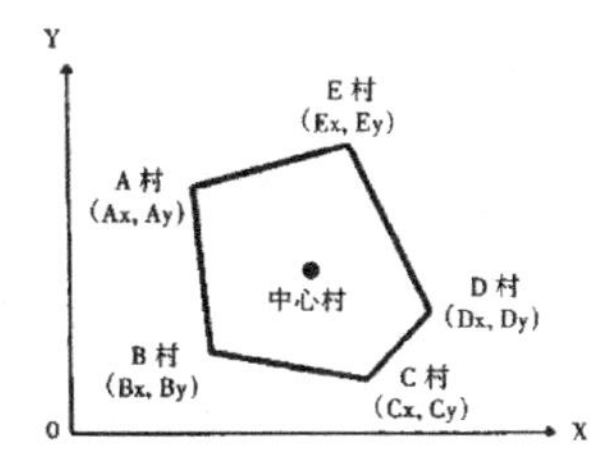


a 按中心地模式组织中心村的理想模型　　b 中心村选址的多边形“重心”法则示意图

图 3-2-12　苏州工业园区边缘区中心村规划

资料来源：袁莉莉，孔翔．中心地理论与聚落体系规划——以苏州工业园区中心村建设规划为例[J]. 世界地理研究，1998（12）：67-71.

## 2.5　生态学对乡村规划理论的影响

### 2.5.1　生态学与农村生态系统

生态系统（ecosystem）是由英国植物生态学家 A.G.Tansley 于 1935 年首先提出的，而农村生态系统是整个生态系统的重要组成部分。它是农田、种植园场、放牧草原和荒漠、渔业水域、村镇以及农区边际土地等多类型生态系统的总称，是从各类自然生态系统开发出来的，并与各类自然生态系统重叠和交叉分布。农村复合生态系统是一种特殊的人工生态系统，兼有自然和社会两方面的复杂属性。一方面，人在经济活动中以其特有的智慧和科学手段，管理和改造农村生态环境，使它为人类服务，农村生态系统中的任何一种因子的变化都会影响到自然界原有的生态平衡。另一方面，人类来自自然界，是自然进化的一种产物，其一切活动受农村环境的制约和调节，不能脱离农村自然环境（杨小波，2008）（案例 3-5）。

生态学研究对乡村规划理论产生的影响向两个方面发展，一是以农村生态系统为对象，形成了农村生态学，并衍生出“生态村”运动；二是以城乡生态系统为对象，强调乡村对城市的生态支撑功能（尤其在粮食生产领域）。

### 2.5.2　生态村

“生态村”概念是由丹麦学者 Robert Gilman 于 1991 年提出的，1991 年丹麦成立了生态村组织，生态村建设的主要内容有：①区域化、本地化的有机食品生产；②生态化的建筑；③自然环境的保护与恢复；④集约、可更新能源系统；⑤减少运输，充分利用现代通信技术；⑥生态村参与式的社区决策；⑦人与人、人与自然交融式的社区先进文化（图 3-2-13）（案例 3-6）。

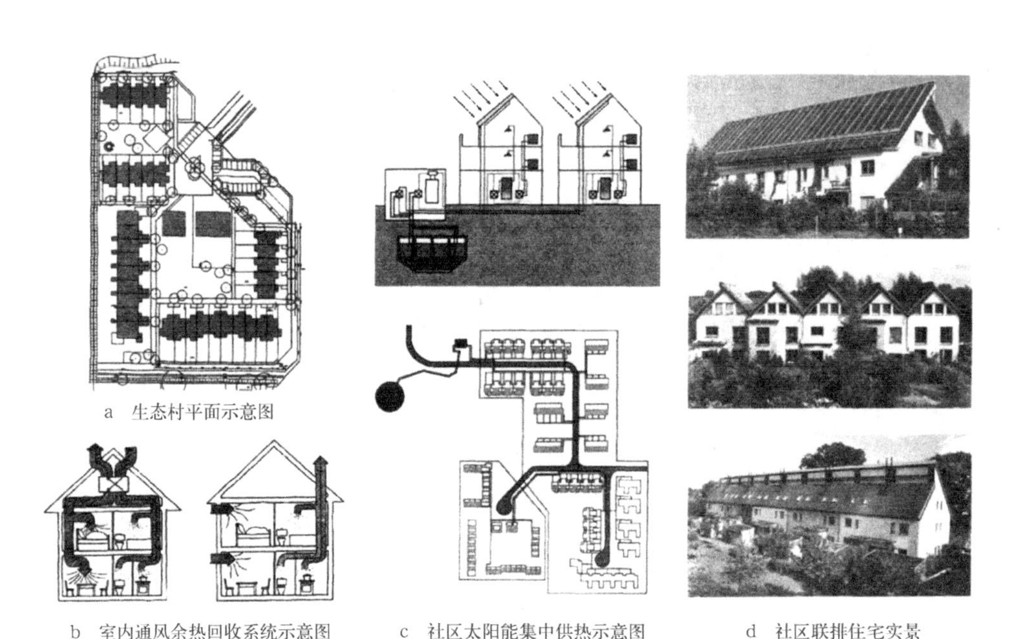

a　生态村平面示意图

b　室内通风余热回收系统示意图　　c　社区太阳能集中供热示意图　　d　社区联排住宅实景

图 3-2-13　德国汉堡 bramfeld 生态村生态技术应用

资料来源：岳晓鹏，吕小海．德国生态村适宜性技术初探 [J]. 建筑技术，2011（10）．

### 2.5.3　城乡生态系统理论与可食用景观理论

农村生态系统与城市生态系统并不是独立循环的，农村生态系统是城市生态系统存在和发展的保证，农村生态系统的好坏直接影响城市生态系统，城市生态系统的良好运转又很好地作用于农村生态系统，两者之间通过物质、能源、信息和人员流动相互依赖、相互影响、相互制约、有着密不可分的联系，它们都是构成生态系统不可缺少的一部分（案例 3-7）。

在城乡生态系统理论的背景下，粮食生产规划成为乡村规划的重要内容。以 1981 年湖北省巡店镇蔬菜及副食品基地生产规划为例，规划指出："本集镇的蔬菜基地规划按供应毛菜每人每天 1.5 斤，产量指标 100 万斤 / 顷……进行估算，近期需菜地 10 公顷，……为确保蔬菜的生产与供应，在基地布置上应尽量接近水源、肥源……辟为蔬菜基地；鱼、猪、禽、蛋等副食生产基地，可在镇区外另辟……"（黄杰，等，1984）（图 3-2-14）。

为解决工业化的食物系统在经济、社会、环境等方面的不可持续性等问题，在城乡粮食供应系统方面先后出现了可食用景观（Edible landscape）、生产性景观、食物城市主义（Food Urbanism）等理论概念，都市农业、近郊农业等实践不断发展（贺丽洁，2013）。

图 3-2-14　湖北巡店镇自然经济作物分布规划

资料来源：黄杰等．集镇规划[M]．孝感：湖北科学技术出版社，1984．

## 2.6　经济学对乡村规划理论的影响

### 2.6.1　城乡二元结构与反哺理论

法国经济学家富朗索瓦·佩鲁1950年提出的增长极理论是比较早出现的城乡空间二元理论。同样在1950年代，出现了新古典主义与结构主义的争论。新古典主义以刘易斯为代表，其认为发展中国家是二元经济结构，传统农业部门剩余劳动力的边际生产率为零，现代工业部门劳动的边际生产率高，在不受干涉的情况下，农业劳动力会自然流向城市，劳动力供给是"无限的"，具有完全的弹性，直到所有的剩余劳动力都被工业部门吸收，城乡二元经济结构淡化和消失。而结构主义则认为由于市场机制的不完善而使供求缺乏弹性，经济、社会、制度的结构的僵化导致经济中缺乏自我调节的均衡机制，城乡间资本回报率的差异使得城乡收入差距越拉越大（孙久文，2010）。

我国为加快重工业发展实施的工农产品价格剪刀差政策，据估计，1950-1994年剪刀差累计总额约两万亿元。城乡人均基础设施投入差距越拉越大，2000-2003年，村镇人均公用设施投资分别为36元、42元、68元和67元，而同期城市则分别为487元、658元、887元和1320元，差距一直在1：13以上（汪光焘，

2005)。林毅夫的“拉动内需说”认为农村基础设施建设有助于推进农村现代化及缩小城乡和地区间的发展差距，也将使农村经济和社会事业受益，进而可以扩大全国的市场规模，提升经济发展水平（林毅夫，2006）。城乡二元结构理论影响了我国的国家政策，党的十六届四中全会正式提出了反哺理论，强调“工业反哺农业、城市支持农村”。

### 2.6.2 城乡一体化理论与城乡统筹

城乡一体化理论认为，从系统的观点来看，城市和乡村是一个整体，其间人流、物流、信息流自由合理地流动；城乡经济、社会、文化相互渗透、相互融合、高度依赖，城乡差别很小，各种时空资源得到高效利用。在这样一个系统中，城乡的地位是相同的，但城市和乡村在系统中所承担的功能将有所不同（甄峰，1998）。2003年，在党的十六届三中全会上城乡统筹正式成为国家政策。

对于城乡一体化与城乡统筹两个概念之间的区别与联系，目前学界并没有统一的定论。较普遍的一种说法认为城乡统筹发展的直接目标是实现城乡一体化。城乡统筹强调通过制度创新和一系列的政策，理顺城乡融通的渠道，填补发展中的薄弱环节，为城乡协调发展创造条件。对于农村地区而言，统筹城乡发展包含的两个相互关联的内容：一是城市与乡村无障碍的经济社会联系，二是农村地区本身的发展（彭震伟，等，2009）。

在成都市城乡统筹实验区的探索中，在乡村地区突出了乡土性特征，并运用指标统筹的方法引领乡村地区的“生态、健康、休闲、观光”特点的“大建设”、“大发展”之路（赵刚，等，2009）。“五朵金花”是这一探索实践中的典型（图3-2-15）。

## 2.7 乡村规划理论向文化价值视角的转变

### 2.7.1 西方国家乡村研究的视角转变

Paul Cloke认为传统的城乡边界由于技术进步尤其是互联网的发展变得模糊，并认为乡村的定义经过了功能性定义（functional concepts）、政治经济学定义（political-economic concepts）两个阶段，发展到了后现代乡村性思考（postmodern and post-structural ways of thinking）的阶段。指出“社会学构建的乡村空间已经越来越与地理学功能性乡村空间发生拆离，以至于我们需要以‘后乡村’（post-rurality）概念来理解现在的乡村性”。

在后现代的时代背景下，乡村文化的表征（cultural representation）、乡村自然环境与可持续性（nature, sustainability）、乡村新经济（new economies）、乡村能源（power）、乡村新的消费主义（new consumerism）、乡村个性（identity）以及乡村社会排斥性

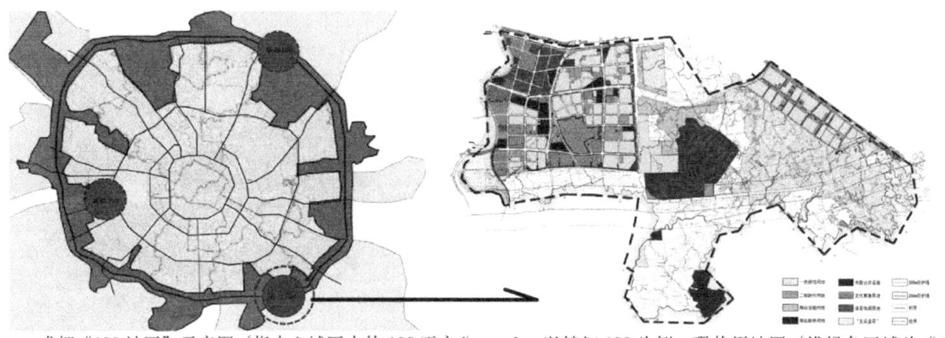

a 成都“198 地区”示意图（指中心城区内的 198 平方公里的非建设用地，这一区域分布在成都市中心城区的四周，主要位于三环路之外，外环路以内）

b 以锦江 198 为例，现状用地图（浅绿色区域为“五朵金花”，即规划定位中的“非集中居住区”，现有建设用地约 3000 亩，根据国土局集体用地指标，需要缩减到 1300 亩，农家乐现状保留。）

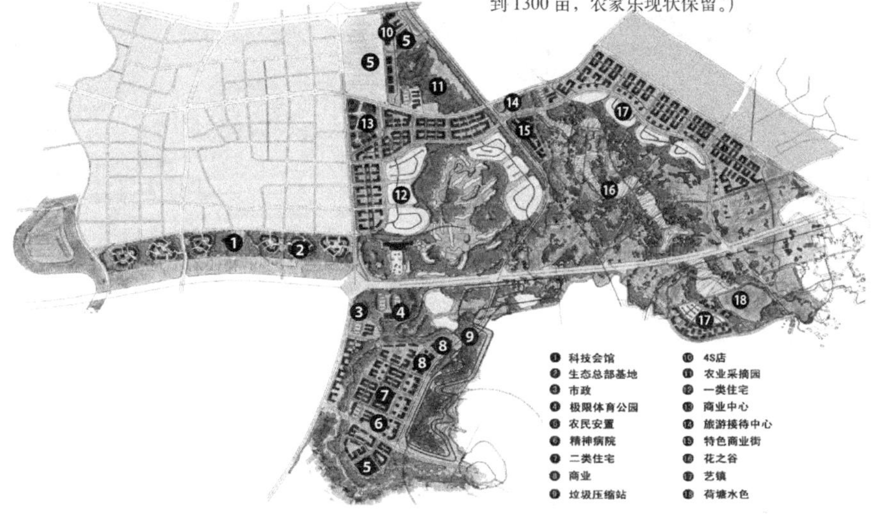


c 锦江 198 地区概念方案（上海同济方案 2009 年）

图 3-2-15 成都 198 地区非建设用地规划

资料来源：“锦江 198”区域概念性规划设计．上海同济城市规划设计研究院提供．2009.

（exclusion）等构成了西方乡村研究的主流方向。由此乡村规划理论发生了视角的转变，改变以往农村作为生产地，城市作为消费地的模式，农村以其独有的文化价值成为城乡体系中的消费场所。

### 2.7.2 农业文化价值理论与历史文化名镇（村）

1978 年澳大利亚生态学家比尔·莫利森（Bill Mollison）提出“永恒文化论”（permaculture），主要论述点是庭院生态系统的设计方法，故也有翻译成“永续农业”，但作者还是强调了基于可持续农业与土地利用的永续文化的理念（比尔·莫利森著，2014）。

农村文化是指在特定农村的社会生产方式基础之上，以农民为主体，建立在农村社区的文化，是农民文化素质、价值观、交往方式、生活方式等深层心理结构的反映（刘豪兴，2004）。物质性农村文化包括在农村地域范围内存在的村落、

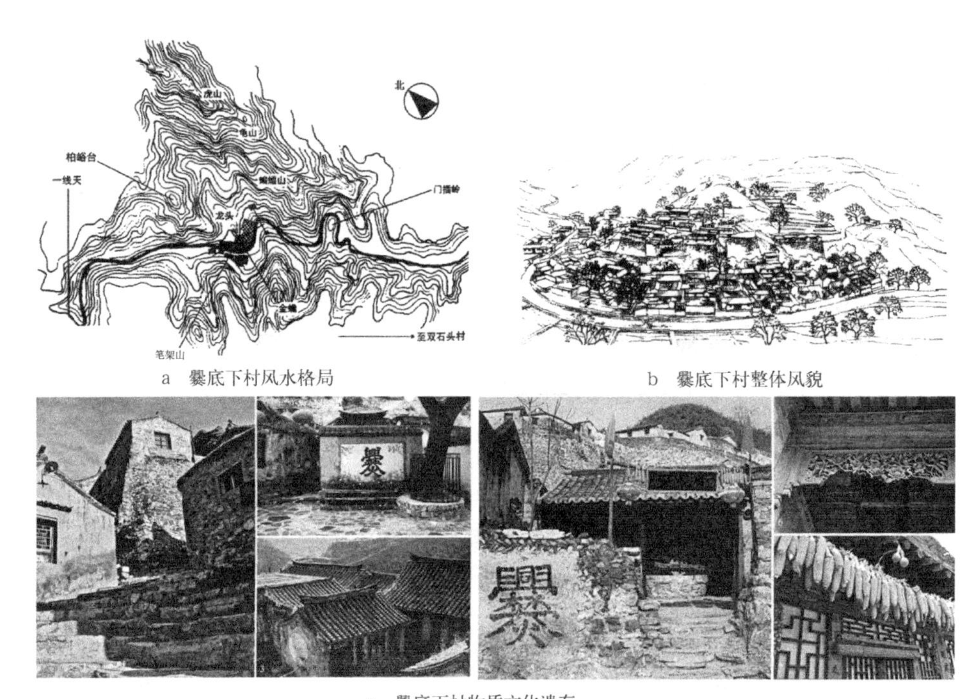


a　爨底下村风水格局

b　爨底下村整体风貌

c　爨底下村物质文化遗存

图 3-2-16　爨底下村物质文化

资料来源：杨晓娜．风水宝地——爨底下村．小城镇建设，2015（1）；许先升．生态·形态·心态——浅析爨底下村居住环境的潜在意识[J]. 北京林业大学学报，2001（7）：45-48.

建筑、石刻、壁画等不可移动之物；与农村生活和生产相关的劳作工具、艺术品、文献、手稿等可移动文物。非物质性农村文化包括以农村为主要流传地区的有关农村生活和生产活动的各类劳作方式和技术、艺术表演形式、口头传统、风土人情、民俗活动和礼仪节庆、传统手工艺等以及与此相关的文化空间（杨小波，2008）。2003 年 11 月建设部、国家文物局《关于公布中国历史文化名镇（村）（第一批）的通知》正式开启了我国历史文化名镇（村）的文化价值保护与传承工作（图 3-2-16）。

### 2.7.3　农业三产化理论与乡村旅游

在发展传统农业的同时，郊区在扩大城乡交往、促使城市资本向乡村地区投入、拓展乡村的生态服务功能和保护乡村文化等方面产生重要的作用，郊区农业三产化成为发展的主要方向（李京生等，2013）。除了生产功能之外，农业还有社会功能、历史传承功能、文化功能，将以往实物形态的农产品交易尽可能形成价值形态的交易，才有条件改变过去在生产相对过剩条件下过多强调二产化的农业（温铁军，2013）（图 3-2-17）。

1987 年的湖南省张家界市“一市三乡三村脱贫致富规划”是我国开展较早

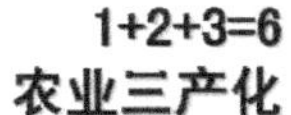


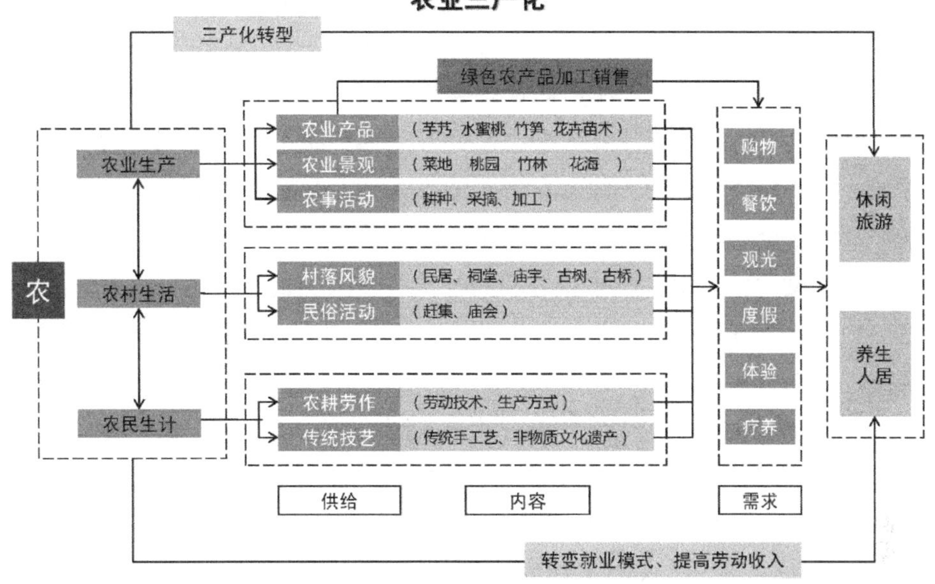


图 3-2-17　农业三产化系统示意图

的围绕旅游全面带动乡村发展的案例。规划落实的第一年，即取得了显著的脱贫效果，而旅游又带动了相关的交通、邮电、餐饮、商贸等产业发展，农产品由运出去改为游客就地消费，大大促进了种植业、畜牧业、林果业、水产业的发展（张仲威等，2012）。

## 2.8　乡村规划理论向人本内生视角的转变

### 2.8.1　人的发展观的成熟与确立

国际上对于“发展”的理解经历了经济增长观、现代化发展观、综合发展观和以人为中心的可持续发展观四个阶段。1995 年在哥本哈根召开的世界发展首脑会议指出：“社会发展要以人为中心……社会发展的最终目标是改善和提高全体人民的生活质量。”（鲁可荣，2010）。

### 2.8.2　内生发展理论

内生发展理论的起源可以追溯到 1969 年日本社会学者鹤见和子，她认为现代化的演化过程根据初始状态的不同可以大致分为两类：“外发的发展”和“内发的发展”。其中，前者是以政府巨大投入和吸收资金为主，追求经济的快速增长，而后者是在保护生态、注重文化的同时，建立良好的社区秩序，追求区域可持续发展。之后，内生发展理论在全球范围内不断被推动发展。2000年，联合国和平文化国际会议发表的《马德里宣言》宣布要在四项“新契约”的基础上提倡全球性内生式发展计划：①新的社会契约，承认人是经济发展的推动者和受益者；②新的自然契约或环境契约，包括长期的思路以及紧急状态下采取的应对手段；③新的文化契约，旨在维持文化的独立性或者特色之处；④新的道德契约，以确保全面落实构成我们个人和集体的行为守则的价值观和原则。基于知识和内部动力的全球性发展被视为内生式发展模式的重要内涵（王志刚等，2009）。日本1970年代的“一村一品”运动可以被认为是内生发展模式在早期的实践。

关于内生发展的定义，目前国际上没有一个统一的结论，普遍认为：内生式发展的内涵应当包括三个方面：①地区开发的最终目的是培养地方基于内部的生长能力，同时保持和维护本地的生态环境及文化传统；②为培养本地发展的能力，最好的途径是以当地人作为地区开发主体，使当地人成为地区开发的主要参与者和受益者；③必需的措施是建立一个能够体现当地人意志，并且有权干涉地区发展决策制定的有效基层组织（张环宙等，2007）。

运用内生发展的理论对乡村进行研究也逐渐成为国内乡村研究的趋势。主要的研究方向包括：农业内生发展模式，农村内生发展模式的特点，农村社区发展动力与机制（案例3-8）；农村文化多样性的传承与发展，农村旅游的内生发展，内生发展理论应用的评估等。

## 2.9 近现代乡村规划理论与实践的三个范式

近现代乡村规划中各理论体系不断发展、演进、融合与重组，形成了一幅完整的关系脉络图（图3-2-18）。从其学科构成与理论视角两方面的特点分析，可以将近现代乡村规划理论的发展分为三个范式阶段。

第一阶段在学科构成上主要是基于传统建筑学领域，希望通过精致的设计在乡村地区塑造良好的人居环境，抑或是试图通过蓝图式的理想方案来达到改造社会、解决社会问题的目的；在理论视角上可以归纳为“服务于精英”的特征，其一表现为向精英阶层提供设计方案以实现其发展愿望，其二表现为社会精英阶级或政治上层建筑领导的运动式的乡村建设。这一阶段可以被称作是近现代乡村规划理论发展的“古典范式”。

第一次范式转变发生在1930年代左右，其主要动力是现代科学的发展使得乡村规划理论拓展了其外延。四大现代科学体系融入乡村规划理论并对其产生影

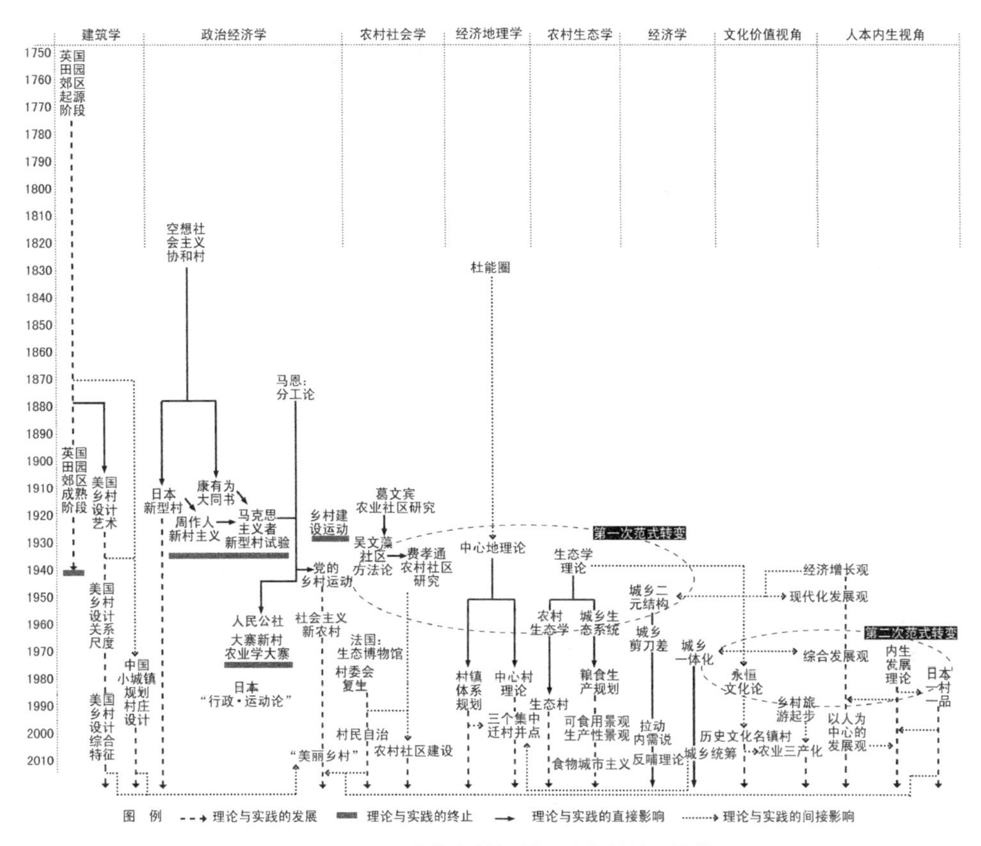

图 3-2-18　近现代乡村规划理论发展关系脉络图

响：一是以生态学为基础的农村生态学；二是以农村社区为空间载体的农村社会学；三是研究乡村及城乡地区空间结构的经济地理学；四是研究城乡关系的经济学分支。乡村规划理论呈现出跨学科的综合性特征。在理论视角上可以归纳为"服务于城市"的特征，无论是乡村作为城市的粮食"生产者"、城乡二元结构甚至是城乡统筹等，都带有这一特征，但这一时期内农村社会学的发展使得农村社区思想开始萌发。这一阶段可以被称作是近现代乡村规划理论发展的"现代范式"。

第二次范式转变发生在 1970 年代左右，这一时期乡村规划理论的理论视角发生了两个显著的转变，其一是乡村地区的文化价值日益受到重视，其二是在乡村规划理论中更加强调"人"的发展，强调在发展中使乡村的社会结构、乡土特征及历史文脉能够得到保护与传承，可以说在这一阶段近现代乡村规划理论才真正表现出了"服务于乡村"的特征。这一阶段可以被称作是近现代乡村规划理论发展的"后现代范式"。

# 第3节 中国乡村规划的历程

## 3.1 现代乡村规划与实践

我国现代各阶段的乡村规划实践，与时代背景及政治、经济因素紧密相联。

### 3.1.1 20世纪初的乡村建设实践

近代以后中国传统农业社会逐步受到工业化的冲击，城乡平衡的发展关系和乡村地区稳定的社会结构被打破。鸦片战争以后，外国势力以开埠口岸为据点向中国倾销商品、垄断市场、掠夺资源，对传统的生产和消费市场带来冲击，农村经济、传统工商市镇处于停滞和衰落，沿海港口城市兴起。1895年《马关条约》签订以后，允许外国在华设立工厂、修建铁路，传统城镇的衰落与近代工商业城镇兴起的特征更加明显。加之列强入侵、军阀混战和自然灾害影响，传统市镇萎缩，乡村地区人口外流，城乡的对立和矛盾扩大，乡村社会深陷衰败之中。

20世纪初，乡村破坏激起了众多有识之士的救国热情，推动了“乡村建设运动”在农村地区的兴起，在1920年代末至1930年代中期形成高潮。当时参加这一运动的学术团体和教育机构多达600多个，建立各种试验区1000多处，形成了各具特色的乡村建设模式。其中影响最大的是以晏阳初为代表的河北定县开展的“平民教育”运动，和以梁漱溟为代表的在山东邹平实验的乡村“文化复兴”。

晏阳初领导的中华平民教育促进会通过在定县进行的社会调查，认为当时中国农村普遍存在“愚、贫、弱、私”四大病症，乡村建设首要任务是实现“教育”对人的改造。之后他在定县、衡山和新都实践了他的思想，提出采用“学校式、社会式、家庭式”三大教育方式，推行“以文艺教育救愚，以生计教育救穷，以卫生教育救弱，以公民教育救私”四大教育。要求教育者走出书斋深入到农村实际中去，在改造生活的实践中启发民力，造就一批新农民。同时积极推广乡村合作组织，创建实验农场，传授农业科技，改良动植物品种，创办手工业，建立医疗卫生保健制度等。

梁漱溟认为西方文明冲击导致的文化失调是引起中国诸多问题的症结所在，解决中国乡村乃至整个中国问题的根本在于文化重构。他创建了山东乡村建设研究院，并在邹平开展了乡村治理实验，希望通过研究院和乡农学校把乡村组织起来，推进乡村建设中的各项事务，向农民进行道德教育，组织乡村自卫团体，维护乡村稳定，建立农村合作社促进生产，从而以“乡村文明”实现对中国社会的全面改造。

其他一些实验案例也开展了许多有价值的探索。如黄炎培、江恒源等人建立中华职业教育社在昆山徐公桥的实验，高践四等人创办江苏省立教育学院在无锡开展

的实验，陶行知在南京中央门外的晓庄创建了晓庄师范学校开展的实验等。除一些知识分子主持的乡村建设实验之外，一些实业家也纷纷开展乡村建设实验。卢作孚以民生公司为后盾，在重庆北碚推行他的思想，力图通过“实业民生”，推动乡村现代化。此外，当时的国民政府也在江西、浙江等一些地方推动实施乡村改革和建设计划。

总体上看，这一时期的乡村建设运动具有民间发动、自下而上、面向实践的特点。其出发点不仅在于推动乡村发展，也是为了通过乡村建设和改革，拯救当时中国社会的危机。基于乡村社会特征的认识，在实践中探索针对中国近代城乡发展问题的乡村建设理论体系。倡导乡村建设的先行者中，许多都是著名的教育家，创办了许多专门培养乡村建设人才的研究机构。这些机构把开展乡村研究、推广乡村教育、组织乡村建设实践与人才培养相结合，成为推动乡村建设运动的中心。

### 3.1.2 1950 年代的人民公社运动

中华人民共和国成立后，对农村地区的全面的社会主义改造和公社化运动构成了 1949 年以后影响乡村地区发展的主要线索。国家通过 1949–1952 年推行的土地制度改革和 1953–1957 年开展的农村合作化运动，基本完成了体制上的转型。1950 年代中期进行的生产规划的内容包括：土地规划、生产规划（农、林、牧、副、渔）、收入分配规划、劳动力规划、保证措施规划以及附件包括文、图、表。文包括规划方案、文字说明等；图包括现状图、规划图、统计图；表格包括播种面积、产量、牧禽头数、产品量、林地面积、收入、支出、核算、效果及农业生产条件等（张仲威，2012）。这个时期的规划有些经验对今后农业生产和规划工作有影响，包括：①在生产规划进行中，先把农业生产规划制定出来，以它为基础再进行其他规划；②生产规划必须主要依靠社员的力量来进行、来实现。外来的人的帮助是需要的，但是第二位的。生产规划的实现必须依靠发挥社员的主动性、积极性；③生产规划制定后，必须加强年度计划，以保证长期性的生产规划由年度计划来具体落实，才不会束之高阁。可以说，这个时期的规划侧重点是先生产，后生活。

在 1950 年代中期，对后来城乡规划起着重大影响的事件就是二元户籍制度的建立。社会主义改造完成后，社会主义计划经济体制在中国基本确立，随着计划经济体制的逐步确立，对生产资料、生活必需品、劳动力的控制显得更为重要。为了有效地控制城乡人口流动、有效保证城市居民生活必需品供应，中央政府加快了建设二元户籍制度的步伐。1956 年 3 月，公安部讨论了《中华人民共和国户口登记条例》草案，1957 年 12 月国务院发布了《关于制止农村人口盲目外流的指示》和《关于各单位从农村中招用临时工的暂行规定》，1958 年 1 月第一届全国人民代表大会常委会审议通过了《中华人民共和国户口登记条例（草案）》，这是中华人民共和国成立后第一个全国性户籍管理法规。城乡二元户籍制度的建立，使农村人口向城市的流动几乎被禁止，加剧了城乡隔离，城市化进程停滞，城乡差别扩大的趋势开始显现（严士清，2012）。

从1958年开始，农村人民公社化运动在全国各地全面铺开，走上了集体经济为特征的发展轨道。中国共产党中央政治局通过《中共中央关于在农村建立人民公社问题的决议》，把生产合作社合并和改变成为规模较大的、工农商学兵合一的、乡社合一的、集体化程度更高的人民公社。公社规模一般以一乡一社较为合适，也可以由数乡合并为一社。人民公社制度的基本特征在于通过在农村地区建立集体土地所有制和推行合作化、集体化、公社化运动，彻底打破了传统的小农生产方式和乡村治理模式。实行政社合一的管理体制，人民公社既是基层政权组织形式，又是集体经济组织，实行公社、生产大队、生产队三级管理，土地产权上集体所有，生产上统一经营，分配上集体分配。随后，农业部发出了开展人民公社规划的通知，要求各省、市、自治区在"今冬明春"对公社普遍进行全面规划。在"描绘共产主义蓝图"的"左倾"思想指导下，这个时期编制了大量的人民公社建设规划（案例3–9）。规划内容涉及生产生活资源使用的各个方面，除农、林、牧、渔外，还包括平整土地、整修道路、建设新村（赵月等，2002）。这个时期的乡村规划尽管受到政治的影响，普遍存在着大量问题，但将生产与生活功能及设施的统一配置，提倡多种经营和废物循环利用等思想还是值得借鉴的（案例3–10）。

### 3.1.3　1960年代的农村发展规划

1960年代，在"左"倾思想的影响下，农村发展规划具有以下特点：一是高指标。在当时"大放卫星"、"大刮共产风"、"大跃进"的历史背景下，任何人搞农业规划，都避不开当时的背景环境；二是瞎指挥。农村发展规划的主人是农民自己，而不是外来的上级、干部、专家等。规划指标不是从实际出发，而是他们主观臆想；不是公社群众说了算，而是他们拍板定案；三是形式主义、官僚主义、主观主义；"三大主义"是这个历史时期农村发展规划较突出的特点。除高指标、瞎指挥外，强迫命令更是这个主义为根源的表现形式。为搞形式，在规划道路和村庄时，为使道路笔直，要求见井平井，见树砍树，见村拆村；为使村庄整齐划一时，农户拆迁，激起群众怨声载道。有的逼得实在无办法，集体上访告状的现象众多。参与规划的外来者，不知规划村的家底多大，瞎折腾，到头来劳民伤财一场空；四是规划绝大多数束之高阁。在1960年代的历史时期，制定的规划既脱离实际，又脱离群众，绝大多数规划方案被存放起来，难以执行（张仲威，2012）（案例3–11）。

### 3.1.4　1970年代的农业发展规划



1970年代，在家庭联产承包责任制前，农村经营体制是"政社合一，一大二公"，

劳动力统一管理，生产资料统一管理，土地统一管理，农村各项事业百废待兴，为此各乡编制农业发展规划，其内容包括：①以改土治水为中心的田、渠、井、林、路、村六位一体的土地规划；②以种植业为中心的农、林、牧、副、渔五业生产规划；③以农业机械化为中心的农业机械化、水利化、电气化、化学化等的农业生产手段规划；④以社会主义新农村建设为中心的文化、卫生、教育、商业等农村设施建设规划（张仲威，2012）（案例 3-12）。

### 3.1.5　1980 年代乡村经济的复兴

1978 年开始以土地联产承包为起点的农村经济改革是引发了一系列重大社会变革的起点。

农村家庭联产承包责任制的实行，使农民获得了土地经营使用权及生产经营的自主权，改变了人民公社时期的集中经营、集中劳动、统一分配的管理方式，人民公社退出历史舞台。同时改革了计划经济体制下农产品统购统销的流通方式，全面放开农产品市场，农村从“以粮为纲”向“多种经营”发展，乡村经济的市场化和工业化迅速发展。恢复了乡建制，实施了农村村民自治制度，行政村成为基层群众自治组织。改革了户籍管理政策，允许农民进城务工、经商，进城落户，农民的流动性增加。

这种自下而上的改革激发了农村地区经济的活力，农业生产效率迅速提高，当时的市场短缺为推动乡镇企业的快速发展提供了空间，农业劳动力向非农业产业转移速度加快。在全国各地出现了许多各具特色的非农化发展模式，如苏南地区以集体经济为特色，利用比邻上海等大城市国有企业技术外溢的优势发展乡镇企业，带动了乡村地区非农经济的发展，形成了“苏南模式”，1980 年代末乡镇及村办企业、工业、产业曾占到地区工业总产值的 1/2 以上。浙江地区以民营经济为基础，形成了“温州模式”和以小商品集散为特色“义乌模式”。珠三角地区作为改革开放前沿，形成以外资驱动“三来一补”（来料加工、来样加工、来件装配和补偿贸易）的外向型经济模式。乡村地区非农经济的快速发展对城镇化发挥了积极作用，许多地区出现了“亦工亦农”和“离土不离乡”的兼业模式，促进了 1980 年代一大批小城镇快速崛起（案例 3-13）。

1981 年我国编制了《中国综合农业区划》，根据地域分异规律和分级系统，分别阐明了 10 个一级区和 38 个二级区的基本特点、农业生产发展方向和建设途径（案例 3-14）。

1982 年国家建委、国家农委制定《村镇规划原则（试行）》是在总结过去经验教训的基础上，把村镇规划分为总体规划和建设规划两个阶段，以便使每一个村庄和集镇的规划都能够与整个乡（镇）的全面发展有机结合起来。

其中，村镇总体规划是在全公社范围内进行的村镇布点规划和相应的各项建设的全面部署，是公社山、水、田、林、路、村综合规划的组成部分。村镇总体规划的主要内容为：在公社范围内按照生产发展的需要和建设的可能性，确定主要村镇的性质、发展方向、规模和位置，村镇之间的交通运输系统，电力、电信线路的走向，以及主要公共建筑物和生产基地的位置等。村镇建设规划是在总体规划的指导下，具体选定有关规划的各项定额指标；安排各项建设用地，确定各项建筑及公用设施的建设方案，规划村镇范围内的交通运输系统，绿化以及环境卫生工程，确定道路红线、断面设计和控制点的坐标、标高，布置各项工程管线及构筑物，提出各项工程的工程量和概算；确定规划实施的步骤和措施。

另外，国务院颁布《村镇建房用地管理条例》，明确村庄规划由生产大队（村民委员会）制定，集镇规划由公社（乡）制定，经社员代表大会或社员大会讨论通过后，分别报公社管理委员会（乡政府）或县级人民政府批准。

### 3.1.6 1990 年代的乡村规划进展

进入 1990 年代，随着全面市场化和城市经济活力逐步释放，农村非农经济优势削弱，城乡差距开始扩大，异地人口流动迅速发展。虽然城乡之间经济社会一体化不断发展，但计划经济时代确立的城乡二元化制度的矛盾进一步显现，制度变化所带来的边际收益日益降低，农民增收面临约束，农民负担居高不下，传统的城乡分离户籍制度及以此为基础的教育、医疗、社保和就业等一系列社会管理和公共服务体制阻碍了乡村地区的发展。

1993 年国务院颁布《村庄和集镇规划建设管理条例》，适用范围包括村庄和集镇。编制村庄、集镇规划，一般分为村庄、集镇总体规划和村庄、集镇建设规划两个阶段进行。村庄、集镇总体规划是乡级行政区域内村庄和集镇布点规划及相应的各项建设的整体部署，主要内容包括：乡级行政区域的村庄、集镇布点，村庄和集镇的位置、性质、规模和发展方向，村庄和集镇的交通、供水、供电、商业、绿化等生产和生活服务设施的配置。集镇建设规划的主要内容包括：住宅、乡（镇）村企业、乡（镇）村公共设施、公益事业等各项建设的用地布局、用地规划，有关的技术经济指标，近期建设工程以及重点地段建设具体安排。村庄建设规划的主要内容，可以根据本地区经济发展水平，参照集镇建设规划的编制内容，主要对住宅和供水、供电、道路、绿化、环境卫生以及生产配套设施做出具体安排。

1994 年建设部颁布《村镇规划标准》（GB 50188—1993）。标准适用于全国村庄和集镇规划，县城以外的建制镇的规划亦按本标准执行。内容包括：①村镇规模分级和人口预测；②村镇用地分类；③规划建设用地标准；④居住建筑用地；

⑤公共建筑用地；⑥生产建筑和仓储用地；⑦道路、对外交通和竖向规划；⑧公用工程设施规划。

### 3.1.7　2000年以来的新农村运动

2000年以来农村地区经济积弱、持续大规模人口流动和异地非农化趋势，对农村地区发展的影响进一步加深。突出表现在：①农业经济地位不断下降，农村经济总体缺乏活力；②乡村地区集体经济体制和社会组织载体弱化，社会空间破碎化，生产组织和社区组织能力减弱；③农村地区之间的发展差距也在扩大，既存在发达地区人口高流入郊区农民工现象，也存在中西部地区人口高流出现象；④一些地区乡村衰落现象严重。青年人大量流失，妇女、儿童、老人人口比重高，农村老龄化严重（一些地区甚至超过40%），空心村现象普遍；⑤农村地区公共服务和环境基础设施建设滞后。特别是基础教育布局和服务水平与分散的农村分布形态之间的矛盾越来越突出，生活环境难以改观。

城乡矛盾和“三农”危机的凸显受到广泛关注和重视。2003年开始中央每年的1号文件都聚焦“三农”问题，提出了一系列推动农村发展的措施，包括调整农业和农村发展政策，如取消农业税，采取多予少取的政策；实施国家反哺农村战略，提出促进农业产业化、以城带乡、以工哺农的措施；高度重视农村公共产品的供给，通过财政转移支付手段促进农村基础公共设施建设，全面实施农村地区九年免费义务教育，建立农村合作医疗体系、农村养老保障体系等；推进基层政府组织改革，完善村民自治和组织化程度；倡导建设社会主义和谐新农村等等。

2005年底，十六届五中全会通过《十一五规划纲要建议》，并专门制订了《关于推进社会主义新农村建设的若干意见》，对新农村建设的目标、任务和措施提出了具体的意见，提出要按照“生产发展、生活宽裕、乡风文明、村容整洁、管理民主”的要求，推进新农村建设。2008年正式颁布了《中华人民共和国城乡规划法》，提出由城镇体系规划、城市规划、镇规划、乡规划构成的规划编制体系，将村庄规划纳入法定规划编制体系，同时将乡村地区纳入规划管理体系。2011年正式将城市规划二级学科调整为城乡规划学一级学科。

一场声势浩大的新农村建设运动在全国范围内展开，在实践领域总体上形成三股力量。一是地方政府主导的地方新农村建设实践，如安徽省“万村百镇示范工程”、江苏省现代化新农村建设、浙江省“万村整治、千村示范”、四川及重庆地区的城乡统筹实践、海南省的生态文明村建设等。这类实践具有自上而下的特点，主要由地方规划设计部门参与。各地在乡村规划方面积极探索城乡统筹发展道路，如成都地区推行的乡村规划师制度。但许多地方也存在乡村规划脱离乡村发展实际的突出矛

盾，一些地区将农村居民点整治与土地增减挂钩，盲目撤并乡村居民点，片面理解城镇化和农村现代化。

## 3.2 乡村规划教育

### 3.2.1 乡村规划教学的历史沿革

回顾近代以来乡村规划与教学的发展历程，与不同时期对乡村问题的认识和建设实践紧密相关。

1930 年代，因抗日战争的爆发，乡村建设运动逐步停滞，但这一时期的乡村建设思想和研究却产生了巨大影响和成就。在乡村发展与国家现代化，乡村发展与推广平民教育、文化重构、乡村治理等方面关系的认识，对中国当今城镇化发展理论及乡村规划实践具有重要的借鉴和启发意义。如以晏阳初为代表，因其倡导的"平民教育"，曾在美国被评选为"现代世界最具革命性贡献的十大伟人"。以费孝通为代表，其撰写的博士论文《江村经济》，引起了世界范围内对中国乡村问题研究的关注。

1949 年中华人民共和国成立，1953 年实施了第一个五年计划，开始确立了以国家为主导大规模推进工业化道路。围绕 156 个重点项目的建设，强化城市工业在国民经济中的地位，一批新兴的工业化城市快速崛起。1956 年同济大学创办了国内最早的城市规划专业。专业奠基人金经昌、冯纪忠在专业创办之初，就提出"真刀真枪、真题真做"，带领广大师生在各地开展实践性教学，开创了城乡规划教育面向实践的方针。

人民公社时期的乡村规划主要围绕人民公社规划展开，1958 年底开始在全国范围内掀起了一轮人民公社规划热潮，主要由一些专门设立的机构和高校参与编制。以同济大学为代表的建筑类高校积极参加了当时的人民公社规划。1958 年 9 月，李德华和董鉴泓带领规划专业三年级学生 30 多人和上海医学院的学生，历时十多天，对青浦县红旗人民公社和全县用地进行了规划。当时规划考虑的最重要的一个问题就是如何合理地将居民点归并，一共做了两个方案：一个十个工区，另一个十二个工区。工区的个数代表了规模的大小，决定了公共设施的配置，同时也考虑了村周边的产业问题。这是上海最早做的人民公社规划，也是全国的第一个（董鉴泓，2013）。

为指导人民公社规划，当时还出版了一系列关于人民公社各个方面的规划手册，如《人民公社规划汇编》、《人民公社园林化规划设计》、《人民公社水利规划》。1961 年结合 1950 年代的规划实践，由清华大学、同济大学、南京工学院、重庆建筑工程学院四所高校共同编写了《城乡规划》教材。人民公社规划作为其中一部分内容，

提出人民公社规划主要包括生产规划和居民点规划。提出人民公社规划的几个问题为：农村规划和建设要适应农业生产发展和经济水平、农村人民公社规划和建设必须适应农村特点、农村人民公社规划工作要从生产规划入手。1960年代以后，由于规划工作的停滞，人民公社规划也没有再大规模展开。

1978年改革开放以后城市规划工作全面恢复，各地开展了大量城市总体规划和小城镇规划。受国家教委的委托，同济大学与重庆建筑工程学院和武汉城市建设学院等院校编写了《城市规划原理》、《中国城市建设史》、《城市对外交通》、《城市工业布置规划》、《城市园林绿化规划》、《城市道路与交通》、《区域规划》、《城市给排水规划》等系列教材，奠定了城市规划教学的基本框架。之后，逐步拓展了城市社会学、区域规划等课程。各地广泛开展的城市建设，为规划教学结合实践创造了条件，1989年同济大学主持的“坚持社会实践，毕业设计出成果、出人才”教学成果获得国家特等奖。在乡村地区的规划实践主要以小城镇规划为主。

1990年代后期开始，一批学者重新从社会学视角开始审视和探索中国乡村发展道路，农村、农业、农民构成的“三农”逐步进入城镇化研究视野。曹锦清的《黄河边的中国》深刻反映了对中部地区农村发展状况的调查和思考。

21世纪以来，由一批“三农”学者开展的“新乡村建设运动”，如中国人民大学乡村建设中心、华中师范大学中国农村问题研究中心、西南大学中国乡村建设学院、中国农村发展促进委员会等开展的一系列乡村实践活动取得了积极的成效。其中较具影响力的有周鸿陵的天村试验、贺雪峰的洪湖试验、温铁军的翟城试验及何慧丽的兰考试验等。2003年温铁军在河北翟城村成立了晏阳初乡村建设学院，强调新农村建设不仅仅是物质层面的建设，更为根本的是乡村文化建设。这个时期，各高校中开展了乡村调查和教学实践。如同济大学近年来在乡村规划教学实践方面的探索。2007年结合大学生社会实践，由李京生指导本科生童志毅等完成的《新农村人居环境建设“村民掌中宝”——基于江西农村调查及规划实践成果》获“挑战杯”全国大学生课外学术科技作品竞赛特等奖。2012年开始对城市规划专业本科教学计划做了相应调整，增加了乡村规划原理、乡村社区规划等教学内容，结合总体规划课程设计增加了村庄规划教学环节。

### 3.2.2 对乡村规划教学的展望

城市规划向城乡规划的转型，凸显了规划学科和教育体系拓展的重要性。乡村规划教育必须充分体现这种全新知识体系的学习过程（彭震伟，2013）。改革开放以后中国的城市规划教育在学科知识结构上已得到极大的扩充和完善，在围绕以传统的城市规划与设计为核心教学组织框架基础上，涵盖了社会、经济、生态、管理等各个方面。但学科体系和教学体系仍然是围绕城市为中心的架构，从开展乡村规划

的角度，规划教育需要在价值观教育、发动社会参与、公众参与、政策研究、面向实践等方面深入和增强。

（1）价值观教育的深入。中国的规划教育侧重于职业技能的培养，美国的规划师的职业教育标准中，知识、技能、价值观都不可或缺（张庭伟，2004）。城市规划工作就是“为人民服务”是金经昌等老一辈规划教育家的教诲，并身体力行影响了几代规划人。在当今学科转型和规划教育蓬勃发展的背景下，将“以人为本”的价值观体现在乡村教学体系就显得更加重要。

（2）公众参与的能力的培养。在传统的城市规划教育中，公众参与只是作为规划师的一种方法，而从乡村规划视角，公众参与更应成为树立规划价值导向的一种能力。

（3）政策研究的拓展。政策因素是影响城乡关系转变的重要方面，诸如户籍、土地流转、宅基地等方面的政策将影响个体参与城镇化的具体方式。作为具有公共政策属性的城乡规划，政策研究是体现其社会价值的重要基础。

（4）更加注重面向实践。乡村发展和乡村规划实施机制更加复杂，也使规划过程相比规划内容本身的意义更加凸显。1920年代陶行知创办晓庄师范学校，自任校长时提出“生活即教育”、“社会即学校”、“教学做合一”的教育理念。

更加注重教学实践，注重实践是城市规划的传统，在乡村规划中更成为一种必需，通过实践教学机会开展具体乡村地区的社会实践调查，乡村地区千差万别，乡村规划尤其需要因地制宜，解决实际问题。

强化方法论教育，培养学生独立思考，激发并增强学生在实践中的创新能力。许多学生不了解农村，甚至没有到过农村。亲身感受农村的发展，理解农村发展实际，深入调查分析规划村落的现状和问题，寻求基于地方性的规划方法。

同时，乡村地区的健康发展需要社会共同参与和协同创新，多层次的规划教育和社会培训体系，而不是单纯依赖高等教育，更为符合实际并有助于广泛的社会参与。

## 第4节　发达国家的乡村规划简介

### 4.1　日本

日本乡村从土地使用角度可以定义为：以聚落为中心，被农地、山林、河川、道路等占据，空间上呈现一体化的一个领域。日本实行两级地方行政区制，一级行政区有都、道、府、县，二级行政区有区、市、町、村，其中町相当于我国的建制镇，

村相当于我国的乡，自然村被称为集落。第二次世界大战后由于推行市町村的合并，二级行政区数量不断减少。

第二次世界大战后，日本积极推行行政的规划化，规划成为日本的时代特征。与乡村规划对应的农法体系分为综合规划和特定部门规划，从第一部农法（1909年颁布的《关于林木的法律》）颁布算起，日本的农法体系建设已有百年历史。据不完全统计，目前日本的农法体系中，专门针对农村、农业、农民的法律大约有130多部，而其中关于乡村建设管理的法律共有15部。乡村规划以规划对象为依据可以划分为：①与乡村地区社会（人口、组织制度等）经济相关的计划；②与土地和设施等相关的规划。

日本的造村运动开展形式中，最具有知名度且影响力扩及全日本乃至亚洲各国的，就是由大分县前知事平松守彦于1979年开始提出的“一村一品”运动。“一村一品”运动实质上是一种在政府引导和扶持下，以行政区和地方特色产品为基础形成的区域经济发展模式，“一村一品”并不限于农特产品，也包括特色旅游项目及文化资产项目。

从1993年以后出台的法律来看，日本更加注重增强农业和农村地区自身的活力，诸如1993年颁布的《关于搞活特定农村、山村的农林业，促进相关基础设施建设的法律》；1994年颁布的《关于为在农村、山村、渔村开展休闲度假活动，促进健全相关基础设施的法律》；2000年颁布的《过疏化地域振兴特别措施法》等，都体现了将农村基础设施建设与增强农村自身发展活力结合起来的政策意图。

当前，日本乡村建设管理的政策基本上有四类：一是在土地放开的基础上日益加强规划控制，主要体现在推行农田整理、围海造田后的统一规划，以及鼓励住房集中规划等；二是明确的建设投资分工政策；三是严格的自然环境保护政策，主要包括乡村的污水、固废的处置，以及封山育林方面的努力及成效；四是鼓励乡村居民参与政策制定和建设管理（案例3-15）。

日本注重乡村规划的循序渐进。日本在制定乡村综合建设规划时，最初把缩小城乡差距作为规划的主题，后来再根据社会发展的需要，分阶段调整主题。自1970年代以来，规划主题经历了五个阶段的变化：第一阶段（1973-1976年）缩小城乡生活环境设施建设的差距；第二阶段（1977-1981年）建设具有地区特色的农村定居社会；第三阶段（1982-1987年）地区居民利用并参与管理各种设施；第四阶段（1988-1992年）建设自立而又具有特色的区域；第五阶段（1993至今）利用地区资源，挖掘农村潜力，提高生活舒适性。规划主题的变化反映了日本的村镇建设在不同阶段所突出的不同重点，也说明了日本的村镇建设是一个循序渐进的发展过程。

## 4.2 德国

在德国，乡村地区人口比例持续下降，农业生产对于整个国民经济的意义也不断降低；但与此同时，乡村地区在环境、文化等涉及全社会福利的地位却在不断上升。在德国乡村规划管理体系中，法律针对的具体对象是乡村地区的建设行为，以及涉及到包括农业生产和一般居民生活的土地管理两个基本方面。

德国于1980年代开始了“乡村地区更新建设”，目的在于通过公共部门的扶持与引导，鼓励乡村地区居民与其他利益相关者的合作，改善各地农业生产水平和景观状况，不仅要促进乡村地区的经济社会发展，更要发挥面积广大的乡村地区在景观、环境等多方面的综合价值，实现全社会的可持续发展。通过改善基础设施，促进乡村地区除了服务于一般的农业生产，同时改善周边居民进行短途旅行、亲近自然的条件，从而使乡村地区更加融入整个国家的空间体系。

乡村地区更新建设的重点主要为以下方面：规划理念及目标的确立；基础设施与公共服务设施的改善及土地占有关系的调整；居住建筑与院落的安排；生产能力、产品质量与就业场所条件的提高；环境的整治与再开发；历史文化的保护。

德国注重严格的管理程序与公众参与。德国法律对地方政府规划赋予的权力较大，规划实施的保障机制非常健全。规划一经制定，便确定为法规，任何单位和个人不能擅自更改。德国的城市和镇实行高度的地方自治，空间规划的实施不仅仅靠法律和法规来保证，还在规划的全过程中建立起有效的组织结构并赋予其法定任务，建立起一种在国家、区域和地方自治的协调机制。

德国对公众参与规划有完善的机制和法律保障。如不遵守规定程序，公民可以对已通过的规划进行起诉，法院会判规划无效。这种做法虽然容易导致规划周期延长，但由于规划在编制过程中广泛听取了绝大多数人的意愿，保障了规划的科学性、合理性，也有利于规划的顺利实施。

## 4.3 英国

英国乡村是主要依靠农业而存在的一个相对独立的社会单位。英国乡村的自然景观和乡村文化宝藏资源丰富，历史悠久，保持淳朴景色的村落遍布各地。

2002年初，有五个部门共同组成一个委员会对英国乡村地区进行了定义：将覆盖英格兰和威尔士的国土分割为3500万个面积为1公顷的单元格，然后把个人住宅基址纳入所属单元格内并最终构成作为空间分析单位的居住密度模型，再通过运用高分辨率的地理资讯系统得出单元格内居住土地利用情况，并同时利用以某单元格为中心的一系列不同研究半径向外扩展空间观察尺度。

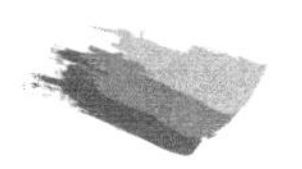

英国的法规体系是世界上最完善的法规体系之一，英国并没有单独针对乡村的一套规划管理法规体系，而是城乡统筹发展，通过《城乡规划法》来统一规划管理。同时，根据乡村特点，制定相关法律与政策来推动乡村发展建设。

在英国，乡村居民点或村庄相对周围的农田而言是很小的，村庄在规划时就特别注意了今后扩张可供选择的地理方向，确定这种选择是否可以保护高质量的农田。同时，英国也特别注意保护乡村居民点周围的环境和资源，考虑哪一个村庄有发展潜力，并参考当地的水源、学校、公共交通等条件。道路两侧的商业设施是受到严格控制的，不允许随意开设商店；当涉及进入集镇或村庄的旁道时，考虑减少道路对环境的影响，对良田的占用和对植被的破坏。

英国乡村居民更倾向于居住在单层建筑里，于是邻里间的空间关系、住宅与周围环境的空间关系就十分重要。乡村规划不能由规划师说了算，居民参与乡村的规划设计已经成为了英国乡村地区规划的基本模式。

英国注重乡村布局和人口疏导。英国乡村几十年前面临着与我们现在相同的问题，即就地为农民安排工作或异地安排工作。在英格兰，直到现在都推行着“集镇”（market town）的政策，它鼓励发展集镇，以便为离开土地的农民提供就业机会。当选择一个村把它规划为集镇的时候，这个地方是不是一个“集”并不重要，关键是这个村是否具有支持乡村腹地的潜力。英国乡村规划师考虑的是，它与乡村人口的关系，它是否能够推进就业增长。另一方面，它是否有水源，是否有适合于发展工业的土地，是否有便捷的公路，是否是它周围乡村的公共交通枢纽，在那里的人是否可以得到基本的社会服务，如商业、卫生、教育、污水处理厂等。因此，在英国这种可供开发形成集镇的地方是有限的。

## 4.4 美国

美国的乡村居民点处于美国国土面积的 95% 的广袤空间中，在空间布局上显得很随意，向着可能开发的任一方向展开，几乎难以找到确定的边界。长期以来，美国辽阔的国土和市场经济体制决定了美国人在土地使用上采取自由化的方式，往往把政府的规划干预减至最低水平。从人居发展的角度来看，美国的乡村基础设施综合水平远高于我国的发达地区，从这个意义上讲，美国乡村的更新和开发建设是由那里的基础设施承载力控制的。

面对在历史发展进程中所通过的数量庞大的相关联邦法律，美国联邦议会每隔若干年通过一部被认作为农业法的综合法律框架，对以往各种各相关农业及乡村地区的立法进行一次阶段性的评估与援引或修正，必要时增加新内容，整合成为一部综合成文法。美国联邦农业法（2002–2007）共分为十个类目，包括农产品、保护、贸易、食品、信贷、乡村发展、研究及相关、林业、能源、其他。

美国在乡村建设中很重视规划的作用，它们的乡村规划注重四条基本原则：一是尽可能满足人的生活需要，注重功能；二是充分尊重和发扬当地的生活传统；三是最大限度的绿化和美化环境；四是塑造乡村不同的特点和培育有个性的乡村。

美国的乡村规划是通过编制详规进行的，政府十分重视乡村基础设施的建设。通常乡村规划的建设资金由联邦政府、地方政府和开发商共同承担。

美国注重乡村的环境和个性的彰显。美国的乡村建设非常重视垃圾处理和污水处理等环保设施的建设，先进完善的垃圾和污水处理设施基本上解决了环保问题，给乡村提供了一个可持续发展的社会经济环境。重视城镇特色、追求个性，是美国城镇建设的特点之一，无论走到哪里，都可以看到不同面貌和特色的乡村。那种千城一面、万镇雷同的现象是见不到的，并且十分重视旧建筑物的保护和维修，在维修传统的建筑物时，不仅保留了传统的外观，而且还注意保留传统的室内装饰。

## 本章思考题

1. 中国古代的乡村规划思想对今天的乡村规划有何启示？
2. 内生发展理论的核心思想是什么？
3. 乡村规划教育特点有哪些？

## 参考文献

[1] Mireille Galinou.Cottages and villas：The birth of the Garden Suburb[M].Singapore：Yale University Press，2010.

[2] Paul Clock，Terry Marson，Patrick Mooney.The handbook of rural studies[M].London：SAGE publications Ltd，2006.

[3] Robert A.M.Stern，David Fishman，Jacob Tilove.Paradise planned：The garden suburb and the modern city [M].United States：The Monacelli Press，2013.

[4] 陈慧琳 . 人文地理学 [M]. 北京：科学出版社，2001.

[5] 易涛 . 中国民居与传统文化 [M]. 成都：四川人民出版社，2005.

[6] 李贺楠 . 中国古代农村聚落区域分布与形态变迁规律性研究 [D]. 天津：天津大学，2006.

[7] 张小林 . 乡村空间系统及其演变研究——以苏南为例 [M]. 南京：南京师范大学出版社，1999.

[8] 汉宝德 . 风水与环境 [M]. 天津：天津古籍出版社，2003.

[9] 陈志华，楼庆西，李秋香，诸葛村 . 中国乡土建筑 [M]. 重庆：重庆出版社，1999.
[10] 段进，揭明浩 . 世界文化遗产宏村古村落空间解析 [M]. 南京：东南大学出版社，2009.
[11] 陆林，凌善金，焦华富 . 徽州村落 [M]. 合肥：安徽人民出版社，2005.
[12] 东南大学建筑系，歙县文物管理所 . 徽州古建筑丛书——瞻淇 [M]. 南京：东南大学出版社，1996.
[13] 李秋香 . 中国村居 [M]. 北京：百花文艺出版社，2002.
[14] 李立 . 乡村聚落:形态、类型与演变——以江南地区为例 [M]. 南京:东南大学出版社，2007.
[15] 陈宝良 . 明代社会生活史 [M]. 北京：中国社会科学出版社，2004.
[16] 阿兰・茹贝尔 . 法国的生态博物馆 [J]. 中国博物馆，2005（3）.
[17] 比尔・莫利森著 . 永续农业概论 [M]. 李晓明，李萍萍译 . 镇江：江苏大学出版社，2014.
[18] 郭艳军，刘彦随，李裕瑞 . 农村内生式发展机理与实证分析——以北京市顺义区北郎中村为例 [J]. 经济地理，2012（9）.
[19] 华南工学院建筑系 . 广东省番禺人民公社沙圩居民点新建个体建筑设计介绍 [J]. 建筑学报，1959（2）.
[20] 华南工学院建筑系人民公社规划建设调查研究工作队 . 河南省遂平县卫星人民公社第一基层规划设计 [J]. 建筑学报，1958（11）.
[21] 黄杰等编 . 集镇规划 [M]. 孝感：中国农业出版社、湖北科学技术出版社，1984.
[22] 贺丽洁 . 都市农业与中国小城镇规划研究 [D]. 天津大学，2013.
[23] 侯丽 . 理想社会与理想空间——探寻近代中国空想社会主义思想中的空间概念 [J]. 城市规划学刊，2010（4）.
[24] 井琪 . 周作人与新村主义 [J]. 中共石家庄市委党校学报，2006（10）.
[25] 柯福艳 . 美丽乡村安吉 [M]. 杭州：浙江大学出版社，2012.
[26] 兰德尔·阿伦特著 . 国外乡村设计 [M]. 叶齐茂,倪晓晖译 . 北京:中国建筑工业出版社，2010.
[27] 李京生，周丽媛 . 新型城镇化视角下的郊区农业三产化与城乡规划——浙江省奉化市萧王庙地区规划概念 [J]. 时代建筑，2013（6）.
[28] 林毅夫 ."三农"问题与我国农村的未来发展 [J]. 农业经济问题，2003（1）.
[29] 刘保亮，李京生 . 迁村并点的问题研究 [J]. 小城镇建设，2001（6）.
[30] 刘豪兴主编 . 农村社会学 [M]. 北京：中国人民大学出版社，2004.
[31] 鲁可荣 . 后发型农村社区发展动力研究——对北京、安徽三村的个案分析 [M]. 安徽:安徽师范大学出版社，2010.
[32] 潘屹 . 家园建设：中国农村社区建设模式分析 [M]. 北京，中国社会出版社，2009.
[33] 彭震伟主编 . 区域研究与区域规划 [M]. 上海：同济大学出版社，1998.

[34] 彭震伟，陆嘉．基于城乡统筹的农村人居环境发展 [J]. 城市规划，2009（33）.

[35] 乔路，李京生．论乡村规划中的村民意愿 [J]. 城市规划学刊，2015（2）.

[36] 孙久文．走向 2020 年的我国城乡协调发展战略 [M]. 北京：中国人民大学出版社，2010.

[37] 孙施文．现代城市规划理论 [M]. 北京：中国建筑工业出版社，2007.

[38] 天津大学马列主义教研室政治经济学组，天津社会科学院经济研究所城市经济研究室，城乡建设环境保护部乡村建设局综合研究处．马克思恩格斯列宁斯大林论农村（上）[M]. 天津：天津新华印刷四厂印刷（内部发行），1983.

[39] 汪光焘．认真研究社会主义新农村建设问题 [J]. 城市规划学刊，2005（4）.

[40] 王艳敏，谢子平．建设社会主义新农村的历史回顾与比较 [J]. 中共中央党校学报，2006（8）.

[41] 王延铮，邬天柱，张国英，罗存智，吴征碧，王智怀．河北省徐水县遂城人民公社的规划 [J]. 建筑学报，1958（11）.

[42] 王志刚，黄棋．内生式发展模式的演进过程——一个跨学科的研究述评 [J]. 教学与研究，2009（3）.

[43] 温铁军．农业现代化应由二产化向三产化过渡 [J]. 中国农村科技，2013（6）.

[44] 翁一峰，鲁晓军．“村民环境自治”导向的村庄整治规划实践——以无锡市阳山镇朱村为例 [J]. 城市规划，2012（10）.

[45] 徐勇．最早的村委会诞生追记——探访村民自治的发源地——广西宜州合寨村 [J]. 炎黄春秋，2002（9）.

[46] 许先升．生态・形态・心态——浅析爨底下村居住环境的潜在意识 [J]. 北京林业大学学报，2001（7）.

[47] 杨小波．农村生态学 [M]. 北京：中国农业出版社，2008.

[48] 杨晓娜．风水宝地——爨底下村 [J]. 小城镇建设，2015（1）.

[49] 袁镜身主编．当代中国的乡村建设 [M].

[50] 邓力群，马洪，武衡主编．当代中国丛书 [M]. 北京：中国社会科学出版社，1987.

[51] 袁莉莉，孔翔．中心地理论与聚落体系规划——以苏州工业园区中心村建设规划为例 [J]. 世界地理研究，1998（12）.

[52] 岳晓鹏，吕小海．德国生态村适宜性技术初探 [J]. 建筑技术，2011（10）.

[53] 赵刚，朱直君．成都城乡统筹规划与实践 [J]. 城市规划学刊，2009（6）.

[54] 詹成付．农村社区建设实验工作讲义 [M]. 北京：中国社会出版社，2008.

[55] 张长兔，沈国平，夏丽萍．上海郊区中心村规划建设的研究（上）[J]. 上海建设科技，1999（4）.

[56] 张环宙，黄超超，周永广．内生式发展模式研究综述 [J]. 浙江大学学报（人文社会科学版），2007（3）.

[57] 张运濂．为建设社会主义新农村献出一切 [J]. 中国金融，1958（12）.

[58] 张仲威，李志民，赵冬缓，张正河，赵竹村，李学祥 . 中国农村规划 60 年 [M]. 北京：中国农业科学技术出版社，2012.

[59] 甄峰 . 城乡一体化理论及其规划探讨 [J]. 城市规划汇刊，1998（6）.

[60] 邱幼云，张义祯 . 中国近百年农村建设的历史逻辑，中国社会学网，2006.11.

[61] 王景新 . 乡村建设思想史研究脉络 [J]. 中国农村观察，2006（3）.

[62] 董磊明 . 从覆盖到嵌入：国家与乡村 1949 — 2011[J]. 战略与管理，2014（3-4）.

[63] 曹锦清 . 黄河边的中国——一个学者对乡村社会的观察与思考 [M]. 上海：上海文艺出版社，2000.

[64] 全国高等院校城乡规划学科专业指导委员会，哈尔滨工业大学建筑学院 编 . 美丽城乡・永续规划——2013 年全国高等学校城乡规划专业指导委员会年会论文集 [C]. 北京：中国建筑工业出版社，2013.9.

[65] 同济大学建筑与城市规划学院，上海同济城市规划设计研究院，西宁市城乡规划局 编 . 乡村规划——2012 年同济大学城市规划专业乡村规划设计教学实践 [M]. 北京：中国建筑工业出版社，2013.5.

[66] 张尚武 . 城镇化与规划体系转型：基于乡村视角的认识 [J]. 城市规划学刊，2013（6）.

[67] 严士清 . 新中国户籍制度演变历程与改革路径研究 [D]. 华东师范大学，2012.

# 第2篇

## 乡村规划的构成

# 第四章　乡村的产业与乡村的类型

本章从乡村的产业、乡村的类型、城市郊区的乡村等三方面介绍了产业与乡村的类型，阐述了不同产业对乡村类型的影响和作用，重点探讨了城市郊区中特定类型的乡村。

## 第1节　乡村的产业

乡村是生活与生产高度融合的地域。乡村地区的产业，概括起来包括几个方面的特点：其一，与自然环境有着紧密联系，区域背景、历史和社会发展等因素也会形成深刻影响。前者，使得自然条件相似的相邻地区，在产品和产业上通常具有高度的相似性。后者，又可能在前者的基础上带来不同程度的差异性。对于任何乡村地区的产业分析，都应综合考虑各种自然和非自然条件

的影响；其二，乡村地区经济，与大工业时代才出现的产业概念在内涵上有所不同，在很长的历史时期里都呈现出小而分散的特征，个体的家庭的小单位作为经营主体是其最为主要的特点，并且这一特点在很大程度上影响了乡村社会的组织方式；其三，大多乡村地区的产业经济都呈现出明显的多元化和高度复合性特点。按照最常见的三次产业划分方式，乡村地区传统上以第一产业为主，但事实上大多地方早就进入了三次产业高度融合的阶段，并且三次产业间还通常具有高度关联性，譬如很多乡村地区的粮食种植、加工、运输、储藏和销售等经济活动有着紧密的内在关联性。国内很多乡村地区也已经进入到了第二产业和第三产业贡献高于第一产业的阶段，直接影响着乡村地区发展的方方面面，使得乡村地区的发展呈现出多种类型特征（图 4–1–1）。

图 4–1–1　乡村第一产业风貌

## 专栏 4–1：三次产业划分规定

国家统计局于 2013 年根据《国民经济行业分类》（GB/T 4754—2011）制定了新的《三次产业划分规定》。根据该规定，第一产业指农、林、牧、渔业。它们的共同特征就是以利用自然界为主，不必经过深度加工就可以生产出满足消费或继续加工的产品或原料。其中，农业在狭义上通常指的是种植业，以农作物的种植和收获为其主要产品；林业则以各类经济性的乔灌木为其生产对象；牧业主要包括各类家禽、家畜，以及其他具有经济价值的陆生动物为其生产对象；渔业则主要以各类水产品为生产对象。值得注意的是，新规定中将国家统计局 2011 年版《国民经济行业分类》A 门类中的“农、林、牧、渔服务业”大类，调整到了第三产业。但历史材料和现实中，

仍有很多将其纳入到第一产业进行介绍或分析的情况，在运用时需要根据实际情况调整并采用统一口径;第二产业指采矿业，制造业，电力、燃气及水的生产和供应业，建筑业。第三产业是指除第一、二产业以外的其他行业。其中第一产业为一个门类，传统中也常常有将农业泛指第一产业的现象。

从演化的角度来看，大多乡村地区的产业经历了从低级阶段向高级阶段的演进过程，最为核心的就是总体生产效率的阶段性提高。伴随期间的通常是明显的产业结构演化，包括从早期第一产业为主，逐渐向第二产业或者第三产业为主的过渡性升级过程，以及各个产业部门内部效率提高的升级过程。尽管从历史的角度来看，第一产业的产出效率不断提高，但相比第二产业和第三产业，由于对土地和其他自然条件的天然依赖，产出效率的提高速度远远落后于第二和第三产业。产出效率偏低，加上快速城镇化进程，使得乡村地区第一产业遭受明显压力，包括产出效率低下对生产积极性的打击，以及作为生产重要资源投入的一些耕地等农地的非农化倾向。特别是那些临近城市地区且地势平坦的耕地，更因为相比第二产业和第三产业的产出效率劣势，直接受到转变为建设用地的巨大压力。由于耕地等土地资源一旦转向建设用地将很难再逆向转换，为了保护农业等第一产业的生产安全，近年来国家对于林地、水面，特别是耕地，采取了日趋严格的保护措施。

## 1.1　乡村的产业结构

产业结构，是指一个地区不同产业部门的产出构成及其相互关系，其背后是该地区生产要素的配置方式及相互关系，因此也是揭示地区社会经济特征的重要指标。

一个地区的产业结构，可以根据研究目的不同，采用不同的视角和不同的要素，并给出不同的表达方式。除了前面提到的三次产业划分的描述方式，较为常见的还有，以不同生产要素投入密集程度差异而划分的劳动力密集型、资本密集型、知识密集型等类型，以企业经济活动关联方式差异而划分的技术关联分类法如建筑业、冶炼业等，原料关联分类法如造纸业、纺织业等，用途关联分类法如汽车制造业、飞机制造业等类型。因此，根据研究需要选择产业结构的划分方式，具有重要的前提意义。比较而言，三次产业仍是最为常见的划分方式。

总体上，乡村地区与第一产业有着天然的紧密关系，这既与第一产业高度依赖自然界有着紧密关系，也与第一产业在人类社会经济中的重要基础性地位有着紧密关系。在前者，相对于城市而言，乡村地区的重要特征，就是人口和各类人工建造物的分布密度明显稀疏，自然环境是最为基础性的背景，这为依然高度依赖自然界的第一产业发展提供了必要前提。尽管无土栽培、都市农业（案例 4–1）等早已受

到高度关注并在一些国家和地区获得了长足发展（图 4-1-2），但广阔的自然环境仍然是世界各国第一产业发展的主要地理特征，依托和生产自然动植物也仍然是第一产业的本质特征。在后者，第一产业在国民经济中具有重要的基础性地位，不仅为第二和第三产业提供重要的原料或对象，而且直接关系到人类生存所必须的食物来源，因此粮食生产和耕地在很多国家都被提升到战略性安全层面加以重点保护，乡村地区也因此成为国家和地区安全的重要战略性空间载体。

图 4-1-2 无土栽培示意

资料来源：http：//www.hkssz.gov.cn/content/?228.html.

## 专栏 4-2：法国的农业保护

西方主要发达国家如美国、法国等，都采取了积极的农业保护性措施，譬如给予专门的补贴或者对进口农产品从类型、标准、总量，甚至来源等施加严格的控制等。譬如法国波尔多地区以葡萄酒闻名，为此政府有关部门采取了一系列的保护性措施，包括出钱办培训班及增加农校招生，并以税收等优惠鼓励“父子同场”、“兄弟同场”，同时扶植合作社积极提供服务，譬如葡萄园翻土时安排大型机械入场，并且 9 成以上的农业贷款由合作社完成。此外，法国还对农业保险实行“低费率、高补贴”政策，并有成熟的行业救济，这种做法有效规避了种植生产风险，调动和保护了国内农民的生产积极性。

作为乡村地区最为重要的战略性产业，第一产业的发展直接受到所在地的自然环境影响。譬如东部沿海地区的温润气候和低海拔平原地形地貌，为高产农业的发展提供了重要条件，使得东部乡村地区的第一产业往往以农业为主；同样由于降雨等自然气候原因，相当部分中西部草原地区的第一产业以畜牧业为主；而海、湖、大江、大河边或水网地区的有很多乡村的第一产业又有很多以渔业为主。

除了气候、地形、地貌等最为基础的自然条件，乡村地区的第一产业还受到其他多方面因素的影响。譬如区位条件，那经济越发达、越靠近中心城市、交通条件越好的乡村地区，第一产业的高附加值特征往往就越突出，一些发达城市郊区的种植业就常常以果蔬等较高经济价值的产品为主；第一产业还直接受到社会文化和习俗等的影响，譬如西部一些少数民族地区多以牛羊为养殖产品，就与宗教或生活习俗等有着很大关系。

除了上述影响因素，乡村地区的产业还直接受到地区整体社会经济和科技水平的影响。尽管主要以自然物的生产为主，但是第一产业绝非完全靠天吃饭的产业部门，而是高度依赖于科技投入与创新的产业，所依赖的自然环境通常也并非无人工干预的野生自然环境。与之相反，越是高度发达的乡村产业，越是与高度人工化干预的自然环境有着紧密关系。优良的耕地、高产的经济林地和水面，不仅需要与生产相适应的自然环境，更需要积极的甚至长期而大量的人工干预，土地肥力的保持和提升，必须经由积极的呵护和包括水利等农业设施的不断投入，高产的经济林地、水面、草原等，也无不需要大量人力及资源的投入，包括改造及抵抗各种自然灾害等等。因此，越是现代化的第一产业，越是需要持续不断的人类社会资源的投入，而承载着现代第一产业的自然环境，也因此成为高度人工塑造的自然环境。

我们用了较大的篇幅来介绍乡村地区第一产业的特征，第一产业也是乡村地区的重要使命，但这并非意味着乡村地区仅有第一产业，甚至可以说乡村地区从历史上来看就是多种产业并存的地域。譬如，即使是在一些非常偏远的乡村地区，也通常都存在着一些最为基础性的商业服务活动，如盐和其他调味品，甚至火石，以及其他一些日用杂品的商品交易活动，它们或者散落在乡村角落，或者临时性集聚在一些定期举办的集市里，甚至较为固定地集聚在一些乡村地域形成集镇乃至小城镇，这些经济功能都归属于第三产业部门。此外，大多乡村地区还存在着一些简单的加工业，包括粮食加工、酱菜和酒类的酿制，甚至还包括纺织和服装加工等。这些制造业虽然生产过程非常简单，甚至基本停留在手工阶段，但无论从原料、工作场所还是工作方式等，都已经不同于第一产业，往往还孕育着向更为先进的工业形态转化的潜力。在国际上，对于类似生产形态，有着重从产业演化角度提出的“原始工业化”或者“前工业化”的界定，但也有国内学者如彭南生（2007）所提出的“半工业化”的界定，认为这是“在工业化的背景下，以市场为导向的、技术进步的、分工明确的乡村手工业的发展”，是传统手工业与机器工业间的一种动态现象，是大机器工业获得一定程度发展后，传统手工业寻求自身存在和发展的一种积极应对性发展。实际上，除了从历史发展角度来理解，国内乡村地区的产业多元化或者半工业化现象，至今在一些较为偏远的地区仍然较为常见。这些看似零散并且相对原始的二三产业，对于地方经济和社会的正常运行，发挥着不可替代的作用。

**专栏 4-3：原始工业化、前工业化、半工业化**

原始工业化、前工业化、半工业化是经济史学界对近代乡村手工业发展的概括，也是人们关注乡村工业历史和现状的产物。半工业化则是对鸦片战争以来，尤其是

19 世纪 70 年代以来若干乡村手工业发展进程的一种描述。

原始工业化、前工业化是“工业化前的工业化”，是“以传统方式组织而又面向市场，以乡村为主的快速工业增长”。其主要繁荣期为 16–18 世纪。面向外部市场、农民参与以及乡村工业与商业性农业的地区分工，是构成原始工业化的三项基本要素。

半工业化是指大机器工业兴起并获得一定发展之后，农村家庭手工业从依附于农业转向依附于大机器工业，从以家庭消费为主转向以市场销售为主的现象。

随着经济的快速发展，国内乡村地区经济早已进入了较为普遍的多元化产业阶段，甚至从全国统计数据来看，传统乡村地区的产业经济，也已经进入了非农经济主导的新阶段。自改革开放至今，全国乡村经济中的非农产值比重早已突破 50%，并且自 2000 年代中国后期就已经超过了 80%，并且这些非农产业大多已经从早期相对原始的阶段，进化到了现代化发展阶段——尽管相比一些先进的城市现代化产业经济仍然较为落后。现代产业经济在乡村地区的快速发展，不仅深刻地改变着乡村地区的经济结构，也直接影响着乡村地区的社会结构，以及地理风貌。乡村地区传统的血缘社会关系正在逐渐被业缘关系所取代，同时则是乡村地区比比皆是的现代工业厂房，甚至大型商贸设施等景观现象。它们为部分乡村地区带来经济繁荣的同时，也直接冲击着乡村地区的传统风貌景观特征。

乡村地区的产业多元化，虽然有着历史的沿承，但近年来二、三产业逐渐占据主导地位的现象，仍需要从深层次理解其背后的必然性，避免片面解读。这其中，地少人多、人均资源有限，是造成包括中国在内的一些类似国家和地区，在乡村经济发展方面呈现相似特征的重要原因之一。明显较高的乡村地区人口密度、适宜发展的乡村土地空间严重限制，使得乡村地区产业多元化发展以获取更高收益具备了原初动力，现代交通和通讯等功能的快速发展，又使得乡村地区可以在相当程度上突破城乡分界影响来发展二、三产业，特别是改革开放以来中国乡村地区发展和管理的属地化，更为县乡分级发展工商业，以及村村冒烟发展村办企业等，提供了现实的制度背景。历史地来看，在缺乏由上而下的强力资源调配的情况下，这种亦工亦农的生产方式，确实对于促进乡村地区经济发展和提高居民收入，发挥了重要作用，所以才有费孝通 1980 年代的“无农不稳，无工不富”之论。这实际上也是对中国乡村地区产业经济发展格局的高度概括，成为很长时期指引中国广大乡村地区发展的重要基础性理论。

## 1.2 乡村产业结构的演变

在初步了解了乡村经济的产业结构多元化基本特征，以及当今中国乡村地区进入非农经济主导发展阶段的基础上，尚需进一步了解乡村产业结构演化的一些基本

特征。概括而言，既可以从更具一般性的宏观历史层面从整体性了解中国乡村地区的产业结构演变历程，也可以从中观层面去了解明显差异化的国内不同区域乡村地区的产业发展进程特征，以及从相对摆脱历史过程的层面的从产业发展的一般规律性角度来理解乡村地区的产业演变。

从历史脉络的角度概要来看，世界发达国家和地区的乡村地区产业，普遍经历了从人工为主的较为原始的低级产业阶段逐渐向越来越依赖更为先进的工具和科技投入的高级产业阶段的转变，期间不仅是从第一产业主导向三次产业复合化发展的过程，以及产业内部的升级过程，也是生产方式从以个人或小家庭为基本单位向大规模分工合作为主的生产方式的转变过程，以及从自然经济为主逐渐向专业化、商品化、现代化为主的转变。这些演变或者因为短时间内的高强度外来投入催生，或者是在长期历史过程中由内生性因素推动。但无论何种方式的推动，都明显提升了乡村地区的总体产出效率，并且在此过程中释放了大量劳动力，为工业化和城市化进程提供了重要支撑条件（图 4–1–3）。

图 4–1–3　农业生产工具的进步

资料来源：http://www.xjsibe.com/tpk_content.asp?id=613.

国内乡村地区的产业结构，自新中国成立后同样经历了历史性的演变历程。总体上，新中国成立后虽然乡村地区经济曾经获得了长足发展，并且在经济组织方式上经历了前所未有的从个体化向集体化的演变过程，但产业部门结构方面仍保持了相对稳定性，第一产业很长时间占据着主导性的地位，并且由于国家宏观政策的波折，导致乡村地区经济在改革开放前的很长时间里，都处于较低水平发展的状况。1970 年代末期开始的改革开放，最初就是从乡村地区展开的，最具标识性的就是家庭联产承包制，自此至今已经大致经历了 4 个主要历史阶段的演变历程。

### 专栏 4–4：家庭联产承包制

家庭联产承包责任制是 1980 年代初期在我国农村推行的一项重要的改革，是农村土地制度的重要转折，也是现行我国农村的一项基本经济制度。“十一届三中全

会”以来，国内推行“改革”，而改革最早始于农村改革，农村改革的标志为“包产到户（分田到户）”即后来被称为“家庭联产承包责任制”（俗称“大包干”）。

家庭联产承包责任制的实行，解放了我国农村的生产力，开创了我国农业发展史上的第二个黄金时代。粮食总产量从1978年的6595亿斤，增至2014年的60710万吨。我国农业以占世界7%的耕地养活了占世界22%的人口。

第一个阶段，自改革开放至1980年代初中期。家庭联产承包责任制极大释放了中国农村的生产力，在突破“以粮为纲”并转向“绝不放松粮食生产，积极发展多种经营”的战略下，畜牧业和渔业等部门迅速增长并在第一产业部门中的比重明显上升。第一产业中，农业比重从超过80%逐步下降到了70%以下，多种经营初见成效，乡村地区经济进入了快速发展时期。

第二个阶段，1990年代随着获得更多生产经营自主权，乡村地区经济从计划经济时期主要局限在第一产业内部，迅速转向工商业快速发展的阶段。特别是在城市经济改革滞缓，长期计划经济所带来的严重短缺背景下，相比第一产业更具经济效益的乡镇企业进入了快速发展时期，迅速弥补了国内轻工业产品严重不足的现象，并且成为推进中国工业化进程的重要力量，乡村地区的非农经济也成为重要的经济部门。与此同时，第一产业内部结构继续调整，畜牧业和渔业继续快速发展，农业的比重逐步下降到了60%左右。而包括山东等地在内的乡村地区，也出现了产工贸一体化为龙头的农业产业化快速发展的进程。

第三阶段，2000年代初随着社会主义市场经济体制的改革方向确定，以及经济发展转向以中心城市带动区域发展战略，中国城市进入了快速发展阶段，城市经济也迅速成为中国经济增长的强大动力。相对而言，乡镇企业的发展空间明显受到挤压，总体上走向了调整方向。尽管快速发展的趋势受到一定挫折，乡村经济仍然在快速发展的宏观背景下不断升级发展，不仅是乡村非农产业逐步向城市经济和外向经济接轨，而且乡村农业的升级发展和产业化进程也仍然在推进。农业产业化成为农业现代化发展的重要战略，市场化和专业化的新型合作经济组织开始出现并迅速发展。农业在第一产业内的比重继续下降，从60%左右下降至50%左右；林业较为明显下降，而畜牧业增长相对较快，比重超过30%；渔业比重也有所增长，但在1999年后开始出现下降。

第四阶段，2003年以后以每年连续颁布的涉农中央一号文件为标志，“三农”问题得到中央层面的高度重视，城乡关系进入“工业反哺农业、城市支持农村”的发展阶段。第一产业内部的结构进一步调整，农业比重已经下降并稳定在50%–55%左右。非农业继续快速发展，2006年乡村地区非农业产值达到24.98万亿元，是1978年640.5亿元的390倍。而全国乡村经济中的非农产值比重，也从1978年的31.4%上升到了超过85%。中国乡村经济已经明显进入了非农产业占据主导地位的新阶段。

除了从历史维度来把握乡村产业经济的宏观历程，还应当更为深入地理解国内地区差异化的产业结构及其演化路径特征。简要而言，东部地区乡村经济水平明显较好，第一产业产值比重自 1990 年代初期就已经低于 20%，按照联合国标准已经进入到了工业化初期的社会阶段，以乡村工业为代表的乡村非农产业进入了一个快速发展的时期。而同期的中部地区、西部地区的第一产业比重均超过 25%，乡村经济呈现出典型的前工业化阶段特征。至 2013 年末，全国第一产业产值比重已下降至 10%，而东部地区的第一产业产值比重已远低于 10%，并且第三产业比重高于第二产业比重，东部地区已呈现出后工业化阶段特征，同期中西部地区的第一产业产值比重也持续快速下降至接近 10%。总体上，无论是在全国还是各大区域，第一产业在国民经济中的产值比重均呈现出不断下降的趋势特征性，也从侧面反映出乡村经济已逐步走向综合发展的道路（表 4–1–1）。

**中国东、中、西部产业结构及变化（%）　　表 4–1–1**

| | 东部 | | | 中部 | | | 西部 | | | 全国 | | |
|---|---|---|---|---|---|---|---|---|---|---|---|---|
| | 1996 | 2004 | 2013 | 1996 | 2004 | 2013 | 1996 | 2004 | 2013 | 1996 | 2004 | 2013 |
| 一产 | 15.2 | 8.6 | 6.2 | 25.3 | 17.3 | 11.8 | 28.2 | 18.6 | 12.5 | 19.7 | 13.4 | 10.0 |
| 二产 | 49.4 | 50.5 | 46.8 | 45.3 | 45.2 | 52.1 | 40.1 | 41.1 | 49.5 | 47.5 | 46.2 | 43.9 |
| 三产 | 35.4 | 40.9 | 47.0 | 29.4 | 37.5 | 36.1 | 31.7 | 40.3 | 38.0 | 32.8 | 40.4 | 46.1 |

资料来源：根据中国统计年鉴 2014 年、1997 年和中国区域经济统计年鉴 2005 年汇总计算。

从更具一般性的产业演化层面来看，尽管乡村地区的产业经济经历了历史性的演化历程，并且逐渐进入到了非农经济占据主导地位的发展阶段，但从横向角度来看，乡村地区始终是第一产业的主要发展地，这也是乡村地区的本源所在，同时也是乡村地区特别强调耕地保护，以及对各项自然资源和环境施加保护的主要原因。此外，乡村产业经济水平的提高，也并非仅仅通过产业部门的这种演替性升级来实现，产业内部的技术升级和产品创新等，也同样对乡村产业的发展发挥着重要作用。国内改革开放后大棚技术的普遍运用，就在很大程度上使得地方摆脱了气候变化的影响，各类反季蔬菜和其他经济作物的产出，不仅丰富了居民的餐桌，而且直接提升了第一产业的经济效益；持续农业科研技术研发和应用，也为农业从产品到生产过程源源不断地提供着创新推动，譬如，水稻品种持续创新推动了亩产水平的持续上升，各类新兴蔬菜水果的产品创新如小番茄的广泛种植，养殖产品的驯化和产量上升如肉鸡和蛋鸡，以及从鳜鱼到多宝鱼的可人工化养殖等。特别是在日益进入区域性的分工发展阶段后，经济发达地区随处可见一些地方甚至从原来的复合型产业结构“退化”直至淡出，具有明显较高技术和资本投入特征的第一产业反而成为主导性产业的现象。

**专栏 4-5：山西煤业加速煤转农进程**

近年来，随着农业的政策扶持力度不断加大，农业技术不断革新以及食品安全意识的逐渐提升，特别是在经济下行压力下，农业投入回报率优势开始显现，农业尤其是现代农业也成为了民间资本的投资和转型热点。

以国内传统资源大省山西省为例，随着煤炭资源整合推进，不符合标准的地方煤矿被逐步关停整合，大量资金从煤炭领域退出。而2012年以来伴随着国内煤炭价格的持续下跌，更加快了资本从煤炭行业撤出。一些从煤炭产业退出的企业家开始回到自己熟悉且风险较小的农业领域，进入农业特别是特色农业产业，加大了对农业及农产品加工项目的投资力度。2013年，山西省第一产业投资同比增长超九成，远高于第二产业13%的增速，以煤炭为代表的资源型经济的“抽水机”效应渐渐“失灵”，山西资本开始加速流向第一产业，推动了山西现代农业的发展。

**专栏 4-6：明星企业纷纷进军农业现象**

现代农业不断释放巨大潜在效益，这一点在各方已达成共识，现代农业也因此成为了企业转型的热点领域。近年来，网易、武钢、阿里巴巴、联想、恒大等国内知名企业纷纷进军农业，其中网易与武钢等企业开始养猪，联想确定将现代农业作为未来核心业务之一，成立了农业投资事业部主攻蓝莓、猕猴桃等高端水果业，乐视计划打造集现代农业生产和加工、生鲜农产品电商平台的产业链，地产商恒大高调宣布进军现代农牧业，力推大豆油、绿色大米以及有机杂粮等粮油产品……

明星企业对现代农业的热捧标志着我国农产品开始走向品牌化道路，也给农业这个传统的行业带来创新和活力。随着经济的发展、人们消费水平提升，对优质农产品的需求将日益增长，也愿意为其高品质付出较高的成本，生态农产品的市场需求旺盛，发展空间较大。其次，涉足现代农业能够享受的政策优惠，同时农业属性有利于其分散自身行业经营风险，拓展新的盈利点。

## 1.3　农业发展的困境

农业的稳定发展关系到国计民生，因此受到各国的普遍重视与保护，特别是一些西方发达国家，更给予了从政策到财政补贴等多方面的保护。我国中共中央每年的第一号文件，也已经连续十余年聚焦于农民、农业、农村的三农问题，显现出对三农问题的高度重视。然而，农业生产或者说第一产业的特性（传统上经常有以农业指代第一产业的做法），决定了农业的安全和增效受到很大制约，农业发展的困境成为人们普遍关注的重大问题。

农业发展的困境，首先来自于人类社会不断发展的需求与农业生产高度依赖土

地空间的特性制约间的矛盾。2013 年全球人口规模已经超过 70 亿，中国的人口规模也已经超过了 13 亿，快速增长的人口规模不断侵占农田，但又对粮食等农作物的扩大生产提出了更高要求，而经济水平的不断提高也对农业产出结构和产品质量提出了更高要求。作为全球人口大国，中国的粮食生产稳定与否直接影响到全球发展格局。但人均耕地面积仅 0.014 万顷并位居全球百名之后的现实，已经揭示了中国农业稳定发展的严峻挑战。虽然不断采取更加严厉的耕地保护措施并确定了 1800 万顷耕地和 1560 万顷基本农田的保护指标，但有限的耕地与不断增长的人口规模间的矛盾显然将长期存在。尽管科技进步不断推动着农业生产效率提高，譬如亩产稻米从早期的 400 余斤上升到千斤，无土栽培技术也在不断发展，人类也在不断开发出新的耕地，但农业生产对土地的依赖，以及农产品增效受到生物特性的制约，使得因科技进步而不断提高效率的农业生产，仍然受到土地资源有限的严峻挑战。因此，在不断加大科技投入推进农业生产效率提高的同时，严格保护耕地资源，已经成为世界上越来越多国家的共识和措施。

农业发展的困境，还来源于快速发展所带来的严峻环境破坏。为提高农业效率而不断加大化肥和农药的使用，以及持续的高强度开发对地力的破坏，对农业用地的土壤品质形成了很大威胁，对于农产品甚至自然物种都形成了很大威胁。而快速的工业化和城镇化进程，也伴随着对包括土地在内的自然资源的不断粗暴利用，以及对水和大气不断扩大的污染等。这些日趋扩大化的环境污染问题，对农业发展和人类社会发展，都造成了严重影响。引起世界轰动的《寂静的春天》对此进行了深刻揭示并引起全球性高度关注。根据 2014 年中国环境保护部和国土资源部联合发布的《全国土壤污染状况调查公报》，对全国 630 万平方公里土地进行的调查，发现全国土壤总的点位超标率为 16.1%，约合 100.8 万平方公里。其中轻微、轻度、中度和重度污染点位的比例，分别为 11.2%、2.3%、1.5% 和 1.1%。从污染分布情况看，南方土壤污染重于北方；长江三角洲、珠江三角洲、东北老工业基地等部分区域土壤污染问题较为突出，西南、中南地区土壤重金属超标范围较大；镉、汞、砷、铅 4 种无机污染物含量分布呈现从西北到东南、从东北到西南方向逐渐升高的态势。2013 年，国土资源部副部长王世元表示，全国有 50 万顷耕地受到中度或重度中毒污染，已经不再适于农业耕种。南京农业大学潘根兴教授的调查发现，我国市场上约有 10% 的大米存在重金属镉超标。这些日趋严重的污染问题，已经对粮食产量、食品安全和人民健康造成了严重威胁。

根据调查分析，全国土壤污染问题的分布状况，与工业经济发展的空间分布特征紧密相关。深入调查发现，工矿企业生产经营活动中排放的废气、废水、废渣，是造成周边土壤污染的主要原因。在中国重污染企业或工业密集区、工矿开采区及周边地区、城市和城郊地区，大都出现了土壤重污染区和高风险区。农业生产活动中，

污水灌溉，化肥、农药、农膜等的不合理使用和畜禽养殖等是造成土壤污染的重要因素，据报道中国不足世界10%的耕地却耗掉了全球1/3的化肥，滥施化肥不仅造成资金浪费，更主要是导致土壤污染，以及因雨水冲刷而造成流域性的水环境污染和土地污染等严重问题，据环保部门有关人员介绍，超过60%的化肥都变成了污染物留在环境中，而农膜残留率也高达40%。

农业发展的困境，也来自于历史形成的农村体制制约。人多地少，以及农村土地集体所有基础上推行并保证不变的家庭联产承包责任制，使得农业生产更多以分散的家庭为单位进行。这种方式虽然相比以前明显激发了广大农民的经营热情，并且明显推动了农业产出的提升，但也确实制约了农业规模化经营的推进。同时，在较长时期缺乏承包耕地流转机制，以及快速城镇化吸引了大量农村青壮年到城镇务工的背景下，使得很多农村地区出现了抛荒等现象，进一步造成了耕地紧张的局面。2015年中央一号文件，将建设现代农业、加快转变农业发展方式放在了首要位置。2015年，国务院办公厅发布的《关于引导农村产权流转交易市场健康发展的意见》，明确提出了土地经营权分离的要求，对于农村土地流转领域的所有权、承包权和经营权进行了分类指导，要求坚持农村土地集体所有，实现所有权、承包权、经营权三权分置，引导土地规范有序流转，并且农村产权交易以农户承包土地经营权、集体林地经营权为主，且不涉及农村集体土地所有权和依法以家庭承包方式承包的集体土地承包权。从制度规范角度为现代农业发展创造新的条件。

除此以外，包括人才、资金、技术等乡村地区发展资源的普遍流失，以及人们的落后观念等，都对农业的持续发展造成了制约。这些问题，并非仅仅从某个方面入手就可以加以完全解决。

## 1.4　乡村可持续发展

可持续发展的理念自1970年代提出，1990年代因联合国推广而更加盛行。可持续发展的核心要义，就是当前的发展应以不损害满足未来发展需要的资源基础为前提。该理念自提出后，很快扩展到社会、经济、政治和环境等多个范畴。

从最本底性内涵的角度，可持续发展理念直接关乎地区性的自然资源消耗与生态环境保护。并且与之前的传统理念不同，可持续发展概念的提出，直接改变了对资源消耗和环境污染可接受程度的改变（图4-1-4）。从传统理念出发，资源的消耗的底线存在于可以利用程度的最低限度，而环境污染的底线也是直至产生直接伤害的程度。但是从可持续发展理念出发，人类活动所消耗的资源，不仅应当是可再生的，而且允许消耗的底线，也是以资源可以再生至未被利用的程度；而环境污染的底线，也应当是环境品质可以自我修复至未受污染以前。显然，按照可持续发展的

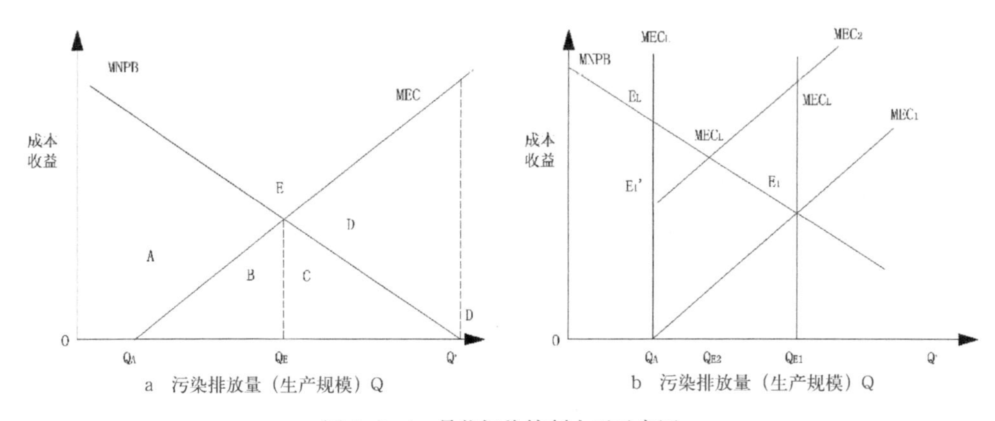


图 4-1-4 最优污染控制水平示意图

资料来源：赵民，陶小马．城市发展和城市规划的经济学原理 [M]．北京：高等教育出版社，2001．

理念，无论是可以利用的资源量，还是可以接受的环境污染底线，都明显高于传统理念，因此对资源保护与利用，以及生产和生活方式，都提出了新的要求。

### 专栏 4-7：可持续发展观念的经济学分析

在传统的观念里，主要从经济人的角度来考虑污染外部性的内部化问题。该方法认为，就特定发展阶段而言，存在着污染排放的最佳水平，在这个水平上，任何进一步降低污染的努力加之于社会的成本，就会大于社会从降低污染所得到的福利。按照这样的观点，对于污染的治理虽然是必要的，但仍然需要从宏观的社会经济发展角度进行综合评价，污染的质量应以最优的综合成本为限度，为了发展经济的同时也将不得不承受一定的污染水平。对于政府而言，这是一个衡量控制污染成本与其社会收益（控制污染带来的外部成本的减少）之间得失的问题。然而，上述基于传统观念的分析方法由于缺乏对社会和后代利益的充分考虑，存在着明显的缺陷，新的观念要求从可持续发展的观念出发，对最优污染水平进行重新分析。

图 4-1-4（a）中，MNPB 是边际私人纯收益曲线，MEC 是边际外部成本曲线。厂商基于经济人的目标希望将生产规模扩大至 MNPB 与横轴的交点 Q'，这时厂商的收益为 A+B+C；同时厂商的污染迫使社会为此支付外部成本，当生产规模与污染物的排放达到 Q' 点时，社会支付的外部成本为 B+C+D，因而社会收益相当于两者之差 A–D；而当生产规模达到前述的最优排放标准时，将产生社会纯收益 A＋B－B，即等于 A，达到最大。

然而根据可持续发展观（图 4-1-4（b）），QA 产量是自然环境容量允许的最高污染量，因为该点表明自然环境完全能够净化生产过程中产生的排放物。这样一来，如果生产规模控制在 QE1 点，尽管满足了当代的社会总效益最大化，但意味着自然界将残留未能净化的排放物 QE1–QA，将造成下一个生产阶段中的 MEC1 线向上方平移至 MEC2。此时最优污染水平降至 QE2。最优污染水平不断降低，不符合可持续发展的理念要求。为此，

就需要按照长期最优污染水平组织生产，生产规模就应当控制在QA，即所有排放的污染物都能够在同期内被自然界所净化。显然，从可持续发展观念出发的社会生产的合理水平就不再是单纯的即期均衡问题，而是必须将长期的影响纳入到考虑的范围。

有关可持续发展理念和措施的讨论，较多地聚焦在城市范畴。这不仅与城市发展及运行所产生的巨大能源与资源消耗有关，也与西方发达国家和地区普遍进入了高度城市化阶段所造成的城市化聚集有关。实际上，快速的工业化和城镇化进程中，处于相对弱势地位的乡村地区，在可持续发展方面的问题更加突出，并且从根本上就与多个范畴直接紧密相关。对中国而言，广阔的乡村地区、人均利用资源的稀缺，以及庞大的农业人口规模，为贯彻可持续发展理念提出了更为迫切的要求。同时，作为与城市共生的地区，乡村能否可持续发展，也直接关系到城市发展的健康与否。

与受到大多数人关注的城市能源消耗和污染相比，中国乡村地区从历史上就周期性地面临着资源的过度消耗问题，快速工业化和城镇化进程又显著加剧了这一问题。无论是前述的耕地等资源减少、不可再生性的矿产资源的低效开采与消耗，还是包括土壤等在内的自然环境的污染等现象，很长时间未能得到有效缓解，更谈不上扭转。长期处于公地悲剧状态下的资源与环境，实际上始终处于过度消耗和污染日益严重的状况，并且在很长时间里都未引起真正的足够重视，有关部门所采取的措施也未能发挥扭转趋势的作用，致使成为全球关注的广泛话题。与自然资源及环境所面临的显著问题相随的，则是乡村地区普遍存在的青壮年长期外出，以及因此导致的空置和原有社会结构的严重破坏问题。从自然环境与资源，直至人口和社会组织等多个范畴的整体性衰退，因此成为乡村地区所面临的严重问题。

### 专栏 4-8：黄运地区的生态危机

根据彭慕兰（1993）的研究，19世纪末和20世纪初，中国许多地区承受着严重的环境恶化问题，但黄运地区（华北平原内陆部分，包括鲁西南、鲁西北以及河南河北的部分地区）的生态问题则尤为突出。黄运越发深重的生态危机部分原因在于黄河的改道、大运河的淤塞以及无法得到曾经通过长途贸易获得的木材和石头。

早在17世纪时，京杭大运河工程导致了黄运河流的排水不畅，造成了淤积物的增加。这不仅加剧了涝灾和水患的危险，而且给土壤中增加更多的盐分。此后，燃料匮乏成为了该区域社会萧条与环境衰败至关重要的原因。随着运河和黄河运输的衰落，黄运无法通过贸易获得木材等燃料，但黄运又是山东人口最稠密的地区，对燃料需求量巨大，人们不但很快用完了木材，而且很快用完了其作物的糠秕、树枝、树根和杂草，被迫燃烧畜粪，农民们绝望的反映恶化了长期的环境问题。光山凸岭再加上打柴和捡拾其他植物，加剧了土壤流失和水患，减少了未来的收成及农作物

的剩余物。水患的增多也增加了土壤中的盐分，给农业造成了持久的损害。时至今日，黄运地区仍然承受着排水不畅、渍涝及盐碱地之苦。

### 专栏 4–9：严重污染实例——湖南“镉大米”事件

长期以来，由于我国经济发展方式粗放，产业结构和布局不合理，污染物排放总量居高不下，部分地区土壤污染严重，对农产品质量安全和人体健康构成了严重威胁。这其中，大米镉超标成为近年来环境污染的典型案例。

2013年上半年，素有“湖广熟天下足”之称的湖南省连续两次被曝光其所产大米重金属镉含量超标。湖南既是鱼米之乡同时也是有色金属之乡，盛产钨、铋、锑等有色金属，由于环境保护、土壤污染防治层面上的监管不达标，导致湖南土壤严重被污染，农作物吸收了土壤中的重金属无法及时排出，从而导致镉超标，而镉大米事件只是其中之一。镉大米事件发生后，镉大米给人们带来了很大的恐慌，湖南大米销量严重受损。

民以食为天，米为众食之本，是中国人最重要的食粮，镉大米不仅会引起人体腰、手、脚等关节疼痛，长期下去还会导致骨骼软化、萎缩，四肢弯曲，脊柱变形，骨质松脆。而镉大米绝不仅仅只是湖南“特有”，目前土壤污染已成我国众多地方的“公害”，“镉米危机”的出现，再次敲响土壤污染警钟，加强环境治理，已经刻不容缓。

### 专栏 4–10：公地的悲剧（The Tragedy of the Commons）

经济学中有一个非常有名的理论，就是公地的悲剧，最初是在1968年由美国学者所提出来的，是以比喻的方式来说明未受明确规范或仅有模糊规范而主体经常失位情况下的资源所经常遭遇的掠夺性或破坏性过度使用的情况，譬如公海的过度捕捞、草原牧场的过度放牧等。

作为“公地”的资源的突出特征，就是尽管几乎每个都有使用的权利，但却没有阻止其他人使用的权利，特别在资源有限的情况下，势必出现早占早得，晚占晚得，不占不得的严重局面，于是过度的占用几乎成为所有以扩大自身利益为目标的经济人的必然选择。因为即使大家都知道从长远来看应当注重可持续性，但共同自觉的稳定性极其脆弱。

我们经常可以发现，不仅是一些常见的近乎“无主”的资源，存在着公地的悲剧，一些产权尽管界定似乎很严密，但产权主体往往缺位的资源同样存在着公地的悲剧现象。譬如，国内矿场资源、环境资源等，在理论上和法理上都属于集体所有的，然而以所有为主体的“集体”一旦出现，反而容易导致权利人的缺位，谁是集体？这确实是个很难操作的概念。而经常运用的代理人或者经理人的方式，无论在国内外，也经常出现具体的代理人或者经理人的僭越现象，此时的公地反而经常性地成为了

少数人的牟利工具。

在很大程度上，乡村环境问题具有典型的公地的悲剧的特点。

进入新千年后，中央采取了包括加大财政倾斜和打破城乡二元关系的一系列措施，意图扭转乡村地区的衰退趋势。总体来看，中国的快速城镇化进程仍将保持一段时期，已经越过 50% 的城镇化水平也将继续提高。即使以相对保守的 60%–65% 的中国最终城镇化率核算，也意味着有过亿的乡村人口将最终流向城镇地区，乡村地区人口流出的总趋势也因此仍将持续一段时期，这对于乡村地区的可持续发展带来更大挑战，涉及多个领域。

乡村经济的可持续发展，是乡村可持续发展的重要范畴，也是改变当前较为常见的乡村衰退现象，逐渐恢复乡村活力的重要基础。从最为基础的层面来看，第一产业的持续稳定发展，仍然是乡村地区的首要任务。2013 年以来，习近平总书记强调指出的“手中有粮，心中不慌”、“粮食安全要靠自己”，都是对第一产业稳定发展的战略重要性的直白阐述。战略地位的强调，意味着第一产业的产出，必须至少达到保障国内发展需要的水平，决定了持续资源投入的必要性。其中，科技和资金的不断投入是其获得持续动力的重要方面，但生产的特性也决定了适宜的土地空间仍然是最为基础的保障性因素，实施严厉的耕地乃至农用地的保护政策因此成为必然选择。然而，人多地少的基本特征，也决定了中国乡村地区的产业高度多元化的必然性。从导引的方向来看，除了对适宜的第一产业空间的保护外，最为重要而紧迫的，就是彻底转变当前较为常见的过度消耗不可再生性资源和破坏环境的竭泽而渔的生产方式，探索多元化产业的有机组合方式，实现乡村经济资源的有效配置，推进乡村经济的可持续发展。

乡村地区的资源和环境保护，早已成为引起广泛关注的重要问题。与传统的山清水秀印象不同，广泛和快速发展的工业化和城镇化进程，已经将国内大多乡村地区卷入了资源与环境破坏的境地。然而，乡村地区资源和环境的可持续发展，不仅关系到乡村经济的可持续发展，还直接关系到城乡关系乃至区域和国家的可持续发展。高度资源和活动集聚的特性，决定了无论从能源消耗还是从环境影响而言，城市在很长时间里都将是负影响源。所谓的零排放或者生态足迹的控制，对于城市而言虽然具有重要的理念和措施引导意义，但客观而言并不符合城市的高度集聚和开放的特性，在更为广域层面的城乡范畴实现资源和环境的可持续性因此更具现实意义，同时也具有指导乡村地区工作的实践意义。即乡村地区的可持续发展，不仅需要严格控制不可再生性资源的低效消耗，并将可再生资源的消耗和环境质量的破坏都控制在可以自动恢复程度，还应当避免仅仅在乡村范畴考虑这一问题，而是将具有开放性和外部负影响的城市，纳入资源和环境可持续发展的范畴加以统筹考虑。

乡村地区的资源消耗和环境容量，因此不能仅仅局限在对乡村经济和社会等活动的核算层面，而是应当将城市运行的影响，直接纳入统筹的核算层面，这对于乡村地区的资源与环境保护，提出了更高要求。

乡村地区的可持续发展，还直接与人口、社会等若干方面有着直接关系。乡村青壮年劳动力和具有一定知识、技能劳动力的大量流失，是当前乡村地区普遍陷入衰退的重要原因之一。在快速城镇化的进程背景下，人口向城镇地区流动同样是具有重要战略意义的规律特征。但是在这一过程中，并不必然排斥青壮年和具有一定知识和资金能力的青壮年的回归，国际经验也证明了这一回流的普遍性。总体上，采取积极而多元化的措施，吸引部分具有理念、技能或资金的青壮年回流乡村地区，动员和培训乡村地区的留守人员，修复、植入和培育新的社会组织，是从人口和社会层面上推动乡村地区可持续发展的重要举措。

同时，乡村地区还是中国多元化传统文化的重要留存地和传承地。快速工业化和城镇化进程在破坏了传统乡村地区经济和社会方式的同时，也直接威胁了传统文化的保护与传承。全国层面的传统村落调查与保护工作已经全面启动，但是保留和保护还仅仅是基础性的工作，如何在切实保留和保护的基础上保持其活力才是更为严峻的挑战。近年来，一些地方已经出现的依托传统文化发展多元化经济的尝试，譬如，最为常见的开发旅游业，以及利用非物质文化遗产开发高级手工业等，值得引起高度关注。但是一个重要的前提，就是应当积极避免因为发展经济而破坏文化遗存或传统的现象。

## 第 2 节　乡村的类型

乡村的发展受到诸多方面因素的影响，并因此呈现出不同特征，为分类研究或引导提供了基础条件。总体而言，涉及乡村类型的划分因素，既包括宏观区域、城乡区位、产业经济、自然气候、地形地貌、人口及密度、宗教文化等整体特征要素，也涉及村落规模、布局形态或者建设特征等局部性指标，甚至等级等政策性或者法规性指标。以下将在介绍主要类型因素的基础上，主要从产业经济的角度提出乡村基本类型的划分方法。

### 2.1　乡村类型的主要因素

宏观区域是较为传统的宏观层面来划分乡村类型的因素方法，并且根据宏观经济区域的划分调整而演变。中华人民共和国成立初期的国土区域划分不仅考虑了经

济因素，也考虑了军事和政治等诸多方面因素，并因此划分了东北、华北、华东、中南、西南和西北等六大区域。此后，又有西南、西北、中原、华南、华东、东北、华北、山东、闽赣、新疆等十大经济协作区的划分，直至改革开放后的“东、中、西”三大经济地带，以及七大经济区和东北振兴、西部大开发、中部崛起等新区域板块的划分。这些宏观区域的划分，带有很强的国家经济政策导向，尽管主要是面向分区域的宏观经济导引性政策，但也不可避免地透过地方性的层层传递影响到乡村层面。而且，这些分区域的提出，本身就综合性地考虑了分区域的自然气候、资源、现状产业经济，乃至文化和社会等诸多因素，因此具有非常广泛的影响，也是我们考虑乡村地区往往首要想到的因素。

自然气候是区分乡村地区类型的重要因素，无论在宏观层面还是在微观层面都有着重要意义。中国大陆的自然气候分区，在不同时期、不同专家层面也有着不同的类型划分，但最主要的因素大多与第一产业发展有着非常紧密的关系，包括降水量、积温、海拔高度等诸多方面。800 毫米等降水量线、400 毫米等降水量线、200 毫米等降水量线是我国划分温润地区、半湿润地区、半干旱地区和干旱地区的重要分界线。其中，800 毫米等降水量线主要位于秦岭 – 淮河一线并向西折向青藏高原东南边缘，该线以南地区的年降水丰富、热量充足，经常以水田为主，主要粮食作物是水稻，植被类型为亚热带常绿阔叶林；400 毫米等降水量是划分半湿润和半干旱地区的重要分界线，大致沿大兴安岭、张家口、兰州、拉萨直至喜马拉雅山以东。半湿润地区气候较为湿润，植被以森林等为主，自然条件下农业也有较好的生长状况，但相比南方地区基本为旱地。而半干旱地区则主要以草原为主，虽然也可以在自然条件下发展旱地农业，但由于降水较少且变化较大，农作物生成很不稳定，大多需要人工灌溉，因此也是我国农耕区和畜牧业区的重要分界线；200 毫米等降水量以下地区则为干旱地区，主要从内蒙古自治区西部经河西走廊西部以及藏北高原一线，除了一些专门开辟了灌溉系统的地区发展绿洲农业外，主要为荒漠地区，自然环境恶劣。当然第一产业的发展并非仅仅受到降水量的因素影响，积温、气候、海拔等都有着重要的影响，这也是国内存在多种自然气候区划分方式的重要原因。并且，即使在一些局部地区，也往往由于相对微观的海拔和气候等原因，直接影响着局部性的第一产业状况，譬如在云南、贵州、新疆等地区存在的一些有别于周边地区的“热谷”地带，就因为明显的温差等原因而能够发展反季农业。

除了海拔等高程因素，地形地貌也是影响乡村地区类型的重要因素，并且即使在县级行政单位内部，也常常因为地形地貌而形成明显的类型差异，直接影响着有关的导引政策。涉及地形地貌方面，最为主要的包括水网（滩涂）、平原、河谷、丘陵、山地等类型。河谷或者海滨、湖滨等滨水地区，渔业往往是其重要的第一产业内容，气候条件较好的淮南或者江南等地，往往会形成兼有水产养殖和水田种植的第一产业特征，村庄聚落也常常因水就势分布，且通常分布在地势相对较高地区，或者周边以堤坝围合。非水网的平原地区，相对而言较为适宜开展大规模种植业，因此常常呈现出较大的村庄聚落，以及相对较低的村落分布密度特征。但因为平原地区相对较差的防御洪涝灾害能力，村落分布也通常沿着地势相对较高的地带分布；河谷地区是乡村地区的重要类型因素，因为既有河流之便，又有水灾之患，在产业上通常兼营特征明显，包括河谷农业、渔业，以及砂石和运输业等。在村落分布上，除非河流水位线非常稳定，通常都不直接临水聚居，而是位于相对远离河流且地势较高的半山坡地之上，临近河谷一侧或者因循水位变化发展一些季节性农作物，或者发展一些水产养殖业，村落周边则主要为各类农作物或者经济林；丘陵和山地地区的乡村地区，最为主要的特征就是农用地的分散，并且往往随着坡度的变化而更加分散，甚至一些地方还存在所谓的“帽子田”等非常细碎的农用地。由于地形地貌的影响，这些地区的村庄聚落也通常很少有大规模聚集的状况，而是呈现出较为明显的分散状况，甚至3–5户一组，乃至独户散居的现象都很常见。除了少量农作物种植，很多丘陵，特别是山区，第一产业都较为明显的呈现出靠山吃山的特征，部分发展经济林，部分依然依靠野外采摘。由于多年来的野生动植物保护措施推进，传统的捕猎等已经非常罕见。

与紧密相依城市的区位特征，也是最为常用的城市类型划分方式，譬如，最为常见的城中村、城郊村、远郊村、偏远农村等。国内的很多研究早已指出，乡村及村落特征与其区位特征的紧密关系。最为直观的就涉及乡村的产业特征和村落建设特征，更包括乡村社会的组织特征。通常而言，越是靠近城市的乡村地区，辅以交通条件的改善，无论在产业还是社会等关系范畴，就越发具有开放性，自给自足的特征也相对越少。在经济上，通常的表现就是，越是靠近城市的乡村地区，越是在生产和流通等方面呈现出明显的融入城市经济的特征，甚至一些近郊乡村地区已经基本放弃了自足部分的农产品生产，转而高度依赖城市市场和货币经济。而越是相对偏离城市的区位，特别是对外交通条件越差的乡村地区，对外经济联系和依赖相对也越弱，甚至一些偏远乡村地区仍然处于高度自给自足的经济状况，对于货币的依赖也往往越小。如果单一的从货币收入状况来衡量甚至会放大这些不同区位乡村地区的经济状况。与经济上相仿，社会组织特征也通常随区位条件而变化，越是靠近城市的乡村地区，人员和经济等要素与城市间的流动性也往往越大，而且新观念、新关系对乡村地区的影响也大，人与人间的关系也越是从传统的血缘和宗族，转向了主要基于经济关系的业缘方向。由于社会经济范畴的明显变化，无论在村落建设还是乡村风貌

等方面，也都随之发生变化，为类型化区分提供了重要依据。特别是在城市快速扩张的阶段，位于城市边缘区的乡村地区，不仅承担着为城市提供农副产品和休闲空间的职能，而且还往往是城市建设快速扩张的方向，因此常常成为城市规划严格管控的地域。

产业经济和经济水平常常是更为直接的影响和表征乡村地区类型的重要因素。不同类型的主导产业，譬如种植业、牧业、工商业等不同主导产业部门，都会直接影响着乡村地区从社会经济到村落分布及建设等诸多方面的类型特征。而经济发展的阶段水平，也正如上述般深刻影响着乡村地区的类型特征。总体而言，越是经济发达的乡村地区，人员和经济要素的流动性也往往越强，从文化到社会组织等方面的开放度，以及与周边区域的交融性也越强，新兴的生产和生活方式也往往对乡村地区的更多层面产生深刻影响，一些发达的乡村地区，不仅早已享有了小康的生活水平，甚至也早已享有了非常细致深入的分工服务功能，譬如，现代的互联网络、现代教育和休闲、私人交通等。一些发达的乡村地区，可能除了明显的地景和农业生产，其他方面已经很少与城市地区有所差别，甚至在生活水平和享有生活服务等方面已经超越了城市平均水平。但同时，越是经济落后的乡村地区，无论生产方式还是生活方式，通常就越是原始和艰苦，不仅现代化的服务功能难以享受，甚至一些已经被视为基本需要的生活服务功能，譬如，基础教育、安全饮水、最为基础的医疗服务等，也依然难以提供。总体而言，产业经济和经济发展水平，往往是在更为深入层面里直接影响着乡村地区基本类型差异的因素。

除了上述因素，传统和宗教文化，往往也直接影响着乡村地区的基本类型特征。中国是一个多民族国家，并且在长期历史发展演变过程中形成了浓厚的地方传统特征，中国的一些村落甚至已经延续数千年历史。这些古村落往往成为中国历史文化传统的重要活载体，有着远远超越一般文物古董的价值（图 4-2-1）。但是由于快速城镇化和工业化的冲击，有着鲜明特征的很多传统村落正在受到严重冲击，甚至很多富有特色和悠久历史传统的古村落正在不断消失。为了加强保护，近年来国家已经推出了一系列的相关举措，包括 2008 年国务院通过的《历史文化名城名镇名村保护条例》，以及 2014 年由住房和城乡建设部、文化部、国家文物局、财政部联合发布的《关于切实加强中国传统村落保护的指导意见》等文件，初步构建起了从传统村落到历史文化名村的分层分类的保护措施。无论对于历史文化名村还是对于传统村落，或者尚未列入传统村落名录的一些富有特色的村落，都应当根据其特有的宗教文化与历史特色，分类实施保护措施，并积极发展地方经济，激发地方发展活力。

图 4-2-1　历史文化名村示例

## 2.2　乡村的基本类型划分

多重的类型因素，决定了乡村基本类型划分的多维标准特征，但也因此为多样本的横向比较，以及相应的导引性政策制定，带来些困难。如何兼顾多维因素来划分村庄类型，实践和研究界有着不同的方式，其中最为重要的是研究和划分的目的。

从国内外经验来看，从产业经济和发展程度的角度划分乡村地区基本类型的做法较为常见，譬如，Cloke 等（1977）利用包括人口、住户满意度、就业结构、交通格局及距城市中心的远近等社会经济统计数据，将英格兰和威尔士地域划分为极度乡村（extreme rural）、中等程度乡村（intermediate rural）、中等程度非乡村（intermediatenon-rural）、极度非乡村（extreme non-rural）和城市（urban）五个类型。此外，还有兼顾与城市关系的划分，如 Hoggart（2005）划分的纯农区型、城郊型、城中村型等。国内实践和研究中也有着较多从产业经济和城乡关系等方面做出界定的经验，近年来出现了较多运用定量数据并运用聚类分析方法作出判断支撑的相关研究成果。

综合相关研究，我们大致可以主导产业及其动力资源类型为主线，并兼顾自然特征、城乡区位特征、人口与村落的规模和密度、政策导引方向等多元要素建构起综合性的村庄类型框架，并根据实际工作需要有所侧重。

其一，在主导产业类型方面，最为首要的就是从现有特征中提取对乡村经济和发展格局影响最为明显的产业类型，譬如农业主导型、牧业主导型、渔业等单一主

导型，或者工农业、工牧业、农贸业、休闲农业或者休闲渔业等兼业主导型等不同类型。同时，还应兼顾乡村产业经济发展的动力资源类型特征，这往往成为判断乡村经济未来走向的重要因素，俗话说的“靠山吃山、靠水吃水”，在乡村地区而言，就意味着自然资源条件对于乡村地区的产业经济发展有着非常深刻的基础性影响。虽然在一个特定的历史时期，一些乡村地区在产业经济发展可能出现些阶段性的特征，但是动力资源类型，往往对更为长期的产业经济发展特征有着更为深远的影响。譬如改革开放历程中很多乡村地区出现的“村村冒烟”发展社队工业和乡村工业现象，随着产业化的进程大多受到明显竞争冲击，很多地方的乡村地区又回归到更具本底性的动力资源类型方向并获得新的发展，一些靠近名山水的地方往往在特色旅游接待方面获得新的发展，一些靠近中心城市的乡村，往往在服务于中心城市的农副产品生产和休闲接待等产业方面获得新的发展。

其二，自然特征，如气候、地形地貌等，往往直接影响着乡村地区的发展方向和风貌特征，对于界定乡村类型而言具有非常重要的基础性意义。譬如，北方干旱的平原地区，村落往往相对集中，水源和灌溉系统的分布对于乡村农业发展进而对村落分布等形成直接影响；南方水网地区错落往往相对分散分布以最大化的接近水面，从早期作为交通途径和生产地域延续至今；丘陵、山区的村落分布往往因山就势，住家跟着可耕地散落分布，且在经济上往往更加呈现出多元化的种植、采摘等方面特征。即使在一个县甚至乡镇内，都可能因为相对微观尺度的地形地貌，以及河谷等微气候等方面的原因，造成辖域内乡村发展特征的明显差异。总体上，从自然特征的角度，最为主要的类型划分包括平原、高原、丘陵、山区、戈壁、沙漠等地形地貌特征，以及湿润、半湿润、半干旱、干旱等气候特征。

其三，城乡区位特征也是划分乡村地区类型最为常见的表征因素，因为区位差异直接影响着乡村地区从产业经济到生活方式，直至建设风貌特征等诸多方面。最为常见的划分类型方式，包括城市边缘、近郊、远郊，直至偏远地区等类型，不同类型直接意味着所受到中心城市的影响差异。一般而言，城市边缘地区，在一些研究中经常被界定为半城市化地区，大量的工业生产和其他项目建设用地的分散分布，通常是该类地区最为常见的现象，此外则是以城市为主要就业地的大量外来人口的聚居，产业经济明显依附中心城市等方面的特征；近郊区常常与城市边缘地区并不存在必然的分隔，甚至两者有时在空间上也较难区分，但通常近郊区指向更为有序的空间布局地带，作为同样与城市经济有着高度关联性的地带，更多地承担着为城市地区提供蔬菜等农副产品，并且处于中心城市紧密通勤范围内的地带。远郊区通常指那些虽然通常受到中心城市影响，但影响程度明显小于近郊区的地带，并且远郊区地带的通勤往往高度依赖于轨道等相对快速的交通线路，且因此这些通勤地点通常依赖于站点而相对独立地散布在远郊区内，在产业经济和建设风貌等方面也相

对更呈现出一些独立性；偏远地区则通常指无论在产业经济还是在社会和建设风貌等方面，都不受中心城市影响的地区。随着国内城镇化进程的加快和中心城市影响范围的不断扩大，偏远地区总体上已经越来越少，并主要分布在西部地区，以及东、中部一些交通不便的零星山区或湖区等。

其四，人口和村落的规模及密度，同样被作为划分乡村类型的重要指标。譬如东部地区的很多县乡地区，县域人口常常近百万且人口密度达到600-800人/平方公里，远远高于中西部地区，甚至在人口密度方面呈现出明显的区域阶梯性差异，从中西部200人/平方公里直至西部一些地区的不到50人/平方公里，甚至一些西部地区如新疆等地的县域人口尚不足10万人。人口规模和密度的迥异，直接影响着地方社会等方面的基本特征。与之相对应的则是村落的规模、密度以及布局形态特征。东部江淮以北的平原地区，一些村落的人口规模常常超过千人，并且在空间布局上也呈现出更加明显的集聚形态，江淮下游地区的一些村落往往呈现出明显的沿着主要河渠的条状分布特征。西部地区，虽然乡村地区人口密度明显较低，但也常常出现一些村落人口聚集的现象，当然也存在较多的几户人家散布的现象。总体而言，从人口和村落规模及密度等方面的分类，大致可以分为高、中、低人口密度地区，大、中、小规模村落，以及集聚形态、带形形态和散点形态等不同类型划分。

其五，直接从规划导引的政策类型划分乡村类型，具有重要的现实意义，因此在现行城乡规划中较为常见。从建设导引的角度，较为常见的类型划分包括发展型、保留型、保护型和迁撤型等，也可以根据实际需要适当增减一些类型。原则上，发展型，即规划允许适当建设发展的错落，通常最为乡村地区的中心村，不仅允许适当聚集部分周边村庄的迁移人口，而且通常还从完善和提升基本公共服务的角度增加配置公共服务设施，并相应增加部分建设用地指标；保留型，主要指规划并不作为发展类型给予未来扩张的建设用地指标，甚至积极导引人口外迁的村落；保护型村落往往基于特定的原因，如历史文化、传统风貌等原因予以保护的村落，该类型村落最重要的是对构成保护需求的要素施以切实的保护措施，譬如村落的整体建设风貌，或者其中部分保护地段或建筑物等；保护型的村落，必须谨防因保护而博物馆化，甚至直接影响到当地的社会经济发展趋势和可能性，必须在保持甚至提升乡村活力的基础上，才能更好的予以保护；迁撤型的村庄，通常由于生态保护、灾害防治、重大项目或者未来建设用地需要，或者其他方面的原因，而决策予以适时迁撤的村庄。对规划迁撤的村庄，原则上除了在彻底迁撤前应继续保持一定建设和服务品质，不再允许新建设发展活动，以免对未来的迁撤等造成不利影响。

尽管如上已经从多个维度列举了一些乡村类型的划分方法，但考虑到多重因素的存在，以及目的的差异，乡村类型的具体划分方式并非一成不变，而是应当根据实际需要选择合适的类型要素并选择重点的类型划分方式。

# 第3节 城市郊区的乡村

城乡关系是区分乡村类型的重要因素。郊区是城乡关系非常紧密的非城市化建设地带，但却直接受到城市的影响，体现在包括社会经济、建设和风貌等若干方面，并因此具有独特性。

## 3.1 郊区概念及范围

作为城乡过渡地带，郊区不仅是一个地理上的概念，更是一个涉及社会经济和政府管制等广泛领域的概念，如何界定郊区的范围，因此受到高度重视。但是如何界定郊区的具体范围，则是一个颇有争议的问题，与不同视角和目的的概念界定有着直接关系。

从风貌特征的现象层面，郊区是城乡过渡的规律性现象，通常与介于城乡之间的人口密度和各种相对松散的城市化要素分布有着直接关系，并且因此与城市建成区和远郊区及更外围的偏远乡村地区都有着明显差异。但是由于郊区的这种过渡性现象呈现出明显的连续和渐变特征，使得在具体空间范围的划定，成为颇受关注的话题，并因此在学术界和实践界形成了多种划定方式。

中国大百科全书中，定位郊区为“位于城市建成区以外与城市行政界线以内的广大地区。城市市区以外、市界以内的环状地区”；周一星和孟延春（2000）将郊区范围，界定为城市行政区内的城市中心区以外地域；杨忠伟等（2005）认为郊区应指位于中心城的行政界线以外，但已经城市化并且在经济文化上对中心城有很大依赖关系，在政治上却独立于中心城的社区。西方有关研究中常常将中心城市（Central City）以外的建成区或都市化地区都纳入到郊区范围，涵盖了中心城市以外的建成区（阿瑟.奥沙利文，2003）；冯健（2001）认为郊区应当涵盖近郊区和远郊区，其中近郊区相当于西方的城市外缘；李健和宁越敏（2007）针对上海的研究认为，市域范围可以分为近郊区和远郊区，前者基本上属于城乡交错带，包含了浦东、闵行、宝山、嘉定等区，远郊区则包含松江、青浦、奉贤、金山、崇明等区县。

从城乡规划的视角来看，有必要兼顾学术研究普遍采用的现象和机制层面的界定，以及管理层面上较为关注的与行政辖区间的关系，这又与不同地区在城市化进程和城乡关系发展等方面的明显阶段性差异有着直接关系。通常而言，城市化水平越高，中心城区向外的辐射影响力越大，通勤等城乡交通条件也越好，郊区的范围就可能越大，而反之亦然。更为重要的是，随着城市的发展，城市边界也往往快速扩展推移，中心城市和郊区的实际范围也都可能随之调整，因此必须更具动态性和

灵活性地来进行界定郊区的范围，为根据实际情况的操作留有余地。

从近年来实践层面的情况来看，值得特别提醒的是，无论是已经进入到较高城市化水平阶段的城市如上海等地，还是尚处于初级快速发展阶段的一些中西部市县，都不宜简单地将管辖地域作为统一的郊区施加管理，特别是纳入规划区实施统筹的城乡规划管理。这是因为后者意味着可观的规划管理成本，如果没有现实的管理压力或者战略性的提前部署，难以支付的高昂管理成本，会反而造成执法松懈的现象。根据实际发展进程和管理需要，有所差异的划定郊区范围，并施以规划区的管理措施，更具有现实的操作性。

## 3.2 城乡交流与郊区化

郊区的突出特征，就是城乡间紧密的相互交流和作用，包括人口、资金、技术、信息、商品等不同要素，并且这种交流具有明显的双向作用而非简单的对立二元关系，这也是郊区明显有别于城、乡两极的鲜明特征。为此从几个主要城乡发展要素的层面，来介绍郊区的城乡交流特点。

首先，从人口流动的角度，无论中国还是西方发达国家，大多大型及以上级别城市的郊区，都是明显的人口导入地区，并且呈现出明显的多元来源导入的特征，并且因此使得郊区往往成为社会管理的难点地区。简要而言，郊区不仅汇集了较多的外围甚至更远的周边地区因到城市就业等原因而导入的人口，而且还包含了较多的因郊区化过程而从城市内部外迁的人口，此外还包含了相当部分从更加偏远的周边区域前来郊区工作的人口。这些外来人口，或者因为就业岗位依然聚集在中心城区内部，或者就业岗位本身就位于郊区，或者就业岗位位于更加远离城市的远方位，而就业岗位的类型，大多是二、三产业，但也不乏第一产业。由于大型以上城市郊区经济水平明显提高，很多郊区居民已经脱离了第一产业，但是中心城区强大的需求又迫切需要高强度的劳动力投入型第一产业，包括蔬菜种植和禽蛋生产等，这样就吸引了较多的外来务农人口的聚集。多元化的外来人口聚集，为郊区带来了繁荣的同时，也带来了现实的社会冲突等现象。在一些西方发达国家如美国、法国、德国等国家的一些特大城市郊区，甚至因为多阶层、多种族、多族裔人口的高度聚集和冲突，而成为社会高度不稳定的重要因素。在我国，一些调查研究也已经指出了城市边缘区和城市郊区多来源外来人口聚集及其伴生的种种社会冲突现象，值得引起高度关注。

有学者对昆山市陆家镇进行了调查，陆家镇本地户籍人口约3万人，登记外来人口约5万人，由于统计的难度实际数量要更多。本地居民职业只有少量的从事苗圃、蔬菜种植等农业生产活动，多数选择到镇上各工业企业务工、或者从事各种经营等

职业；外来人口中约 80% 选择进厂务工，约 20% 从事水稻种植、瓜果蔬菜种植等农业生产职业（王兴平等，2011）。

### 专栏 4-11：外来务农者从事大城市郊区农业现象

外来务农者是当代中国急剧变迁过程中出现的一个新群体，其规模在不断扩大，占当地务农者的比例在不断提高。在发达地区的乡村特别是城市郊区，外来务农者已经成为一种新趋势，影响着当地农业及乡村发展。在城市郊区，外来务农者的地位已经相当重要。根据上海市农业普查数据，2010 年底全市直接从事农业生产的外来人员约 13 万人，占农业从业人员 27.6%。这一比例足以说明外来务农者在城郊农业中的重要地位。北京市流动人口管理信息平台统计，截至 2012 年 7 月，该市共登记流动人口 726.3 万人，其中来京务农流动人口数量为 12.0 万人，其数量与上海差距不大。

外来务农者的出现，反映了农业劳动力在产业内的空间梯度转移。上海全市 2006 年统计显示，244 万农村劳动力当中，务农劳动力为 85 万，仅占 33%。本地农民的产业转移，为外来务农者提供了新的机会，形成“拉力”。外来务农者由于家乡农地资源不足，更因为其经济效益不及发达地区及城郊农业，出现空间上的农业梯度，形成“推力”，促使他们流动。

与城市在生产上的紧密联系和交流，是郊区产业经济的另一重要现象，涉及三次产业的大多产业部门。首先就第一产业而言，郊区是大城市副食品供应的重要基地，在我国一度成为各级政府高度关注的菜篮子工程，就主要发生部署在郊区。由于主要服务于中心城区，郊区第一产业大多为不宜长途贩运的本地化生鲜品的生产，但也存在着较为常见的运用现代技术推行反季生产的产品。由于相对较高的收益和产品特性，郊区第一产业不仅具有高附加值的特点，而且通常还是现代技术、资本和人才投入度明显较高的产业部门，同时也是劳动力相对聚集的产业部门，以及吸纳就业的重要产业部门；其次就第二产业部门而言，郊区常常成为城市产业部门外迁的首要接收地。或者由于不符合环保等要求，或者由于城市中心区更高价值产业部门的替代，以及包括规划和产业政策等的推动，城市生产功能常常源源不断地向郊区迁移或扩散，并因此直接推动了郊区的工业化过程。也正是这一过程，促成了郊区产业结构的转型，以及与城市经济间的紧密联系；再次就第三产业部门而言，城乡间的交流也日趋紧密。服务于中心城区与区域对外联系的大宗物品的集散等功能设施通常位于郊区，直接带动了相关的市场交易和配套服务功能发展，对健康生活需求的不断提高也促成了郊区大量休闲空间和配套服务功能的出现，从大型郊野公园到各种服务于节假日、周末甚至日常休闲活动的功能设施在郊区获得了充足的发

展机会。同时，大量产业经济部门迁入郊区所带来的就业人口，以及大量居住人口的导入，也为生活服务业在郊区的快速发展，提供了重要支撑。特别是随着交通条件的不断改善和成本降低，现代服务业向郊区转移的现象，也日趋多见甚至成为普遍现象。

**专栏 4–12：上海市郊区产业结构的演进**

改革开放以来上海郊区的经济发展大体可以分为三个阶段：第一阶段：1980 年代至 1990 年，上海郊区经济从单一的为城市提供鲜活农副产品逐步发展成为上海的城市大工业扩散基地、鲜活副食品的生产基地、出口创汇基地、农业现代化的示范基地。第二阶段，1990 年代以后，上海工业布局调整步伐加快，中心城区实行“退二进三”，工业企业不断搬迁至郊区，促进了上海中心城区的功能置换与职能疏解，郊区取代中心城区逐步成为上海工业生产的重心。据统计 1990-1999 年，上海已有 1422 家企业和生产点从中心城区迁出。与此同时，郊区工业总产值占全市的比重不断上升，从 1985 年的 28.4% 上升到 1999 年的 46%，至 2009 年这一比重已高达 69%。第三阶段，2000 年以来，随着上海市产业结构的进一步调整，上海郊区现代物流、金融、会展、科技研发等现代服务业保持了快速增长的势头，上海近郊的一些区域也开始出现了一些以高科技企业总部、企业研发中心及生产性服务业企业为代表的新型总部经济基地。而随着郊区人口的不断集聚，郊区商贸业、房地产业等生活性服务业也得到了快速发展。此外，郊区旅游业作为郊区现代服务业的后起之秀开始崛起，形成了以乡村农业旅游、古镇旅游、会展旅游、工业旅游、节庆旅游、文化旅游、体育旅游等多层次的旅游产品体系。

未来随着上海国际化大都市建设步伐的快速推进和国际经济、金融、贸易和航运中心的逐步建成，上海郊区作为上海先进制造业的重要基地、城市组合式布局和发展的重要区域、现代服务业延伸地区、鲜活农副产品生产基地、市民休闲度假基地的重要地位将进一步显现。

**专栏 4–13：上海市人口分布的郊区化趋势**

2000 年以来，上海人口分布呈现中心城区人口减少、郊区人口增加趋势，这与上海城市建设和产业结构调整有密切关系。随着生产型企业逐步向工业园区、高新技术产业区集中，大量就业人口向市郊流动，并把自己的生活区也转移到工作地附近。

第六次全国人口普查数据显示，与“五普”相比，2010 年上海市的黄浦、卢湾、长宁、静安、虹口 5 个中心区的人口均出现了不同程度的负增长，其中下降幅度最大的是黄浦区和卢湾区，减少 1/4，居住人口向郊区转移趋势明显。中心城区减少的人口以及新流入的外来人口逐步扩散到郊区。与“五普”时相比，常住人口总量

增幅超过50%的区有7个,依次为松江区(146.8%)、闵行区(99.6%)、嘉定区(95.4%)、青浦区(81.4%)、奉贤区(73.6%)、浦东新区(包括原南汇区)(58.3%)和宝山区(55.1%)。从绝对量来看，人口增加数量列前5位的是闵行区、浦东新区（包括原南汇区）、松江区、嘉定区和宝山区，人口增量均超过或接近70万人。中心城区核心区域人口的减少和近郊区域人口的增加，主要是近年来上海旧城改造与新区开发之间的联动，这是城市人口分布变化的直接诱导因素（表4-3-1）。城市基础设施建设和郊区新城建设不断加快，城市布局进一步优化和产业结构调整深化等一系列因素，使得大批居民由中心区核心区域的原居住地迁往近郊区和中心区边缘区域的新建居住小区。其次是外来常住人口往往相对集中居住于城郊结合等近郊区域。

**上海市常住人口的地区分布（单位：万人）** 表4-3-1

| 地区 | | 2000年 | 2010年 | 2010年比2000年增长（%） |
|---|---|---|---|---|
| 全市 | | 1640.77 | 2301.92 | 40.3 |
| 中心区核心区 | 黄浦区 | 57.45 | 42.99 | −25.2 |
| | 卢湾区 | 32.89 | 24.88 | −24.4 |
| | 静安区 | 30.53 | 24.68 | −19.2 |
| 中心区外缘区 | 普陀区 | 105.17 | 128.89 | 22.6 |
| | 杨浦区 | 124.38 | 131.32 | 5.6 |
| | 闸北区 | 79.86 | 83.05 | 4.0 |
| | 徐汇区 | 106.46 | 108.51 | 1.9 |
| | 长宁区 | 70.22 | 69.06 | −1.7 |
| | 虹口区 | 86.07 | 85.25 | −1.0 |
| 近郊区 | 闵行区 | 121.73 | 242.94 | 99.6 |
| | 嘉定区 | 75.31 | 147.12 | 95.4 |
| | 浦东新区 | 318.74 | 504.44 | 58.3 |
| | 宝山区 | 122.80 | 190.49 | 55.1 |
| 远郊区 | 松江区 | 64.12 | 158.24 | 146.8 |
| | 青浦区 | 59.59 | 108.10 | 81.4 |
| | 奉贤区 | 62.43 | 108.35 | 73.5 |
| | 金山区 | 58.04 | 73.24 | 26.2 |
| | 崇明县 | 64.98 | 70.37 | 8.3 |

资料来源：根据上海市"第六次全国人口普查"数据整理，中心区、近郊区、远郊区的划分根据李健等（2007）的研究划分．

正是由于郊区明显增加的城乡交流，以及特定历史阶段西方发达国家所普遍经历的中心城区发展要素的阶段性外流现象，促成了郊区化（suburbanization）概念的出现，指的就是人口、就业岗位和服务业从大城市中心向郊区迁移的一种离心分散

化过程，被认为是整个城市化过程中的重要阶段（崔功豪等，1992）。郊区化甚至一度被认为是城市从集聚发展阶段向分散发展阶段的重要逆转性过程。大量的相关研究也提出了人口的郊区化、工业的郊区化、商业的郊区化、办公业的郊区化等四个郊区化的阶段历程（石忆邵和张翔，1997）。但同时，也有相当部分研究指出，所谓的郊区化只是城市集聚发展的另一个阶段性形态，涉及更大地域范围的包含了传统的中心城区和周边郊区的大都市区概念由此诞生，并随之出现了大都市区化的改变。美国自 1990 年代以来的观察也表明，一旦将研究的范围扩展到大都市区层面，就能够继续观察到人口持续集聚的过程。即所谓的分散化仅仅是因为统计口径不再适用于新兴的大都市区化的进程阶段的表象，实际上各项发展资源的持续聚集依然是主流的趋势现象。

## 本章思考题

1. 以主导产业来划分乡村的类型有何意义？
2. 为什么乡村的产业不仅限于第一产业？
3. 城市郊区农业有何功能？

## 参考文献

[1] Cloke P.An index of rurality for England and Wales.Regional Studies，1977（11）.

[2] Hoggart K，HiscockC.Occupational structure inservice-class households：Comparisons of rural,suburban,and inner-city environments[J].Environment and Planning A,2005,37(1).

[3] 国家统计局关于印发三次产业划分规定的通知 . 国统字〔2012〕108 号 .

[4] 国民经济行业分类（GB/T 4754-2017）.

[5] 吴红军 . 法国“理性农业”的启示与借鉴 [J]. 金融时报，2013.

[6] 彭南生 . 半工业化：近代乡村手工业发展进程的一种描述 [J]. 史学月刊，2003（7）.

[7] 陈勇 . 原始工业化新论与当代中国的乡村工业化 [J]. 武汉大学学报（哲学社会科学版），1999（1）.

[8] 李汉宗 . 血缘、地缘、业缘：新市民的社会关系转型 [J]. 深圳大学学报（人文社会科学版），2013（7）.

[9] （美）蕾切尔·卡逊著 . 寂静的春天 [M]. 吕瑞兰，李长生译 . 上海：上海译文出版社 .2014.

[10] 环境保护部，国土资源部 . 全国土壤污染状况调查公报，2014.

[11] 郭丽琴，丁灵平，武维华 . 中国不到世界 10% 的耕地，耗掉全球化肥总量 1/3[N]. 第一财经日报，2013.03.14.

[12] 国务院办公厅关于引导农村产权流转交易市场健康发展的意见 . 国办发〔2014〕71 号 .

[13] 栾峰．城市经济学 [M]. 北京：中国建筑工业出版社，2012.

[14] 赵民，陶小马．城市发展和城市规划的经济学原理 [M]. 北京：高等教育出版社，2001.

[15]（美）彭慕兰．腹地的构建：华北内地的国家、社会和经济（1853–1937）[M]. 马俊亚译．北京：社会科学文献出版社，2005.

[16] 中国大百科全书编辑部．中国大百科全书（第二版）[M]. 北京：中国大百科全书出版社，2009.

[17] 周一星，孟延春．北京的郊区化及其对策 [M]. 北京：科学出版社，2000.

[18] 杨忠伟，范凌云，郑皓．中外城市郊区化的比较研究 [J]. 苏州科技学院学报（社会科学版），2005（4）.

[19]（美）阿瑟·奥沙利文．城市经济学（第四版）[M]. 北京：中信出版社，2003.

[20] 冯健．我国城市郊区化研究的进展与展望 [J]. 人文地理，2001（6）.

[21] 李健，宁越敏.1990 年代以来上海人口空间变动与城市空间结构重构 [J]. 城市规划学刊，2007（2）.

[22] 王兴平，涂志华，戎一翎．改革驱动下苏南乡村空间与规划转型初探 [J]. 城市规划，2011（5）.

[23] 崔功豪，王本炎，查彦玉．城市地理学 [M]. 南京：江苏教育出版社，1992.

[24] 许学强，周一星，宁越敏．城市地理学 [M]. 北京：高等教育出版社，2009.

[25] 石忆邵，张翔．城市郊区化研究述要 [J]. 城市规划汇刊，1997（3）.

# 第五章　乡村居住与选址

## 第1节　生活圈的构成

### 1.1　乡村居住的概念

乡村居住是一个生活圈的总体概念。一般认为，“居住”是人类在定居状态下的生产与生活行为，那么，“乡村居住”就是在乡村地域环境中村民的生产与生活行为。这里之所以把生产和生活统一起来，是因为乡村地域的特定环境和生活方式决定的。在农业生产力为主的社会下，人们“日出而作、日落而息”，农业种植和食物生产成为乡村居住生活中最为重要的内容之一。

## 1.2 早期传统农业社会中的乡村居住“生活圈”

在农业经济使得人类“住”的行为定居化之前,“住”本身作为人类的本能所需，已经积累了一定的经验。人类为了最基本的生存和繁衍发展需要，不得不想方设法寻找更为安全的庇护、休憩与生衍场所。例如，我国早期龙山文化和仰韶文化时期的原始人类居住的场所，已经具有最为简单的生活功能。当农业从畜牧业中分离出来之后，人类的定居时代开启了新的一页。

传统农业社会下的定居生活充分反映了“生活”与“生产”的一致性，形成了一个乡村居住“生活圈”的领域和相关内容。乡村居住“生活圈”包括如下的内容：

（1）为了获得生产、生活资料而进行的一系列活动。这是乡村居住的重要组成内容。其物质空间体现在于房宅毗邻的耕地、家养牲畜的栏圈，以及堆放农具、粮食的宅院。从定居时期开始，特别是主要依赖畜力和自身体力的生产力水平下，村民对于房宅和耕地难以分离。由于没有机械设备和车辆，村民进行农业耕作的出行距离和范围有限，基本适合在畜力和人力可行的范围。在早期农业社会下，“田舍”一词反映了在人们观念上是一个整体。因此，乡村居住早期的村落布局，基本上是均质的。这符合生产力决定生产关系的基本原理。

（2）和居住相关的社会活动。从人类早期开始，住的经验不断积累，形成相应的住文化，并成为居住文明的重要内涵。其中，包括宗教、信仰、礼仪、风水观、家族血缘的关系，祭祖和婚丧娶嫁等一系列的社会活动。其物质空间体现在若干房宅所围合的公共祠堂、祖庙和祭拜神佛的场所，以及房宅内部的厅堂等。对于居住活动来说，这些内容必不可少。这种基本格局出现在我国各地传统的村落居住环境中，较为普遍。

（3）由生活本身内容（衣、食、住）而形成的物质空间及其约定俗称的场所。包括，居室（睡眠休息）、厨房灶间（吃饭）、家庭工艺作坊（生产）、耕地作业工具堆放场地、家畜家禽、便坑（排泄），还包括供浣洗的潜流河滩、石桥边、产品交换的集市，甚至包括村落故人的坟地等。

（4）人们赖以生存和发展的自然环境。包括清洁的空气和源源不断的水流、足够的日照等。在人类居住文明演进过程中所形成的关于自然和人类关系的经验，发展出诸如居住“风水”的理念，成为与居住物质环境联合起来的一个整体。

## 1.3 我国各地乡村居住环境的差异性和多样性

（1）气候差异

我国各地乡村居住环境的气候差异性较大。气候条件的差异对乡村住宅日照条件、日照间距、通风条件、建筑保温节能等多方面带来了普遍影响，同时，对住宅

建筑本身的材料、形式和建筑风貌等方面产生重要影响。可以说，气候条件的差异，影响并形成了我国各地乡村居住空间环境的基本特征。

（2）地理条件差异

根据我国海拔自西向东呈三级阶梯状，将地形地貌根据平均海拔高度，简要概括为山地、丘陵及平原三种基本类型。其中山地是指海拔 3000 米以上的高原地区，丘陵指海拔 500–3000 米范围内的地区，平原指海拔低于 500 米的地区（水网、湖泊地区归类为平原地区）。不同地形地貌对于我国各地乡村居住影响较大。这种影响主要反映在村落住宅建筑对于用地环境条件的适应方面，例如，山地丘陵地区乡村居住用地条件比平原地区要复杂多样，建造难道相对较大。由于地形地貌的差异，我国各地乡村居住及其环境呈现出形式多样、风貌各异的状况。

（3）生产力水平差异

我国各地乡村生产力发展水平差距较大。将我国各省市城乡居民收入进行横向比较，可以更明显地看出东、中、西部地区的居民收入差距呈现阶梯式格局。总体上看，东部地区乡村的农民人均纯收入要普遍高于我国中部地区和西部地区。其中，西部山地丘陵地区的乡村农民人均纯收入水平，基本在全国平均收入水平线之下。由于生产力水平差异导致的各地经济发展水平的差异，在各地乡村居住建设方面呈现出较大差距。这些差距反映在乡村居住建设水平、住宅建筑标准、市政基础设施配套等各方面。

（4）文化差异

文化差异也是影响我国各地乡村居住类型差异和空间多样性的又一个重要因素。即便是在同样气候条件、地形条件、生产力水平、经济发展程度下的乡村，由于当地居住文化差异，乡村居住类型、空间格局和建筑风貌上也迥然不同。例如，一些少数民族村寨，由于信仰和习俗不同，在乡村居住公共空间组织类型上具有各自的特征。我国长期封建社会宗法制度下的等级秩序思想，影响了诸如典型合院（如三合院、四合院）轴线和院落的布局方式，融合传统“风水”理念的要素，使得乡村居住格局具有一定的内在逻辑关联。

# 第 2 节　乡村住区选址的主要关联因素

## 2.1　乡村住区合理选址的重要性

回顾我国乡村住区发展的历史，由于受到自然灾害的侵袭，例如洪涝、山体滑坡等，一些原有的乡村住区已经被损毁，或者由于战火等人为灾害的影响，一些乡村住区已经消失，而那些保留至今整体完好的乡村住区，它们在合理选址方面具有

朴实的科学思考。因此，科学、合理地进行乡村住区的选址，以满足村民的产业经济、社会文化和物质环境的可持续发展，成为乡村规划建设的重要基础。

## 2.2　空间环境因素与乡村住区系统相互影响

空间环境既有为乡村住区提供场地支撑作用，又是限制其发展的制约因素。

（1）地质条件关系农村居民安危

当前乡村住区多是自发选址，对地质情况缺乏深入勘探，且预警应急设施不完善，故地震发生时，多造成重大人员伤亡和财产损失。如，四川成都彭州大坪村位于山路边空地，在“5・12”汶川大地震中全村被埋。农村也是崩塌、滑坡、泥石流灾害的主要发生区域。随着自然环境的变异和人为活动的影响，发生频次和造成损失增多，范围扩大，且极易形成崩滑流灾害链。

（2）地形条件直接影响乡村住区建设实施

乡村住区建设实施受地表条件直接影响，主要表现为地形地貌。地形地貌是乡村住区存在和发展的基础，也是影响乡村住区建设用地选择与内部活动组织的重要因素。尤其是山区地形对乡村住区选址的约束更为突出，地形通常以地面坡度和相对高差等因素加以界定。坡度过大不利于乡村住区建筑的建设和各种生产生活活动的组织，平均地形坡度25°以上不宜建设；而坡度过小则不利于地表水的排泄和排水管线的建设，平均地形坡度不宜小于0.2°。

（3）水文条件对农村居民安全产生影响

乡村住区的水文条件主要体现在水源保护和洪涝调蓄两个方面。我国大部分农村水源地没有相应保护管理措施与水质预警实时监测体系，生活污水、养殖畜禽粪便、工业废水等无序排放污染水源，增加净化成本，直接或间接影响饮用水源水质。近年来，水库大量截留，势能不足，河道淤塞，湖荡萎缩，积水没有出路，加上全球气候变暖、灾害性极端性天气频繁出现，造成原先处于河道两旁的村庄大面积受淹，居民生活受到威胁。

（4）气候条件变化影响农村生产生活

农村是气象灾害防御的薄弱地区，农业是受气候变化影响严重的脆弱行业，农民是最需要提供专业气象服务的群体。农村粮食生产所需要的阳光、温度、水资源等与气候条件密切相关，农业生产合理布局调整能够解决气象灾害防御的问题，而产业的布局将影响乡村住区的选址。

（5）生态环境保护区是乡村住区选址的禁建区

生态敏感地区生物多样性丰富，是对建设项目的污染因子或生态影响因子特别敏感的区域。选址应避开直接影响资源保护、生态环境以及保障乡村住区要求的要素，或应采取相应的防护措施。生态敏感地区主要包括自然保护区（核心区和缓冲区）、

风景名胜区（特级保护区和核心区）、生态功能保护区、公益生态林地、湿地保护区、森林公园、地质公园、种子资源地和古树名木生长地等。

## 2.3 产业发展决定乡村住区选址的必要前提

产业经济发展是促进乡村住区整理和选址的先决条件，第一产业和第二产业的发展是保持乡村住区稳定持续发展的根本动力。我国农村生产方式正逐渐转变，原有生产要素组合结构发生变化，如农业土地利用集约化等。同时，涉及国家粮食安全的耕地保护也面临挑战。

（1）农业生产用地逐渐走向集约化

现代农业是我国农业发展的必然趋势，也是我国农业参与国际市场的必然要求。农业经营单位只有达到一定单位规模时，才能发挥农业机械和现代化种植方式的作用，大幅提高农业劳动生产率，最终实现农业现代化。我国十七届三中全会提出对农村土地流转方式进行探索。流转之后，土地将向种田大户集中，逐步变成大农场模式。社会组织结构规模化将促进农业生产的集约化。农民新型合作组织等农业社会化服务体系的完善，促进农业的产业化、规模化经营。

（2）耕地红线和质量面临挑战

进入21世纪，人口增多，耕地减少，人民生活需求水平提高，保持农业可持续发展首先要确保耕地的数量和质量。我国现有人均耕地仅占世界人均耕地的1/4。耕地被建设用地侵占和撂荒现象严重，有效面积面临挑战。快速城市化过程中，大量农民选择到城市工作，农村“老弱病残”人口留守，缺少中坚农村劳动力，造成土地撂荒。乡村住区建设占用耕地迅猛。耕地红线能否坚守关乎我国粮食安全，而耕地质量的下降也是农业生产的一大挑战。农村土壤退化未得到有效遏制，突出表现在城市污染渐向农村转移、农村污染治理基础相对薄弱、化肥施用量逐年增加等方面。

## 2.4 农民生活质量体现乡村住区选址水平

（1）劳动力流出造成乡村住区人口规模缩小

作为社会存在的基本要素，人口规模对农村的分布产生重要影响。乡村住区人口规模大，对社会公共服务设施和工程基础设施的需求强烈，易形成规模经济效应，集中配置有利于建设成本的节约和土地资源的集约利用。城镇化水平逐年提高，农村社会流动性增强，社会结构发生深刻变化，劳动力结构变化明显（图5-2-1）。

1980年代城乡差距缩小，而到1990年代城乡差距开始逐渐扩大，进入21世纪收入和消费水平的城乡差距呈现愈加扩大趋势（图5-2-2），新型城镇化推进阶段，

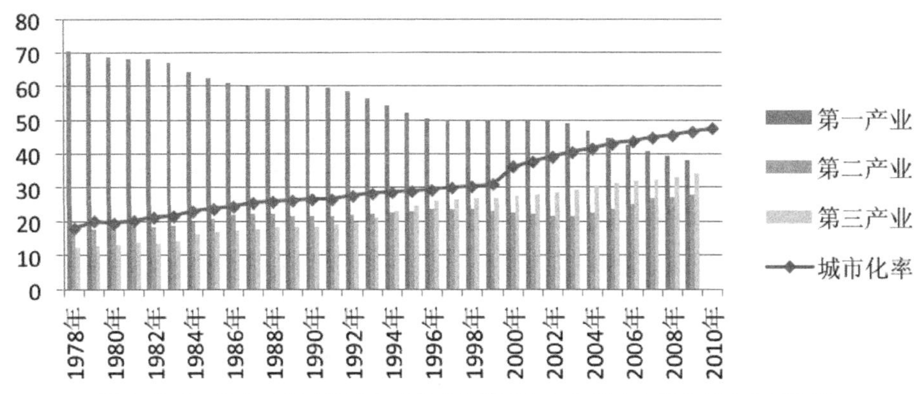


图 5-2-1　1978-2010 年城市化率变化情况及三次产业人员占就业人员比重

数据来源：中国统计年鉴 2010.

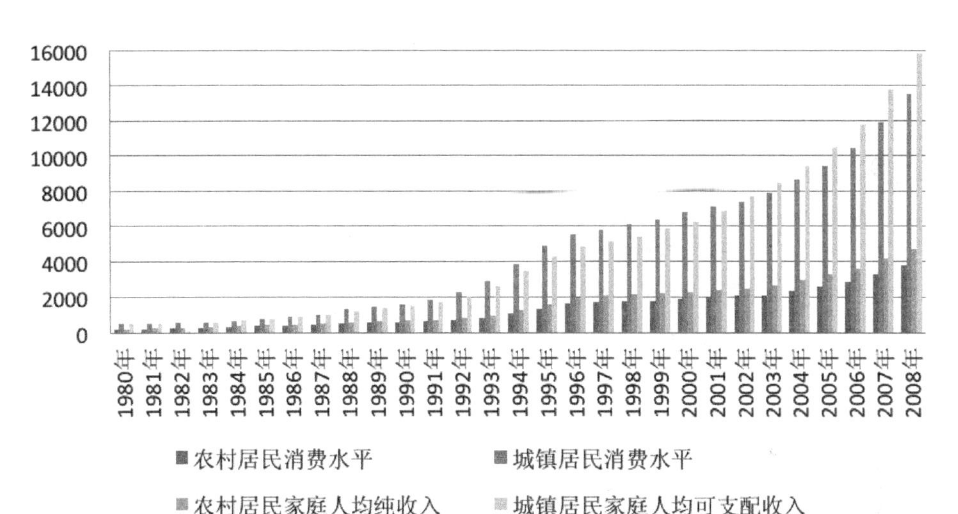


图 5-2-2　1980-2008 年农村居民和城镇居民消费水平对比图及农村居民家庭人均纯收入和城镇居民家庭人均可支配收入对比图

资料来源：中国农村统计年鉴 2009.

劳动力结构将在一定时期内保持原有趋势，即第一产业劳动力逐渐向第二产业和第三产业流动，其流动带来的直接后果是农村人口规模的减少和部分农村的凋敝。

（2）宅基地闲置造成土地粗放利用

我国农村居民点用地实行“无偿、无限期、无流动”的使用制度，农户建房随意性大，住区规模外延扩张，导致农村居民点人均、户均占地超出标准，一户多宅状况，以及“空心村”产生，造成土地利用粗放，土地资源极大浪费。乡村住区选址是对宅基地使用状况的梳理，实现对农村宅基地的存量盘活。

（3）公共事业设施供给不足

农村公共事业包括教育、科学、文化、卫生和体育等社会事业，以及通信、邮电、水、电、燃气等公用事业。其配置状况关系到村民基本生活质量和农村生产发展水平。

目前，突出问题是供给不足和管理落后，设施配备亟待集约完善。

1）教育设施服务质量与服务半径的矛盾日益突出

因城市公共服务设施及社会保障体系未能全面覆盖外来务工者子女，很多中青年父母进入城市，留守儿童在情感上遭受的负面影响可能抵消父母在外打工带来的消费等潜在收益。2005年，全国农村留守儿童约5800万人，其中14周岁以下的约4000万人，近三成家长外出务工年限在5年以上，教育问题频现[9]。由于部分适龄儿童随父母到工作地就学，学校生源减少，任课老师流失。为保证教学质量，一些村庄小学被取消，集中到较大学校去读书。符合城市中小学服务半径标准（小学不宜大于500米，中学不宜大于1000米）的农村比例占43.6%和32.4%（图5-2-3）。教育设施空间可达性指标全面反映教育设施的空间分布特征，鉴别资源分配较薄弱的区位，是乡村住区选址中设施和资源分配的重要依据。

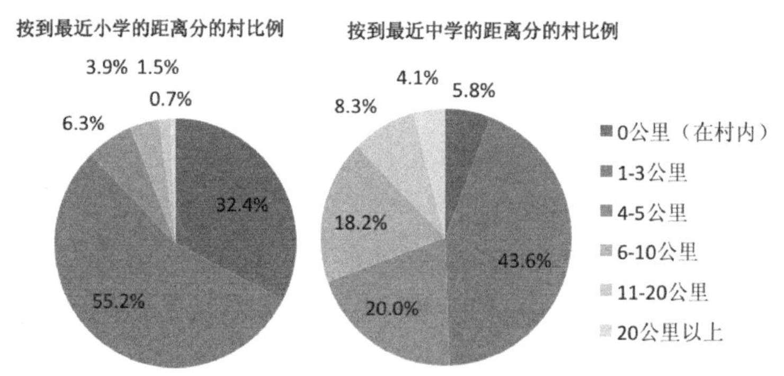


图5-2-3　按到最近小学和中学的距离分的村的比例

资料来源：第二次全国农业普查主要数据公报（2008年）.

2）医疗设施资源有限

新型农村合作医疗制度参合率历年稳定在95%以上，农村卫生服务体系正在健全，农村医疗卫生服务能力得以提升，农村社会保障制度正逐步建立。但由于在国民收入再分配中处于不利地位，农村人口仅拥有全国20%的卫生资源，与实现城乡基本公共服务均等化的要求还有一定距离。居住区级医院的服务半径一般为800–1000m，在农村距离医院或卫生院3公里以内的村庄仅占半数（图5-2-4）。

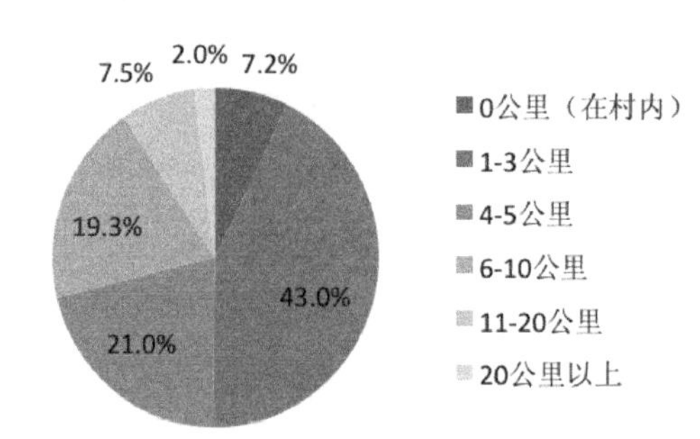


图5-2-4　按到医院、卫生院的距离分的村比例

资料来源：第二次全国农业普查主要数据公报（2008年）.

3）养老设施规模严重不足

我国农村人口老龄化程度已达到15.4%，比全国平均水平高出2.14个百分点。根据民政部的数据，农村留守老人约4000万，占农村老年人口的37%。农村人口老龄化具有

人口基数大和速度快等特点，家庭养老模式难以为继，迫切需要社会养老补充完善。许多乡镇仅有一个养老院，设施陈旧，服务落后，缺乏政府投资和专业服务人才。同时，第一代外出打工的农村居民并未完全获得城市的接纳，当他们老去时，仍然选择回原住地养老。而现在城市中很多老年人为了更加生态的环境，选择去乡村养老。因此，养老设施面临巨大缺口。老年养老设施的完善程度将作为乡村住区选址的评价依据。

4）生活垃圾收集处理设施匮乏

农村生活方式和水平都在逐渐与城市接近，产生大量生活垃圾缺少必要的回收处理设施，导致大量垃圾无法处理，到处堆积，造成严重污染。

5）重大工程设施防护范围模糊

重大工程设施主要指区域性基础设施，特指建设后不易变更、管理较少的设施，部分具有后发建设的特点，因此对乡村住区的作用影响未得到协调论证，而乡村住区自发建设过程中可能对重大工程设施造成危害。

（4）道路交通系统防护与完善

对外交通是农村产业发展至关重要的影响因素，不仅给农村对外交流提供便利，也是农村发展外向型经济的基础。对乡村住区选址产生较大影响的主要是过境交通道路，通过区域交通基础设施为媒介与城市产生联系。调查数据显示存在部分村庄到区域交通基础设施如车站、码头等距离较远，出行不便（图 5–2–5）。

乡村住区的公路建设普遍化，通公路的村庄占 95.5%，通公路的自然村占 82.6%。由于公路的外部经济效应，且缺少规划，我国农村紧靠公路建设现象普遍，给乡村住区带来方便的同时，也带来诸多危害，如妨碍防灾时救援通道的作用等。因此乡村住区除在已批道路红线内禁止建设外，应退避道路红线一定距离。

（5）农村文化遗产保护迫在眉睫

我国农村是农业文明最丰富的留存地，在乡村住区选址过程中，空间环境品质面临整理更新，在新建过程中造成的千村一面现象，无法满足当地居民真实的需求，文化符号被简单装饰在建筑和景观上，而记忆、传统、惯例、工艺和民俗等非物质

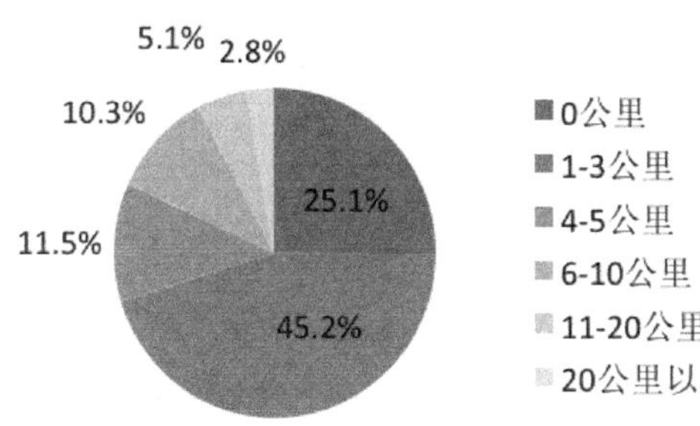


图 5–2–5　按到最近的车站、码头距离分的村比例

资料来源：第二次全国农业普查主要数据公报（2008 年）.

文化大多遭到忽视。在选址过程中，非物质文化遗产一方面可能获得了发展的机会，另一方面也受到了极大的威胁。从世界范围进程来看，当城市化达到一定水平时，会出现逆城市化现象，部分城市居民重返乡村生活，把消费农业文明和农村文明作为一个选项，所以当前的农村建设应考虑未来的逆城市化需求。城市文明越发达，农村在逆城市化出现的环境下就更具有消费价值。人文环境的传承是农村社会文化延续的基础。作为人类文明共同遗产的文物保护区及更大范围的人文环境要求选址过程中予以重点保护和关注。

## 2.5　乡村住区选址及评价特征与影响因素

乡村住区选址应建立乡村住区选址及评价特征与影响因素之间的对应关系。表5-2-1 列出了其中 22 个影响因素，它们分别包括定性和定量因素。

**乡村住区选址及评价特征与影响因素　　　　表 5-2-1**

| 特征 | | 影响因素 |
|---|---|---|
| 空间环境 | 地质条件关系农村居民安危 | 地质条件 |
| | 地形条件直接影响乡村住区建设实施 | 地形条件 |
| | 水文条件对农村居民安全产生影响 | 水文条件 |
| | 气候条件变化影响农村生产生活 | 极端气候出现频率 |
| | | 空气质量 |
| | 生态环境保护区是乡村住区选址的禁建区 | 生态敏感区 |
| 产业发展 | 农业生产用地逐渐走向集约化 | 农业生产用地集约度 |
| | | 耕作半径 |
| | 农村经营主体呈现兼业化特征 | 当地非农就业率 |
| | 耕地红线和质量面临挑战 | 耕地安全 |
| | | 土地退化程度 |
| 农民生活 | 劳动力流出造成乡村住区人口规模缩小 | 建设用地集约度 |
| | 宅基地闲置造成土地粗放利用 | 建设用地集约度 |
| | 公共事业设施供给不足 | 教育设施的可达性 |
| | | 医疗设施的可达性 |
| | | 供水设施的完善程度 |
| | | 环卫设施的完善程度 |
| | | 重大工程基础设施防护范围 |
| | 道路交通系统的防护与完善 | 道路红线退让 |
| | | 对外交通是否便利 |
| | 农村居民话语权的缺失 | 公众参与度 |
| | 农村文化遗产保护迫在眉睫 | 文物保护区 |
| | | 人文特色是否得以保留传承 |

# 第3节 乡村住区合理选址的评价指标

乡村住区合理选址，是从人的需求出发来考虑村庄发展，以马斯洛的“需求层次论”为基础，结合世界卫生组织关于健康的四项标准——安全性、便利性、保健性和舒适性，并将可持续理念融入其中，力求客观全面。建立乡村住区选址的评价指标，即安全、生态、集约、舒适宜居和可持续发展五个方面指标。

## 3.1 安全性指标

安全指标指乡村住区选择避开外界自然环境和人工环境可能存在的威胁、危险和危害，保障农村居民的基本生存发展权利，同时不对其他环境造成威胁，是乡村住区选址的底线，在选址中要予以前提式考量。

## 3.2 生态指标

生态指标指乡村住区生存和经济发展方式充分考虑自然生态环境的规律和特点，合理利用自然环境，防避不良因素，做到人与自然的和谐平衡和良性循环，是乡村住区选址的基本要求，对环境影响深远，如果未得到重视，可能付出几代人的代价，因此选址中予以预警式考量，见表5-3-1。

乡村住区选址的生态要素一览表　　表5-3-1

| | 评价指标 | 说明 | 建议定量数值或定性条件 |
|---|---|---|---|
| 1 | 空气质量 | 取决于建设区域发展密度、地形地貌和气象等 | 避免选址于二、三类工业的下风向以及山地背风坡，距离污染工业的防护距离为800米 |
| 2 | 土地退化程度 | 水土流失、土地荒漠化或土地盐渍化、海水入侵等危害程度，严重制约农业生产的发展，如北方土地“沙化”和南方土地“石化” | 乡村住区选址避免在水土流失、土地荒漠化或土地盐渍化、海水入侵等地区 |

## 3.3 集约化指标

集约指标指通过乡村住区的选址能实现有限土地资源的合理配置，提高土地利用效率，是当前我国乡村住区选址的关键要求，见表5-3-2。

集约指标一览表　　表 5-3-2

| | 评价指标 | 说明 | 建议定量数值或定性条件 |
|---|---|---|---|
| 1 | 建设用地集约度 | 以土地利用程度和土地利用效率来衡量 | 提高优化土地利用效率 |
| 2 | 农业生产用地集约度 | 充分发挥农业现代化的效能 | 适宜规模化生产 |

## 3.4 舒适度指标

乡村住区的舒适宜居程度主要评价农村公共事业设施的供给水平。提高农村居民生产生活质量是农村发展以人为本的原则所在，因此在选址中要予以重点考量，见表 5-3-3。

舒适宜居指标一览表　　表 5-3-3

| | 评价指标 | 说明 | 建议定量数值或定性条件 |
|---|---|---|---|
| 1 | 教育设施的可达性 | 在保证教育规模和师资投入的基础上，尽量缩短上下学距离 | 小学不宜大于 500 米；中学不宜大于 1000 米 |
| 2 | 医疗设施的可达性 | 到最近的医院、卫生院的距离 | 距离医院或卫生院 3 公里以内 |
| 3 | 供水设施的完善程度 | 乡村住区选址的人均水资源量应不低于国际公认的用水紧张警戒线；保证主要水源供水率 | 1700 立方米；95% |
| 4 | 环卫设施的完善程度 | 垃圾处理设施完备 | 在垃圾处理场防护范围之外 |

## 3.5 可持续发展指标

我国农村仍将与城市长期并存，因此在选址中要予以长远角度考量。可持续发展指标指乡村住区对土地和空间的选择中，注重乡村住区未来发展需要，为土地和空间的有序增长留有余地，使得乡村住区的经济发展、社会发展和空间环境的发展相结合，是乡村住区选址的长期要求，见表 5-3-4。

可持续发展指标一览表　　表 5-3-4

| | 评价指标 | 说明 | 建议定量数值或定性条件 |
|---|---|---|---|
| 1 | 非农就业率 | 全国将近 5 个亿的剩余劳动力的非农就业问题 | 促进各种职业分工农民的就近就业问题 |
| 2 | 对外交通方便 | 为乡村住区生活提供便利，为经济发展奠定坚实基础 | 尽量临近而不骑越区域交通基础设施，通常以步行小于 15 分钟到达区域交通设施为宜 |

续表

| | 评价指标 | 说明 | 建议定量数值或定性条件 |
|---|---|---|---|
| 3 | 人文环境传承 | 尊重地域性宗教信仰，保护地方特色，维护民间文化多样性 | 反映地域村庄布局特征，尤其是注意宗教因素 |
| 4 | 村民公众参与 | 社会分层、公众需求多样化、利益集团介入情况下的协调对策，强调公众的参与、决策和管理 | 构建透明信息平台公众行使话语权，利益攸关方参与决策 |

# 第4节　村庄合并规划

## 4.1　基本背景与一般对策

村庄的空间分布是农业社会历史进程的结果，受自然、社会、经济多种条件的作用，适应当时、当地的生产方式、生活方式。1980年代开始，计划经济向市场经济转变，对外开放，国内社会、经济各领域均发生了深刻变化，村庄分布受到城镇化、农业现代化的剧烈影响。农业现代化是农村劳动力剩余，工业化、城镇化吸纳农村劳动力向城镇转移，农村人口总量持续减少。以家庭为单位的联产承包责任制逐渐向专业化、大规模的生产方式迈进，要求扩大种植、养殖单元，产业分工细化、深化，相互协作变得灵活、交错。生产方式的转变允许村庄布点减少，集中居住可以提高农民的生活质量，这一趋势在人口较稠密、农业相对发达的地区比较明显。减少村庄、合并村庄已经成为地方政府的普遍设想。

减少村庄、合并村庄，必须使部分农民发生迁移，实施规划要比编制规划难得多。常见的阻力至少来自4方面。①搬迁成本。在新的居住地建新房要资金，原有宅基地拆除后复垦也要资金，付出的成本不能很快获得回报，农民不会有主动性，地方政府还要财政投入，和城镇扩展的动力机制明显不同。②耕作距离。虽然，机械化允许耕作距离更远，但是逐渐变化的，搬迁却是突然的，耕作距离突然变长，生产劳动条件变差，受影响的农民会持消极态度。③宗族关系。自然形成的村庄布局往往受当地的宗族关系影响，重组居住地点，可能会引发宗族矛盾，形成村庄合并的阻力。④宅基地利益。按目前的土地管理法律法规，具有本地户口的农民就可以分配土地，自建住房，这类土地称宅基地，有长期居住权，虽然不能自由交易，但是可以私自出租。很多到城市务工、经商的农民不愿意放弃宅基地而不要城市户口，除了将来可以自己居住，也可能出租获利，或者等待土地征用、动迁获利。

大规模村庄搬迁的实施难度很大，某些村庄的一次性搬迁往往是外部特殊条件

导致，例如，城镇用地范围扩大而征用附近的农田、宅基地，重大基础设施建设而搬迁部分村庄，发生自然灾害，为了避灾、减灾，将村庄搬迁到相对安全的地带等。不考虑外部特殊条件，渐进式的村庄合并，实施难度会变小。所谓渐进式，按规划将村庄分为聚集村、消亡村，在各种鼓励措施或偶发因素的激励下，消亡村中的农民逐渐迁移到聚集村，但是不要求一步到位。常用的鼓励措施有：基础设施、公共服务设施的配置、运营向聚集村倾斜，旧房、危房改造有财政补贴等。偶发因素有：承包土地的流转、置换，农业专业化分工等。

## 4.2 已有聚集村选址方法综述

聚集村的选址是村庄布点规划的关键。一般村镇体系规划，有中心村选址要求。在不同条件下，中心村、聚集村可能有差异，在这里将它们同等看待，不做特别的区分。中心村的选址、评价方法众多，可以大致归纳为三类 7 种。

第一类：村庄自身条件评价法。可进一步分为：①搬迁费用取低法；②多准则空间叠合评价法（刘英，2008）；③多指标综合评分累加法（李建伟，2004）；④前述三种方法的组合（王恒山、徐福缘、凌佩雯等，2000）。

第二类：空间相互关系分析法。主要包括：①耕作距离配置法（陶冶、葛幼松、尹凌，2006，叶育成、徐建刚、于兰军，2007）；②服务设施选址法。

第三类：原则标准选择法（曹大贵，2001）。

上述方法有各自的优点，此处主要讨论他们的局限性。

（1）搬迁费用取低法。根据一般应用效果，村庄规模是搬迁费用的主导因素，一般结果是保留大的，撤销小的，保留多少、撤销多少、搬迁到什么位置，要靠别的办法解决。

（2）多准则空间叠合评价法。当自然、区位条件在空间上差异较明显时，该方法就能发挥作用，如果将资源、环境条件放在重要位置，容易出现条件好的地方，保留、聚集的村庄多，条件差的位置，撤销、消亡的村庄多。

（3）多指标综合评分累加法。和方法（2）类似，但是资源、环境条件并不一定起决定性作用，一般根据当地当时的情况，先确定评价准则，有关评价指标，对每个村庄评分，再按权重累加，该方法在各行各业用得很普遍。如果资源、环境因素过于突出，容易出现空间分布不均衡问题，如果很多村庄的评分结果比较接近、差距不大时，如何选出聚集村，会有困难，另外，不同指标的权重如何确定，存在一定的主观性，容易产生争议。

（4）耕作距离就近配置法。该方法主要是为了防止居住在聚集村的农民耕作距离太远，一般做法有两种：一是在规划区域内部划分若干空间单元，计算每个单元

内村庄和耕地之间的距离，对不同的聚集村选址作比较，平均耕作距离较近的入选；二是在靠近空间单元形心位置的附近选择聚集村。这两种分析往往假设一个空间单元内只选一个聚集村，如果空间单元的形态、数量发生变化，聚集村的位置、数量也就随之发生变化。因此会出现很多方案，相互比较的工作量会非常大。而且，如何划分空间单元，也会出现争议。

（5）服务设施就近选址法。该方法和方法（4）原则上一致，选址的目的是使农民到达服务设施的距离较近，因此空间单元如何划分、聚集村数量多少合适，对规划方案的产生、评价有很大影响。

（6）原则标准选择法。该方法先设定若干原则，符合原则的村庄就入选聚集村，不符合的就不入选。如果考虑的因素较简单，往往要在特定条件下，针对特殊个案。如果要考虑的因素较多，等于将前述两大类方法组合，要经详细分析，才能确定原则标准，因此本方法也可看成是前述各种方法的汇集、折中，凭规划人员的经验灵活把握。

## 4.3 “潜力评价 + 布局优化”的规划方法

基于上述各种典型方法，提出“潜力评价 + 布局优化”的规划方法。该方法首先是为了贯彻渐进集聚模式，其次是适当避免前述方法的短处，吸取他们的长处。

### 4.3.1 发展潜力评价

运用多指标综合评分累加法、多准则空间叠合评价法，对各村庄的自然条件、经济水平、空间区位、人口规模、村庄密度、基础设施进行单项评价、按权重累加，得到各自的发展潜力综合评价指标，发展潜力明显偏大、偏强的村庄优先纳入聚集村，发展潜力明显偏小、偏弱的村庄优先纳入消亡村，评价指标处于中游水平的，作为待定村，在后续布局优化时，再从中选出聚集村。潜力评价方法相对传统，和前述的方法（2）、方法（3）原则相同，部分吸取了方法（1），明显的不同之处是仅仅将优势、劣势相对明显的村庄选出，所有村庄分为三类（集聚村、待定村、消亡村）而不是两类（没有待定村）。

### 4.3.2 空间布局优化

布局优化的依据有两类：①耕作距离；②公共设施服务距离。分析目的和前述的方法（4）、方法（5）类似，实现的技术明显不同。本项研究采用了选址—配置模型（Location-Allocation Model，简称 L-A 模型），不需要人为划分空间单元，对聚集村的空间位置进行整体优化，潜力评价阶段已经确定的优势村、薄弱村也参与其中，

只是身份不同、优化过程中发挥的作用不同，和前述的方法（4）、方法（5）相比，计算结果相对精确、可靠。

确定了聚集村，政府可以集中力量，投入基础设施，配置公共服务设施，针对薄弱村，农民要改造住宅时，政府也可提供迁入聚集村的优惠条件，加速薄弱村消亡、优势村成长，多项政策共同体现拉力、推力，使农民的居住地逐步集中，逐步实现村庄合并。

## 专栏 5-1　选址—配置模型简介

选择空间位置、配置空间资源，涉及对象众多，领域广泛，也是城乡规划的基本功能（Church，1999，叶嘉安、宋小冬、钮心毅等，2006，第 7 章）。选址—配置模型（Location-Allocation Model，简称 L-A 模型）主要解决设施供应方和需求方的空间关系，除了对设施的选址，还要配置服务对象，既要优化设施的位置，也要优化所配置的服务对象。选址与配置模型有若干常用的优化目标，也有对应的制约条件。

首先，需要定义供需关系，需要为供应方进行位置选择，为需求选择供应方，并考虑交通联系；其次，该模型优化目标和约束条件主要有平均服务距离最短、最远距离最短、覆盖范围最大、设施数量最少、容量限制、市场占有量最大等分析要素。

选址—配置的目标是得到最优解，如果采用精确枚举方法，对所有可能的选址、配置方案逐一比较，选出最优，即使依靠高性能的电子计算机，也因计算时间过长而无法做到。目前用得比较普遍的是启发式近似算法（approximate heuristic algorithms），虽然该类方法不能保证得到最优解，但是因计算速度快，适应范围广，近似效果可接受而得到推广。

利用 L-A 模型确定聚集村的数量、位置，主要考虑因素为农田耕作距离、公共设施服务距离两项，本例确定的优化目标有设施数量最少、平均距离最短两类。按上述的单因素、单目标考虑，可能产生（2×2=4）类优化方案，一旦有关参数变化，方案数量还会成倍增加，对此，规划人员要凭经验鉴别、采纳。后续案例主要按如下原则考虑：

传统村镇体系，按二级结构配置村庄，分基层村、中心村，基层村中有聚集村、迁出村，中心村是高一个层次的聚集村。如果按一级结构配置，聚集村等同于中心村。耕作距离、公共设施服务距离的关系，优先考虑耕作，因为从长计议，被服务人口不断聚集，服务距离的总量自然缩短，但耕作地点自身无法改变，只有通过合理配置来防止距离过长。服务距离最短和服务设施最少，本研究优先考虑设施最少，即中心村、聚集村最少有几个，同时兼顾服务距离最短。

## 4.4 “潜力评价 + 布局优化”在村庄合并中的应用

以河南省临颍县台陈镇的村庄规划为例，该镇位于河南省临颍县西南部，经济发展水平处于全国中游，属典型的平原、农业地区，没有大河，有一般等级公路，工业薄弱，农业发达，种植业为主。现状调查时间为 2008 年，镇域面积 73.6 平方千米，2007 年户籍人口 6.3 万，镇域西部因地势低洼，雨季有内涝，不适合居住，没有村庄。镇域人口密度、村庄密度较高。镇区位于台陈村，共有 34 个行政村，其中两个村因地势低洼，辖区内没有村民居住，有 107 个自然村，每个自然村的平均户籍人口 600 人左右（外出打工人口暂不考虑）。除了镇政府所在地有 3500 人居住，没有其他明显偏大的集镇，镇和村之间规模差异明显，等级鲜明。按常规，规划的农村居民点体系分为三级：镇、中心村、基层村。

### 4.4.1 村庄发展潜力评价

以 32 个有村民居住的行政村为单位，评价指标有 8 大项。部分指标还要进一步细分，每项指标的权重用层次分析法（AHP）中的成对比较法解决，经一致性检验后，再对分项指标按权重累加。指标明显偏高者纳入预选村（共有三个：台陈、王曲、邓庙），指标处于中游的作为待定村（20 个），有待进一步选择、优化，指标明显偏低的不进入参选村（9 个），不纳入选址对象（表 5-4-1、表 5-4-2、图 5-4-1），可称为消亡村。现实中，每个行政村内部都有一个规模明显偏大的自然村，下一步计算时也就人为地将明显偏大的自然村对应为行政村。

行政村评价指标　　表 5-4-1

| 指标项 | 分项简要说明 | 权重 |
|---|---|---|
| 总人口 | 按户籍人口 | 0.15 |
| 经济总收入 | 当年农户总收入 | 0.23 |
| 公共设施 | 初中、小学、幼儿园、教堂、文化大院分别计分 | 0.06 |
| 有无缠会 | 相当于南方地区按农历的集市 | 0.33 |
| 基础设施 | 集中供水 | 0.04 |
| 耕地面积 | 按面积计 | 0.03 |
| 交通条件 | 离开国道、县道、乡道公路的距离 | 0.08 |
| 村庄集中度 | 每个自然村用形心点，按空间统计学方法，计算内部标准距离 | 0.07 |

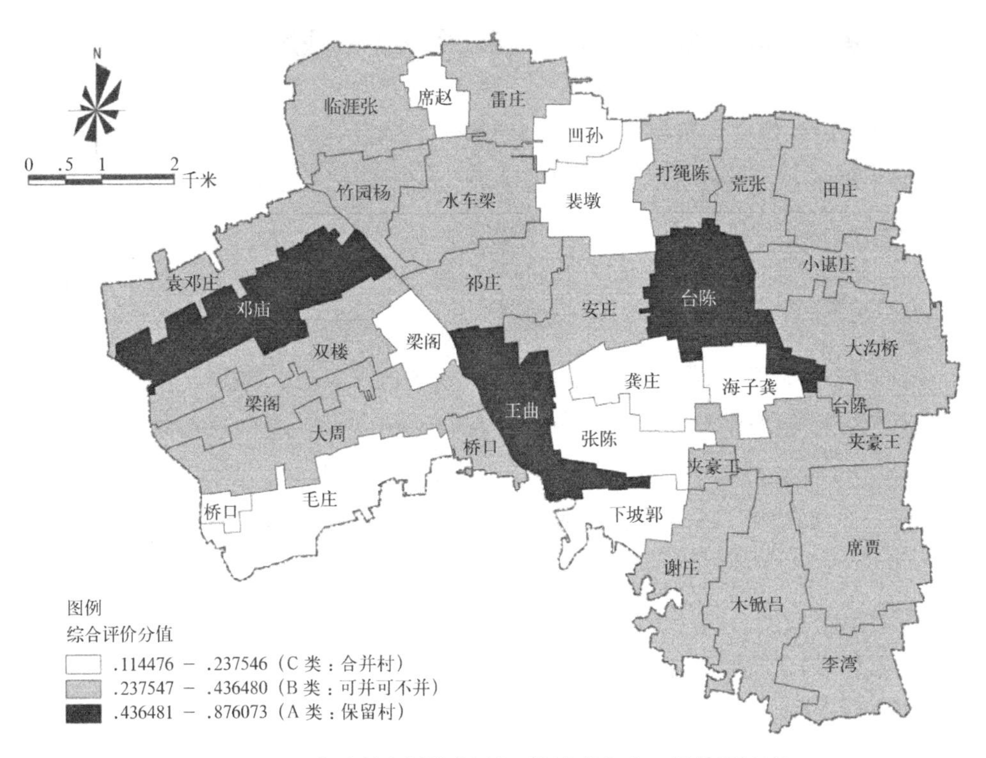


图 5–4–1 行政村发展潜力评价（深色指标高、浅色指标低）

**行政村预选方案** **表 5–4–2**

| 类别、数量 | 村庄名称 | 说明 |
|---|---|---|
| A 类：3 | 台陈（镇区）、邓庙、王曲 | 优势明显，预先选定为中心村 |
| B 类：20 | 临涯张、袁邓庙、竹园场、水车梁、雷庄、大周、桥口、谢庄、木锨吕、夹豪王、大沟桥、小谌庄、田庄、荒张、双楼、祁庄、李湾、席贾、打绳陈 | 指标中游，有待进一步优化、选择 |
| C 类：9 | 张陈、梁阁、龚庄、裴墩、海子龚、席赵、凹孙、下坡郭、毛庄 | 指标明显偏低，不纳入选择范围 |

### 4.4.2 中心村选址

当地政府考虑每个中心村可配置一所小学，随着农村适龄儿童总量减少，小学标准的提高，小学的总量将由现状的 17 所减少到 6–8 所，为此用上学距离作为约束条件，借助选址–配置模型，计算最少需要几所小学，每个自然村的人口作为设施的需求。服务距离上限选了三种：2500 米、3000 米、3500 米，分别得到三种小学布局，再用人数·距离总量最低为目标，小学数为 7 所，服务距离上限为 3000 米，进行校核计算，然后确定中心村为 7 个（表 5–4–3、图 5–4–2）：台陈、王曲、邓庙、雷庄、席贾、小谌庄、木锨吕。

### 4.4.3 基层聚集村的选址

因社会经济统计资料只能做到行政村这一级，发展潜力评价难以做到自然村，在确定了中心村的位置、数量，再选基层聚集村。按耕作距离上限，算出至少需要多少个基层村（即聚集村）能满足。32 个有村民居住的行政村中至少有一个为基层聚集村，对此，人为将每个行政村辖区内规模明显偏大的自然村优先考虑为聚集村（称必选村），其他自然村为待选村。当耕作距离上限为 1000 米时，61 个基层聚集村可以满足，耕作距离上限为 1200 米时，52 个基层聚集村可以满足，耕作距离为 1500 米时，42 个基层聚集村可以满足（由于 32 个已经预选，此时新入选的为 10 个，图 5-4-3）。镇域西部地势低洼，雨季积水，不宜定居，西部低洼农田无法满足耕作距离的上限。东北部有部分农田在行政辖区外侧，少数聚集村不得不选在镇区的边缘。

**基于小学配置的中心村选址** **表 5-4-3**

| 计算目标 | 约束条件 | 小学数 | 所在行政村 | 备注 |
|---|---|---|---|---|
| 用最少设施满足服务距离上限 | 2500 米 | 8 | 台陈、王曲、邓庙、雷庄、荒张、席贾、谢庄、大沟桥 | 极个别自然村不满足 |
| 用最少设施满足服务距离上限 | 3000 米 | 7 | 台陈、王曲、邓庙、雷庄、席贾、小谌庄、木锨吕 | 所有自然村均满足 |
| 用最少设施满足服务距离上限 | 3500 米 | 6 | 台陈、王曲、邓庙、水车梁、席贾、小谌庄 | 所有自然村均满足 |
| 人 · 距离总量最低 | 3000 米 | 7 | 台陈、王曲、邓庙、雷庄、席贾、小谌庄、木锨吕 | 对上述方案做校核 |

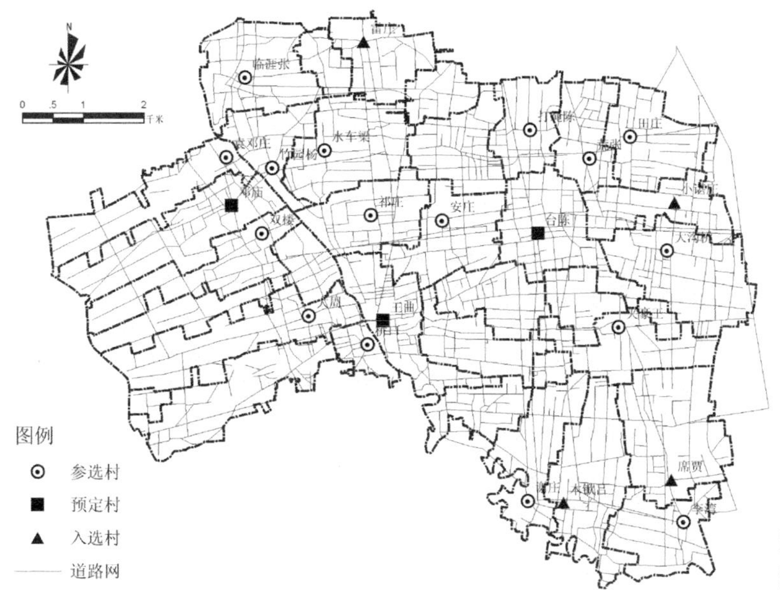


图 5-4-2 按小学配置中心村

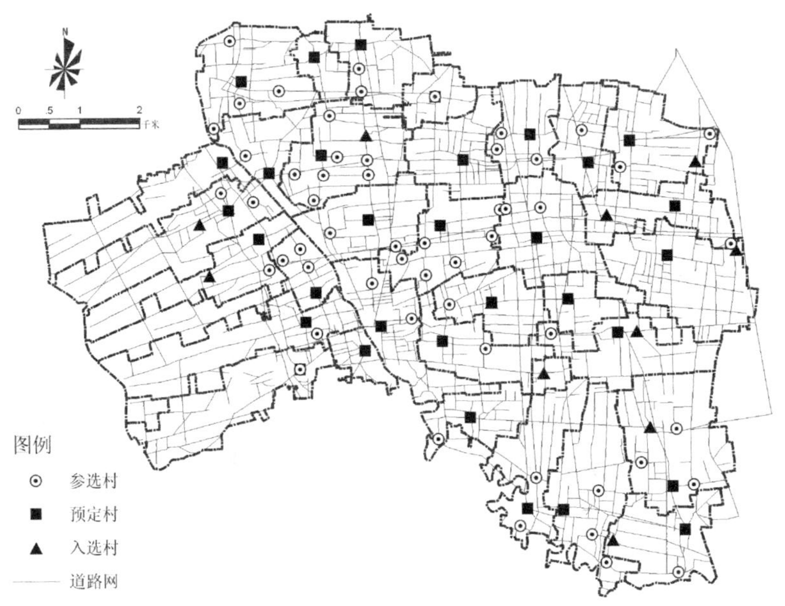


图 5-4-3 按耕作距离配置的基层聚集村

### 4.4.4 规划结果

经上述实验性分析，得到台陈镇的村镇体系结构为：一个镇，6 个中心村（在 33 个行政村中选出，不含镇），35 个集聚村（在 96 个自然村中选出，不含镇、中心村），有 54 个自然村为鼓励逐步迁出，促使消亡的对象。

## 本章思考题

1. 影响乡村生活圈的因素有哪些?
2. 乡村居住生活有哪些特点?
3. 为什么要“迁村并点”？

## 参考文献

[1] 李佐军 . 中国新农村建设报告 [M]. 北京：社会科学文献出版社，2006.

[2] 郭志伟，王喆，张亚雷 . 中国城镇化与村镇建设科技发展战略 [M]. 北京：科学出版社，2010.

[3] 王颖，杨贵庆 . 社会转型期的城市社区建设 [M]. 北京：中国建筑工业出版社，2009.

[4] 杨贵庆 . 乡村中国—农村住区调研报告 2010[M]. 上海：同济大学出版社，2011.

[5] 杨贵庆 . 农村社区—规划标准与图样研究 [M]. 北京：中国建筑工业出版社，2012.

[6] 曹大贵 . 镇（乡）域规划中村庄合并的方法与步骤 [J]. 小城镇建设，2001（3）：24–25.

[7] 李建伟，李海燕，刘兴昌．层次分析法在迁村并点中的应用——以西安市长安子午镇为例 [J]. 规划师，2004，20（9）：98-100.

[8] 刘英．湖南临澧县农村居民点时空特征及其优化布局初探．贵州农业科学，2008，36（5），169-172.

[9] 秦庆武．村庄兼并：现代化中的农村社会变迁——山东村庄兼并现象考察 [J]. 战略与管理，1996，（5）：23-30.

[10] 陶冶，葛幼松，尹凌．基于 GIS 的农村居民点撤并可行性研究 [J]. 河南科学，2006，24（5），771-775.

[11] 宋小冬，吕迪．村庄布点规划方法探讨 [J]. 城市规划学刊，2010（5），65-71.

[12] 王恒山，徐福缘，凌佩雯等．村庄布局决策支持系统研究 [J]. 系统工程学报，2000，15（3）：38-44.

[13] 徐全勇．中心村建设理论与我国中心村建设的探讨 [J]. 农业现代化研究，2005，（1）：48-52.

[14] 叶嘉安，宋小冬，钮心毅，黎夏．地理信息与规划支持系统 [J]. 北京：科学出版社，2006.

[15] 叶育成，徐建刚，于兰军．村镇布局规划中的空间分析方法 [J]. 安徽农业科学，2007，35（5）：1284-1287.

[16] 张军民．“迁村并点”的调查与分析—以山东省兖州市新兖镇寨子片区为例 [J]. 中国农村经济，2003，（8）：57-62.

[17] 赵之枫．城市化加速时期村庄结构的变化 [J]. 规划师，2003，19（1）：71-73.

[18] Church R. 1999. Location Modeling and GIS.in Longley P A，Goodchild M F，Maguire D J，Rhind D W. eds. Geographic Information Systems，Volume 1，Principles and Technical Issues. 2nd ed. Chichester：John Wiley & Sons. 293-303.

# 第六章　乡村公共空间与设施配置

## 第1节　乡村公共空间

公共空间的内涵及认知是一个历史发展的过程。一般而言，公共空间是不因任何个人或机构所特别占有的，人们通常都可以进入的空间，主要位于室外，也有出现在室内的情况。但严格意义上，公共空间又是一个不太容易界定的概念，特别是近些年来一些新的形式出现，使得界定更加困难，譬如一些公建甚至私有机构提供的有所约束的私有公共空间等。我们这里所讲的公共空间，更多的从宽泛的意义入手，指那些通常大众可以进入和利用的空间，譬如街道和广场等。

相对于城市人所熟悉的位于城市的公共空间，乡村公共空间的内涵，在没有经过充分讨论的情况下，可能更容易存在争议，

譬如，那些视觉上非常开敞的农田山林地是否是公共空间等，甚至包括一些通常向特定人群开放的祠堂等。我们建议从一般意义出发，将那些即使限定人群但却不限定具体个体的空间，都纳入公共空间范畴。这样一来，那些已经被承包的农田和山林就不属于公共空间，而祠堂等则可以纳入公共空间范畴。

乡村公共空间的种类多元，并且相比城市有着一些明显的不同。与城市更加注重公园绿地和广场不同，乡村公共空间存在着很多地方传统性的、非正式性的特征，需要在具体案例中多观察，譬如上述的祠堂及其通常配置的前场空地，以及戏台、场院、集市，甚至水井旁、小河边、村口大树下等，都可能是早已为村民所认可的长期存在着的公共空间。在这些空间，或者是某些更加正式的活动如祭祀、喜庆；或者是某些非正式性的如餐后、闲时等，人们形成聚集并开展一些有组织的活动；或者是一些看似没有组织的活动如闲聊等。甚至正是通过很多非正式的公共空间，乡村地区的各种信息得以快速传播。可以说，正是这些各种形式的公共空间的共同存在，支撑起了乡村地区生活和生产等活动的顺利运行，同时也构成了乡村地区的公共空间体系。

## 1.1 公共空间需求及类型

理解乡村公共空间，最为首要的是从需求出发。特别是国内不同地域的自然和发展状况差异很大，必然影响到对公共空间的需求。甚至可以说，如果不能从需求的视角去接地气的调查和分析，我们就很难正确把握特定乡村地区的公共空间需求。

从村民日常生活的特征出发，我们可以大致划分为生产性活动、生活性活动两大类型的公共需求，后者又可以进一步划分为大型集体性活动如节庆等，以及各种小规模参与和日常性的活动需求。但实际上，生产性活动需求和生活性活动需求也不是泾渭分明的，因为历史和现实的原因两者常常结合在一起，譬如，一些与生产活动紧密结合在一起的祭祀或庆典等仪式性活动。总体上，对于多元化的公共需求，我们可以大致从功能、频率、规模等方面进行简要梳理，便于理解由此产生的公共空间需求差异。

从功能的角度来看，对于乡村地区的生产和生活，应当紧密地结合在一起考虑，很多中国乡村地区的空间肌理，无论是生活空间还是生产空间，在很大程度上都受到两者间的紧密结合影响，譬如，长江中下游平原地区的水网及其带状庄台格局，华北广袤的耕地与较大规模的簇居村落，丘陵山区明显低密度分散分布的小村落等。平原种植业地区，因为灌溉以及其他一些如灭虫、兴修和维护水利设施等组织化的生产性活动，不仅影响了基本的生产空间格局，还因此为很多生产空间带来了公共空间特性，譬如，集体的粮食晾晒场地，嵌入耕地和园林地里的田坎地头，不仅满足了共同的生产活动需要，也常常成为人们各种交流的重要场所。更为常见和多样化的，则是满足生活服务需要的各类公共活动及需求，譬如，祭祀活动，以及日常

生活各种交流对于正式或非正式空间形式的需要等。

从频率和规模的角度，也可以较为清晰地对公共需求进行分类。从频率来看，可能是每天都有的公共需求，譬如村落共同取水的水井边、小河边，以及吃饭及饭后闲聊所需要的街巷或者村口村尾；也可能是几周甚至几个月一次但有着相对固定时间的集体活动，譬如广东和海南很多地方存在的社火、很多乡村地区都存在的定期集市、祭祀等活动，以及时间不固定具有偶发或者特定性的一些婚庆或殡葬等活动。在规模上，则可能是小组性的几户人家的公共活动，譬如饭间或者饭后的闲聊；也可能是较大规模的公共活动，譬如宗祠祭祀、婚庆、殡葬等。

此外，乡村公共生活同样多元而多彩，既有固定的、周期性的活动，也有临时的随机性活动。不同活动对应不同类型的公共空间，有时也会相互重叠。固定集中的公共活动需求如交易、祭祀、节庆等，促使集市、宗祠、庙街等公共空间的产生；临时性的活动如婚丧嫁娶常常占据一定“约定俗成”的场所，活动发生时这类空间作为公共空间，活动结束空间职能相应结束，甚至因此使得一些空间的公共性较为隐蔽而不易为进入村庄的外人所发现。

## 1.2 公共空间需求特性及阶段性

乡村公共空间常常是乡村地区长期发展所形成的，因此相比城市地区往往更具多样性，甚至显得不是特别正式，譬如没有正式的广场、公园等，这也使得初入乡村的外来人误以为乡村地区缺乏公共生活。实际上，大量看起来不是那么正式的地点，反而是乡村地区非常稳定的公共活动场所。譬如水乡地区的桥头、河边、码头边等，南方地区的村口大树下、茶摊处，甚至在一些地方，还曾出现过村庄尽管随着城镇化建设而消失，但原本用于承载村民特定公共活动的场所依然被长期“占用”的现象，由此导致特定时间里的特定路口等地点常常挤满了前来参与活动的村民的现象。如果不能对上述地点进行详尽了解和评估，并进行妥善处理，就可能出现规划或建设性破坏的现象。

另外，我们还要充分了解乡村公共空间同样并非一成不变，而是随着发展而变化，呈现出较为明显的历史阶段性，甚至因此在村民里也形成传统和现代活动的冲突。譬如传统村落里，常常较为完整的保留着一些宗祠、寺庙、戏台等传统公共空间，但现实是，由于长期的发展和人口流动，很多传统公共活动已经消失，造成这些传统公共空间的衰落。一些传统农业生产活动需要所产生的如荷塘水坝、洗衣码头、打谷场、晾晒空地、水井等，也可能因为农村生产生活方式的明显改变而失去现实意义。同样在很多乡村地区，一些传统计划经济时期所形成的场地或设施，如村办砖窑等工厂、集体食堂甚至露天电影场等，也因为时代的发展，或者发生功能性的调整而丧失公共性，或者已经沦为基本废弃的空间。

值得注意的是，新时代背景下，随着社会经济发展和现代技术的应用，乡村地区无论是生产方式和生活方式都已发生了很大变化，直接影响到对公共空间的需求。譬如电视和网络资讯技术的发展及应用，个人信息端的娱乐和消费活动大大丰富，使得很多年轻人的生活方式明显改变，甚至因此与传统公共活动脱节，譬如传统的饭后街头闲聊、周期性的社戏等，甚至转而需求如篮球等活动场地，以及随着旅游业出现而更加需求些具有经济性的戏剧化活动，这也直接影响到现实的公共空间需求，甚至造成村里年轻人与老年人直接的差异化需求。而国家推动的基本公共服务建设，又在乡村地区附加了具有托底性质的标准化的公共服务，并由此形成新的或者更新型的标准化公共空间及设施需求。

## 1.3　公共空间体系

公共需求的差异性，使得差异化的公共空间只有实现某种程度上的组合，才能更好地满足乡村地区的生产和生活需要。与人们所熟知的城市地区的公共空间通常所呈现的多功能多层级结构不同，乡村地区特别是村庄层面的公共空间，常常并不具备完整的层级特征，并且呈现出较为明显的功能混合性和空间非正式性特征。根据视角的不同，乡村公共空间或设施可以划分为不同类型，并因此导致体系表达的差异化。

譬如，与当前各地积极推进的乡村规划与建设相匹配，可以主要从其型构动力来源角度，划分为外来嵌入型和村庄内生型两大类型。前者即建设动力，主要来源于村庄外部如政府有关部门或一些社会组织，这类空间或设施通常具有标准化的特征，包括功能内涵和空间形式乃至运行方式等多个方面。较为常见的政府性建设，如村民健身中心和健身设施、文化大院、为农服务中心、卫生室等。随着近年来强化农村基本公共服务建设，更多的基于基本公共服务建设需要的公共空间和设施正在大规模推广建设。这些标准化的建设，确实发挥了多时间内改善乡村基本公共服务，提升乡村公共生活水平的作用，但现实中也存在着一些建非所需，使用率低下的现象。一些政府组织如非营利性组织或企业，近年来也在积极推进乡村地区的公共设施与空间建设，譬如一些地方已经推进建设的生态博物馆等，就属于这种类型。除了上述外来嵌入型建设，还有相当部分的公共空间和设施建设动力源于村庄长期自身发展所形成的需求及投入，譬如前述指出的那些传统公共空间，一些地区近年来甚至基于村民的力量恢复了久已停滞的公共活动如祭祀等。相比较而言，后者通常因为由村民需求内生而致，建成后的实际运行状况较好，但也可能因为集体性的盲目决策和建设而使用率不高甚至某种程度的破坏，譬如近年来很多地方兴起的祠堂建设乃至模仿或攀比性的大中型广场建设等，值得引起注意和反思。

还可以根据空间形态特征划分不同类型公共空间，譬如在乡村里较为正式且初步了解即可以较为清晰分辨场所的各类公共空间，如各类广场、集市、戏台、晒场等，以及空间边界相对模糊且面积不大的一些街头巷尾小空间等。此外，还可以从较为单纯的形状角度出发辨识，譬如一些水网地区的滨水带状空间，相对较为宽敞的主街巷空间，甚至经过村庄的一些公路沿线空间等，这些带形空间尽管可能并非正式的活动空间，但却成为乡村地区居民交往和联系最为重要的通道或场所，同时也是连接各类较为正式的公共空间及公共设施的通道，同样具有重要的意义。与带形空间相对的，则是一些分散的点状空间，或者相对较大而形成较为正式的公共空间，或者仅仅是在街巷边缘稍有放大，就常常成为乡村居民日常交往活动的正式场所。

最为常见，也是通常专业人员最为熟悉的，还是主要从功能层面进行的区分，譬如主要用于晾晒的场地、主要用于各类文艺活动的戏台等，以及主要用于体育活动的运动场地等。但是必须指出的是，乡村地区公共空间的功能属性，一个最大的特征就是混合性，譬如晾晒场地，平常也常常作为聚会或者运动休闲等空间，甚至宗祠等也较为常见作为一些日常文化活动空间，传统上也常见用于教学等用途。相比城市通常具有符号性、规整性特征的公共空间，乡村地区由于熟人社会的原因，尽管很多公共空间也具有传统符号的特征，但也有很多符号特征较为模糊而主要由于群体习惯和记忆传承所形成的公共空间。对于这些公共空间的辨识，最主要的方法还是深入到村民中间进行访谈，采用多种方式请村民或村民代表充分表达。

**京郊历史文化村落公共空间分类　　表 6-1-1**

| 分类依据 | 公共空间类型 |
|---|---|
| 空间几何特征 | (1) 点状空间：如古树、公共水井、古戏台、关帝庙、灯场等<br>(2) 线状空间：如街巷等<br>(3) 面状空间：如池塘、广场、四合院群等 |
| 公共活动性质 | (1) 政治性公共空间：如城隍庙、财神庙、祠堂等<br>(2) 生产性公共空间：如埠头、会馆、行业协会等<br>(3) 生活性公共空间：如戏台、庭园、茶馆等 |
| 场地分时特性 | (1) 固定性公共空间：固定的可以自由进入的公共场地，如寺庙、戏台、祠堂、集市、水井附近、小河边、场院、碾盘周围、晒场、小商品店、诊所、大米面粉加工坊、理发店、村委会、村小学<br>(2) 暂时性公共空间：如企业组织、乡村文艺活动、村民集会、红白喜事等仪式或活动的举办场地 |
| 空间开放程度 | (1) 开放性公共空间，主要是离村民居住地较远且相对开阔场地，如：池塘（鱼塘）、田地、水库、山林等<br>(2) 半开放性公共空间，主要是建筑房屋接近的公共场地以及村民约定俗成的公共娱乐场所、如祠堂、道路、小卖部、水塘和小溪、带有大树（古树）的公用场地和村落中较为中心地带的公共空间等 |
| 空间主导功能 | (1) 生活型公共空间：即与村民日常生活息息相关的洗衣码头、小商店、集市等<br>(2) 休闲型公共空间：村民进行休闲娱乐的广场、仙岩洞及老年活动室<br>(3) 事件型公共空间：由红白喜事或农民运动会等具体时间而产生的场所<br>(4) 组织型公共空间：村民自发组织进行活动的祠堂、观音庙、教堂、村委会等 |

资料来源：戴林琳，徐洪涛．京郊历史文化村落公共空间的形成动因、体系构成及发展变迁 [J]. 北京规划建设，2010，(3)：74-78．

# 第2节 乡村公共服务设施

乡村公共服务是提升乡村地区生活品质的重要支撑，我国已经明确提出基本公共服务概念，国家基本公共服务“十二五”规划中，将其界定为一定社会共识基础上，根据一国经济社会发展阶段和总体水平，为维持本国社会经济的稳定、基本的社会正义和凝聚力，保护个人最基本的生存权和发展权，为实现人的全面发展所需要的基本社会条件，并明确将其纳入政府的基本职责。由于长期发展水平较低和投入不足，很多乡村地区的基本公共服务水平依然较低。

随着新型城镇化和美丽乡村概念的提出，改善乡村地区发展条件和综合环境品质，构建协调平衡的乡村关系，已经成为国家高度重视的战略性问题。从中央到地方普遍加大了对于乡村地区的发展投入，公共服务设施是其中的重要内容。但是乡村地区相比城市明显地广人稀，国内地方经济发展水平以及人口和村庄密度的差异度又很大，在推进城镇化进程方面的战略也各不相同，使得乡村地区的公共服务建设面临着严重挑战，各地为此纷纷结合国家要求和地方实际状况，积极探索当地适应性的公共服务功能的配置研究，并陆续出台了地方性的技术规范或者指引文件，对于公共服务功能的建设，以及作为其重要载体的公共服务设施的建设，提供了重要依据。从指导规划的角度，后续主要从公共服务设施的内容及功能类型、层级体系和建设方式等方面，对于乡村公共服务设施进行简要介绍。

值得特别注意的是，乡村公共服务设施与乡村公共服务之间有着紧密关系，两者是内容与载体的关系，但是两者又并非必然的对应关系，特别是乡村地区常常人口规模较小且分布密度较低，公共服务设施的配置未必按照公共服务的类型逐一对应，现在国内各地在此方面积极探索，不同地方已经积累了较好的经验，能够在满足基本公共服务供给的前提下，适当集约地建设供给公共服务设施。

## 2.1 乡村公共服务设施的内容及功能类型

在有关公共服务设施的讨论中，国家规范和相关政府文件从不同角度给予了一些内涵界定。城市规划范畴权威的《城市规划基本术语标准》（GB/T 50280—1998）和《城市公共设施规划规范》（GB 50442—2008），以及与乡村地区最为接近的《镇规划标准》（GB 50188—2007），主要从“（城市）公共设施用地”的角度给予了穷举式的界定，2012年国务院颁布的《国家基本公共服务体系“十二五”规划》则作出了更为

系统的界定，指出“一般包括保障基本民生需求的教育、就业、社会保障、医疗卫生、计划生育、住房保障、文化体育等领域的公共服务，广义上还包括与人民生活环境紧密关联的交通、通信、公用设施、环境保护等领域的公共服务，以及保障安全需要的公共安全、消费安全和国防安全等领域的公共服务。”相比传统的城市规划领域，这个概述涵盖了较多的传统上不纳入公共服务设施范畴的内容。综合上述有关规范及城乡规划的传统，主要从基本公共服务的视角，将乡村公共服务设施的内容及功能类型发展大致归纳为以下方面特征：

其一，乡村公共服务设施的内容，最为首要的应当强调乡村居民的基本公共服务诉求，并且不以政府直接运行作为界定的必要条件。快速市场化进程下，包括市场化和社会化力量的积极介入，譬如已经出现市场化介入的教育、医疗、文化甚至社会福利等范畴，极大地提升了基本公共服务设施的投入规模和水平，对于改善乡村居民基本公共服务发挥着重大作用。采取更为开放的姿态面对多元化的投入来源，并着重从乡村居民的基本公共服务诉求出发进行界定具有重要意义。但在另一方面，正是因为多种力量的介入，特别是以逐利为其根本原则的市场化力量的介入，使得政府的主导作用更显突出，紧密结合政府行政部门的基本构架梳理乡村公共服务及其设施成为重要的线索。

其二，乡村公共服务设施的内容及供给，必须同时考虑居民的公共服务诉求和政府的供给能力，并以底线控制为原则，来确定公共服务设施的内容及供给水平。前者，意味着公共服务设施的供给，不可避免地直接受到经济发展水平、社会发展阶段和趋势，以及更具地方性的乡村居民诉求等多方面因素的影响。一般而言，随着经济发展水平的不断提高，对于基本公共服务的需求也呈现增长趋势，对于不同服务功能的需求增长也有所不同，休闲性和文化体育等精神性需求通常会出现阶段性的快速增长阶段。随着经济发展水平的提高，政府的财政能力也通常随之提高，公共服务供给能力也相应提高。社会的发展，不仅承载着社会经济发展水平提高的影响，还承载着社会思潮以及技术发展的深刻影响，都对乡村公共服务及其设施需求产生重要影响；后者，底线控制意味着政府主导的基本公共服务设施配置，并非以充分满足居民诉求为目标，而是强调“保障居民生存和发展”的最基本需求的最低限度供给。但也因此，无论在规划配置还是在发展管控方面，政府有关方面在确保基本公共服务设施供给的同时，还应为更高的发展诉求提供可能甚至必然的发展空间。

其三，公共服务的供给，还应兼顾政府财政支出与市场化投入间的关系，避免采取简单的替代方式，原则上不应不加区别的允许市场化投入来替代政府财政支出，以避免在日常运行中出现片面营利性诉求而忽略基本服务的公平性。譬如越来越多的民办幼儿园、学校、医院，以及商业化的文体设施等已经渗透到了广大的乡村地区，虽然有着重要的补充性作用，但不低的收费也使其在很大程度上扮演着社会阶层的

过滤器角色，如果没有适当的政府的公益性投入平衡，反而可能降低了普遍提高公共服务水平的初衷，甚至引发社会不满情绪。因此，尽管确实有必要认识到基本公共服务领域的多元化投资趋势并积极引导（陈伟东等，2008；胡畔等，2010），但在最为基础性的层面，必须着重强调对乡村居民的均等化服务供给，强化政府部门的基本公共服务设施的内容及其功能化分类管理，在运作机制上则可以更多考虑投资来源多元化的影响和引导。

基于上述基本认知，在前述分析基础和相关规范及标准基础上（表 6–2–1），进一步明确乡村基本公共服务设施的内容及其功能类型。从政府行政体系的分类管理需要，建议采用与城市公共设施接近的分类方法，譬如归属政府行政分管的行政设施、教育部门分管的幼儿园和中小学等、文化部门分管的图书室和信息室等文化设施、体育部门分管的体育设施和场地等、卫生部门分管的医疗保健设施、民政部门分管的社会福利和保障性设施，以及商业部门分管的集贸市场和零售店铺等设施。

但在具体的操作上则从更加贴近乡村地区的基本特征和发展趋势来统一安排。其一，在行政管理类型中，将村委会按照常见方式划入行政管理范畴，尽管村庄是法定的村民自治组织；其二，顺应强化社会保障的角度，增加包括社会保障中心、就业培训和职业介绍中心等设施；其三，适应乡村特征增加集贸市场等设施，结合“千村万店”等便民工程和物流配送业的快速发展，针对性的调整乡村地区的零售商业配置引导方式；其四，结合乡村地区的生产和生活特点，高度重视祠堂、村口、井边、河边等传统公共空间的保护与引导，以及公共活动场地与粮食晾晒场地的结合，并考虑集中停车场地的设置。

**乡村公共服务设施分类对比**　　　　**表 6–2–1**

<table>
<tr><th>规范标准导则</th><th colspan="8">分类</th></tr>
<tr><td>《镇规划标准》（GB 50188—2007）</td><td>行政管理</td><td>教育机构</td><td colspan="2">文体科技</td><td>医疗保健</td><td></td><td>商业金融</td><td>集贸设施</td></tr>
<tr><td>《重庆市村镇规划编制技术导则》</td><td>行政管理</td><td>教育机构</td><td colspan="2">文体科技</td><td>医疗保健</td><td></td><td>商业金融</td><td>集贸设施</td></tr>
<tr><td>《新疆乡镇总体规划编制技术规程》</td><td>行政管理</td><td>教育机构</td><td colspan="2">文体科技</td><td>医疗保健</td><td>社会福利</td><td>商业金融</td><td>集贸市场</td></tr>
<tr><td>《村庄规划标准》（征求意见稿）</td><td>行政管理</td><td>教育机构</td><td>文化科技</td><td>体育</td><td>医疗卫生</td><td>社会保障</td><td colspan="2">集贸设施</td></tr>
<tr><td>《山东省村庄建设规划编制技术导则（试行）》</td><td>行政管理</td><td>教育机构</td><td colspan="2">文体科技</td><td colspan="2">医疗卫生</td><td>各类商业服务业店铺</td><td>集市贸易的专用建筑和场地</td></tr>
</table>

续表

<table>
<tr><th>规范标准导则</th><th colspan="7">分类</th></tr>
<tr><td>《海南省村庄规划编制技术导则（试行）2011》</td><td>行政管理</td><td>教育</td><td>文化</td><td>体育健身</td><td>医疗卫生</td><td colspan="2">家庭旅馆、日用百货、集市贸易、食品店、粮店、综合修理店、小吃店、便利店、理发店、公交车站、娱乐场所、物业管理服务公司、农副产品加工点等</td></tr>
<tr><td>《广西村庄规划编制技术导则（试行）》</td><td>行政管理</td><td>教育机构</td><td colspan="2">文体科技</td><td>医疗保健</td><td>商业金融</td><td>集贸设施</td></tr>
</table>

资料来源：根据相关资料整理绘制．

## 2.2　乡村公共服务设施的层级体系特征

乡村公共服务设施的分布具有明显的层级特征，并且受到多个方面因素的影响，涉及需求特征、服务规模等公共设施属性方面，也涉及乡村地区的地形地貌及人口和村庄分布密度及方式等方面，同时还直接受到乡村地区的行政管理层级模式，以及地方社会经济水平和政府财力，以及社会理念和政府政策措施等诸多方面因素的影响。

对于乡村公共服务设施的层级体系，最为常见的是按照行政管理层级确定，并通常在行政管理等级基础上调整，但应避免缺乏具体内涵和相关政策配套的层级设置。总体上，乡村基本公共服务设施的配置，最为常见的就是依托县、镇（乡）、村为行政等级分级设置，并在此基础上细分。在镇层面，细分分为中心镇和一般镇两个层面，中心镇原则上在全部或部分公共服务供给方面高于一般镇。此外，较常遇到的概念重点镇，近年来也常常在规划文件中可见，而且从国家到地方政府文件均有明确界定，其相对中心镇更具操作性。一般而言，重点镇不突出强调服务周边一般乡镇的职能，但由于重点镇通常人口规模较大且发展较一般镇在服务能级上较高，一般也常常采取中心镇的方法在某些方面强化其公共服务配置。

在村庄层面，也同样存在着细分现象，最为常见的是细分中心村与基层村两个层面，但以行政村还是自然村为单位来划分中心村和基层村也并未完全形成一致认识和规定，特别是一些西部地区行政村村域明显很大的情况下更是突出问题。中心村在实践中也面临着如何抉择和如何公平地差异化扶植的困难。总体上，直接与政府行政管理体系相结合的公共服务设施的层级体系，有着政府部门易于划清职责和便于实施操作的明显优势，但乡村地区特有的空间地域广阔和人口及村庄密度明显较低等特征，也使得多层级的细分在一些地区具有合理性。如何针对性地设置安排，

至少应重点考虑以下方面问题：

其一，在最为基本的层面上，乡村地区的地形地貌和人口及村庄密度，以及行政管理层级（含村庄），对于乡村公共服务设施的体系有着直接影响，这又与公共服务设施的需求特征和通常所具有的一般规模等有着直接关系。通常而言，丘陵及山地地区，人口密度通常较低且居住明显分散，3–5户一个小型自然村落的现象很突出，高经济价值的农地资源往往很稀缺，以及历史上形成的“靠山吃山”、“靠水吃水”，使得适当集中的居住方式，不仅难以实现，还难以发挥优势，而分散的分布又使得适宜的日常服务范围基本不具有可行性。在一些平原地区，无论人口密度还是村庄密度都通常相对较大，譬如一些区域常常达到每平方公里600–800人左右，为相对集中的公共服务设施配置提供了可能性，然而是否需要包括中心镇和中心村在内的更多层次的基本公共服务设施的配置则存在着明显争议，在后续的一些具有典型性的案例中，往往采取的是提高与行政等级匹配的层级公共服务设施配置并相应调整区划达到扩大服务范围的目的，由此简化了公共服务设施的层级和数量配置，也减少了地方政府财政的支出。

其二，地方社会经济发展水平、社会理念和政府政策引导等诸多因素变迁所带来的深刻影响。快速的经济发展水平，不仅带来了村民生活水平和各级政府财力的明显改善，更重要的是还带来了一些理念和习俗方面的变迁，兼之现代技术的迅速发展和应用，以及相当部分村民在经济和生活方式上日显城镇化，对于乡村基本公共服务设施的层级体系都造成了直接影响。譬如在教育和医疗等方面对更高服务水平的追求，以及乡村地区居民机动能力普遍提高和新农村建设中普遍推行的公交村村通等都带来了日常出行能力明显的提高，使得基本公共服务设施的高度集聚和扩大服务范围成为可能。这方面最为明显的，就是中学甚至小学高年级阶段向县城或少数几个条件较好城镇的集中办学的现象，特别是随着校车的普及而日趋普遍，尽管一度遭到了一些政府部门的反对，但师生两个方面对较高生活水平和较高服务水平的追求为其提供了强大的由下而上的动力，一些在村庄上建设的小学等设施甚至因此投入使用不久即被迫关门，由此也说明脱离了地方居民意愿的由上而下的措施反而可能导致不利的后果。覆盖乡村的公交线路、网络购物和快递配送的快速发展，政府有关部门积极推进的“千村万店”等工程，以及居民意愿和经济及出行能力，明显改变着传统的乡村地域格局和公共服务设施体系，这些都有赖于建立在地方相关实践上进行深入剖析研究，并针对性地进行统筹安排，各地间的差异性安排甚至因此可能扩大。

山东鲁西南某县案例中，随着近年来的快速城镇化和工业化进程，政府部门采取了积极推进城镇化和新型社区建设的举措，在大力吸引农村居民向县城和镇区转移的同时，在全县层面推动了村庄居民点整合和建设大中型农村新型社区的举措，

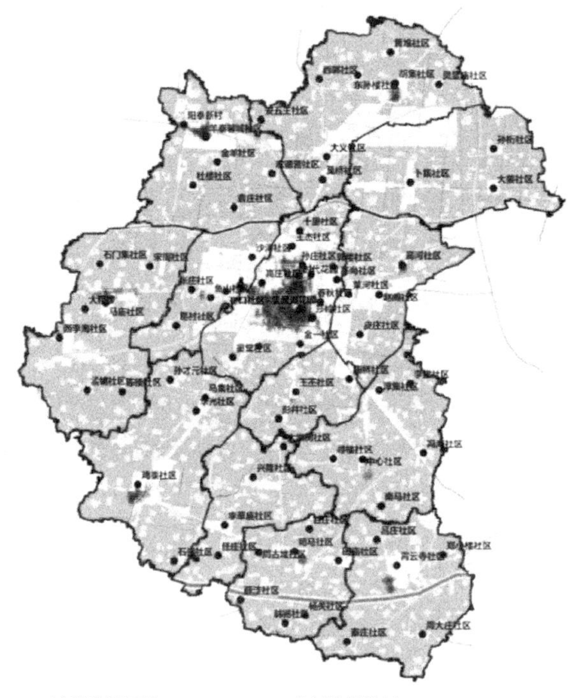

城镇建设用地
农村居民点建设用地
基本农田
农村社区选址
土地利用规划中可建设用地
乡镇行政边界

图 6–2–1　山东鲁西南某县的现状村庄及新型农村社区布局图

每个新型农村社区的人口规模 5000–7000 人及以上，并统一配置社区管理中心、幼儿园、文化大院、体育场地、诊所、养老和敬老设施，以及集贸市场等类型齐全和相对高标准的基本公共服务设施，从而期望全县实现“县城（重点镇）——一般镇—新型农村社区”的三级基本公共服务设施配置（图 6–2–1）。然而现实推进中，由于仅是农业人口的内部集聚，且农民上楼的方式带来了很多的农民生产和生活不便，政府财力也有限等原因，导致有关工作受到很大阻力。

山东胶东某县级市案例中，同样背景下，市政府在全国率先推动了农村社区化进程，并经由两个阶段的推进，完成了从建设中心村社区，直至撤销全部村建制而合并建设 208 个农村社区的历程，并在此基础上推动了社区中心建设，在全市范围形成了 3 个主要层级（市区—重点镇—农村社区）的公共服务设施的配置调整。在实施中，除了少量农村居民点的撤并，大多采取了包括居民点而强化社区中心服务功能的集聚，辅以公交一体化和农民自主出行能力的明显提高，取得了相对较好的成效。社区中心服务半径 2 公里左右，相对兼顾了日常服务便利和减少社区中心数量的目的（图 6–2–2）。

在新疆某地，由于农业经济处于牧业和农业过渡地带，大规模戈壁对于农地扩展的限制，以及牧草地规模对发展畜牧业的限制，使得结合快速工业化进程推进高度集中的城镇化进程成为可能。政府有关部门为此采取了一系列积极吸引农民直接

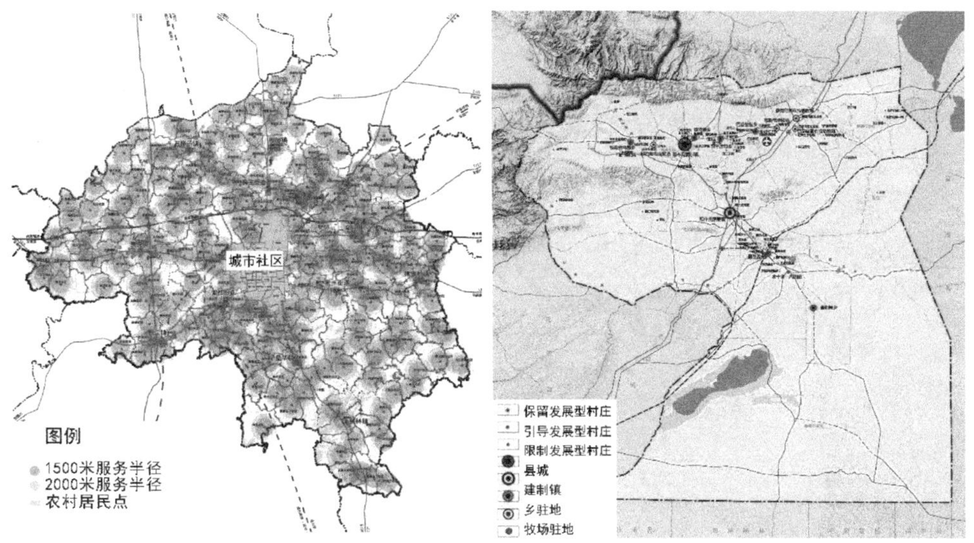


图 6–2–2　山东胶东某县级市农村社区及其中心服务距离分析图

图 6–2–3　新疆某县的村庄布局模式

进县城和周边几个重点镇的措施，由此在全县形成了以“县城　重点镇—农牧业服务点”的三级配置为主导的基本公共服务设施配置方式（图 6–2–3）。近年来的实践也取得了较好的成效，但背后政府财力的强大支持发挥着重要作用。

## 2.3　村庄层面的公共服务设施的内容及建设方式

尽管乡村公共服务设施无论在内容层面还是在层级体系层面，近年来都出现了较大程度的演变，但总体上依然在县级和乡镇级层面保持了一定的稳定性，这与稳定的相应政府机构有着较为紧密的关系。在村庄层面，自重点加强城乡统筹发展，以及推进新农村建设和美丽乡村建设等一系列政策以来，公共服务设施建设水平明显提升的同时，配置方式也正在发生着明显改变。为此，主要依托上述山东胶东某县级市案例，对于村庄层面的公共服务设施的建设内容及建设方式等展开论述。

首先，从公共服务设施的配置方式来看，相对集中的建设已经成为政府有关部门主导的主要方式。采用相对集中的配置方式，不仅有利于相对集约使用建设用地甚至建筑物，而且有利于政府有关部门调整土地用途甚至征地等工作，以及日常运行中的管理等工作，且相对集中布局也有利于形成村庄公共服务活动中心，促进村庄公共活动的开展，甚至因而提升局部地段的区位价值，使得村庄层面借助市场化力量来出租房屋并获得一定经济回报成为可能。在具体的建设方式上（图 6–2–4），则既可能是新建，也可能是借助现有村庄设施改造，但在财力相对充足的情况下，选择合适区位相对集中建设，成为调查案例中有关村庄社区的主要方向。

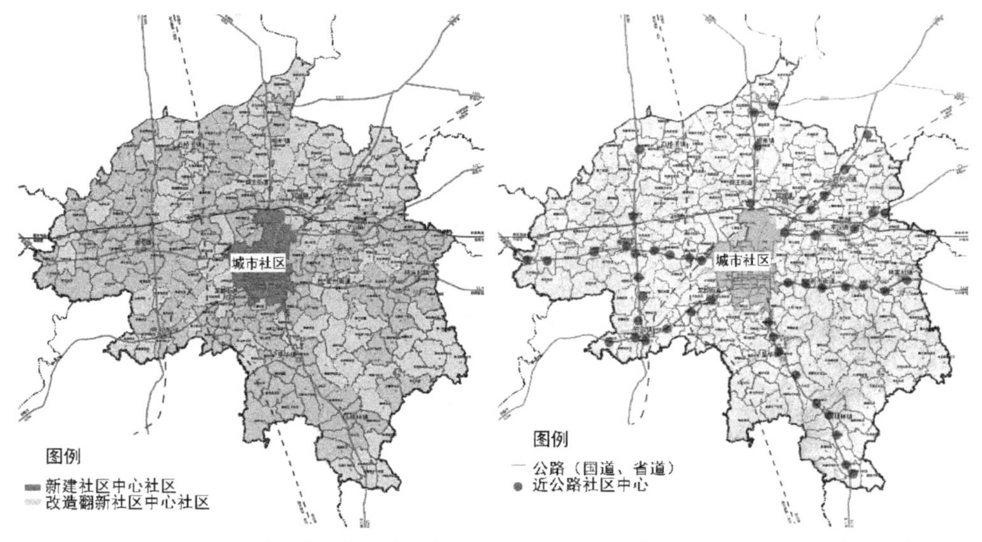


图 6–2–4　新建和改造社区中心的分布示意图　　图 6–2–5　靠近公路设置的社区中心示意图

其次，村庄公共服务中心的选址，通常优先考虑公共服务对村域的合理覆盖，但同时也清晰反映出市场化发展的区位选择特征。案例中的大多村庄公共服务中心，无论是新建的还是改造的，都首先尽可能保证将村域纳入 2 公里覆盖范围，为村庄基本公共服务设施使用的便利性提供了前提条件。在此基础上，相当部分，特别是新建的村庄公共服务中心，都尽可能地选择了靠近较高等级公路的现象（图 6–2–5），从而明显提高了公共服务中心的便利性，也提升了公共服务中心的区位价值，为相对集中的商业设施的销售或租赁，以及少量聚集区的住房建设销售，提供了重要区位支持。

再次，在村庄公共服务设施的配置规模方面，国内已经有越来越多的地方以规范或引导性政府文件的方式提出了具体定量要求，并总体上采用了与城市公共服务设施类似的多个主要控制指标的方式。村庄公共设施占村庄建设用地比例，最为常见的是中心村 6%–12%、基层村 2%–4%，公共设施规模通常按照每千人 1000–2000 平方米建筑面积计算，并对不同功能设施的面积也提出了控制要求，尽管各地的差别相对较大。对此，研究者（林伟鹏等，2006；吕勤，2009；胡畔，2010；陈旸，2010；肖晶，2011）已经陆续指出了重要影响因素，包括人口结构、价值观念、收入水平和文化程度、人口密度、居住点集聚程度、乡村类型与等级、原有设施影响、公平与效益间的博弈、交通便利程度、空间距离及地价、人口分布等。

相对于前述从有关标准出发确定的多类型基本公共服务设施，调研中发现大多地区的村庄采取了集成性的建设方式，这不仅有利于将零星的配置面积集中从而有利于建设，更重要的是有利于促进社区中心形成和后期运行及管理简单化。

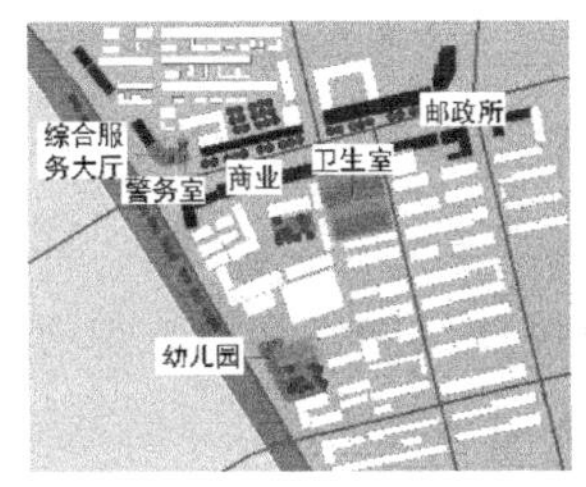


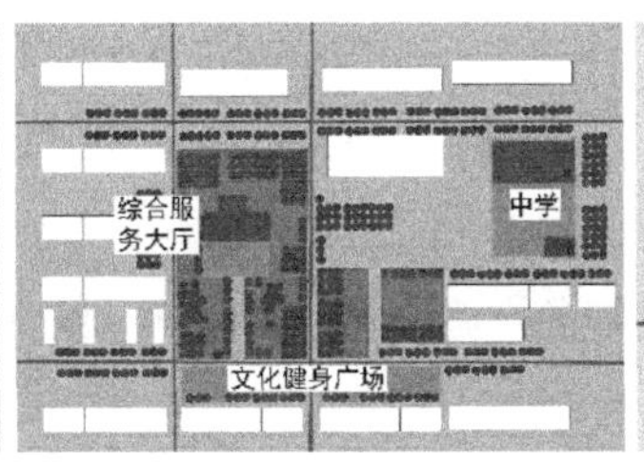


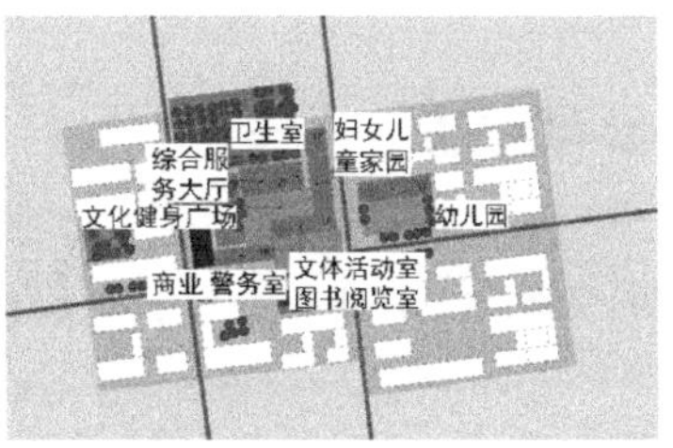


图 6-2-6　调研案例的几种不同类型的村庄公共中心的布局方式

在山东胶东某县级市案例中，农村社区中心涵盖行政、治安、卫生、文化和教育等服务功能，并将其归纳为“四站四室一厅”的标准化配建方式。四站为综合维稳工作站、群众工作站、计划生育服务站、教学站；四室为警务室、卫生室、图书阅览室、文体活动室；一厅是综合服务厅。另外还配建占地面积不小于 500 平方米的室外文化健身广场，每个社区配建托儿所和幼儿园，并根据实际需求撤、建小学。而实际发展过程中，又不断探索并在有需要的社区，增设了包括互联网信息服务站、社区家政服务中心、社区老年公寓或日间照料中心、社区法律援助站、灾害应急服务站等服务设施。

最后，在相对集中选址布局基本公共服务设施的同时，在具体的建设布局上又可以从两个层面归纳为几种主要类型。在第一个层面上是主要基本公共服务设施选址布局所形成的总体布局特征，主要包括沿路线性分布，或者在路口或路段相对集中布局。从具体设施分布的层面来看，除了一些通常具有独立占地诉求的如小学、幼儿园、集贸市场外，村庄公共服务设施等又主要分为相对分散布局和集中布局方式，包括综合楼或组合楼群组的布局方式。比较而言，大多新建公共中心都采取了后者，并由此形成了以综合服务大厅为中心的“整体集中、局部分散”的基本格局。即主要服务功能“四站四室一厅”集中布置在一栋建筑或一组院落内（图 6-2-6），包括后续新增的一些公共服务功能也主要整合在该公共服务中心内部。同时还在公共服务中心设置室外的文化活动广场、公共停车场和部分零售商业设施，后者主要按照实际需求布置于沿路两侧。

## 本章思考题

1. 乡村为什么需要公共空间？
2. 乡村公共服务设施配置应遵循哪些原则？
3. 乡村公共服务设施配置与居民生活圈应是什么关系？

## 参考文献

[1] 陈伟东，张大维．社区公共服务设施分类及其配置：城乡比较 [J]. 华中师范大学学报（人文社会科学版），2008（1）.

[2] 胡畔，谢晖，王兴平．乡村基本公共服务设施均等化内涵与方法——以南京市江宁区江宁街道为例 [J]. 城市规划，2010（7）.

[3] 林伟鹏，闫整．医疗卫生体系改革与城市医疗卫生设施规划 [J]. 城市规划，2006（1）.

[4] 吕勤．苏州市流动人口集宿区公共服务设施需求特征及配置研究 [D]. 苏州科技学院，2009.

[5] 陈旸．基于 GIS 的社区体育服务设施布局优化研究 [J]. 经济地理，2010（8）.

[6] 肖晶．城乡一体化背景下的志丹县公共服务设施规划研究 [D]. 西安建筑科技大学，2011.

# 第七章　乡村遗产保护

## 第1节　乡村遗产的属性

乡村遗产一般被归入文化遗产的范畴。村落是传统文化的发源所在，同时村落的物质环境及其社会形态也无时无刻不在变化之中，包括村落的生长、传统建筑的演变及传统建造工艺的发展、生活习俗和农业生产方式的演化以及乡村社会观念和乡村社会机制的演进等。在村落持续演变发展的同时，这些传统的文化也在村落的发展过程中演化并传承下来。文化传统是乡村社会赖以存在的基础之一，体现在乡村日常生活的方方面面，是一种活的文化传统，因而乡村遗产具有活态属性。

村落是从事第一产业生产的人群的居住地。乡村遗产不仅仅包含人们居住的村落，同时包含居住在村落中的人群从事生产活动的场所，比如农田、牧场、林场、渔业码头等，这类生产活动场所与村落是一种息息相关的相互依存关系，因而乡村遗产具有产业属性。无论是居住聚落还是生产场所，都是人类生产和生活活动产生的结果。

村落的形成与发展与村落所在地的自然环境和生态条件密切相关。自然资源是村落选址的必要条件，村落的选址往往与地形地貌、气候、水源、食物资源以及生产资源直接相关。因此，乡村的自然环境特别是村落周边的生态条件，既是村落生存的基础，也决定了乡村的生产生活方式，因而乡村遗产具有自然生态属性。

乡村是体现地方传统文化的典型场所。在乡村，地方的传统生活习俗和生产方式以及民居建筑、村落格局往往具有鲜明的地域和地方特征，而乡村社会往往保持着一个民族或一个地域的传统结构，这些特征都比城镇更纯粹，这也是乡村遗产独特的价值所在。因而，乡村遗产又具有显著的地域本源属性。

传统的文化特征是乡村遗产的核心。乡村遗产是指那些在某个文化区域内具有代表性的、能反映该区域本色和独特的文化内涵的乡村。乡村遗产的物质部分包含村落、附属于该村落的生产场所以及该村落所处的自然环境，其非物质部分包含了村落的生产方式、宗教信仰、传统技艺、生活习俗、语言、民间艺术等知识体系和技能及其有关的工具、实物、工艺品和文化场所。

文化是中国各族人民共同缔造的硕果。五千年延续不断的文明，赋予了中国区域文化丰富的内涵。在中国辽阔的国土上，文化与大自然一样，千差万别，复杂多样。在全国范围内，南北差异是文化区域差异的主旋律。有学者将我国的文化地理分区在南北差异的基础上，依据差异性原则、民族和语言原则、行政区原则进行划分。

中国文化区划分为两个主要层次。第一层次，按照五行五方的理念，东、西、南、北、中的方位，对我国文化区进行划分。全国分华东、东北、华北、华中、华南、西北和西南 7 个一级文化区，以及港、澳和台湾地区各单独列一个文化区。第二层次，将省、自治区和直辖市作为骨架，少数文化特征相似的两个或者三个行政单位组成同一个二级文化区，共计有 25 个二级文化地理区。

从文化地理的视角去分析，每一个文化地理区（特别是二级文化区）内的乡村均具有各自的文化独特性。比如华东文化区中的吴越文化区，其江南水乡村落和田园风光与西北文化区中的三秦文化区和甘陇文化区黄土高原上的窑洞、土坯乡村民居，各自代表了两种不同的文化和自然条件下形成的乡村遗产的文化类型。这种现象在我国的各个文化分区之间普遍存在。

作为一个拥有悠久农耕文明史的国家，中国广袤的国土上遍布着众多形态各异、风情各具、历史悠久的传统村落。传统村落是在长期的农耕文明传承过程中逐步形成的，凝结着历史的记忆，反映着文明的进步。传统村落不仅具有历史文化传承等方面的功能，而且对于推进农业现代化进程、推进生态文明建设等具有重要价值。

# 第2节　文化景观与乡村遗产

乡村遗产属于文化景观。文化景观这一概念是1992年12月在美国圣菲召开的联合国教科文组织世界遗产委员会第16届会议时提出并纳入《世界遗产名录》中的。文化景观代表《保护世界文化和自然遗产公约》第一条所表述的“自然与人类的共同作品”。

从世界遗产的层面来看，联合国教科文组织《实施保护世界文化与自然遗产公约的操作指南》对辨识文化景观的原则予以了确定：即文化景观“能够说明为人类社会在其自身制约下、在自然环境提供的条件下以及在内外社会经济文化力量的推动下发生的进化及时间的变迁。在选择（作为世界遗产）时，必须同时以其突出的普遍价值和明确的地理文化区域内具有代表性为基础，使其能反映该区域本色的、独特的文化内涵。”

一般来说，文化景观有以下类型：

（1）由人类有意设计和建筑的景观。包括出于美学原因建造的园林和公园景观，它们经常（但并不总是）与宗教或其他概念性建筑物或建筑群有联系。

（2）有机进化的景观。它产生于最初始的一种社会、经济、行政以及宗教需要，并通过与周围自然环境的相联系或相适应而发展到目前的形式。它又包括两种次类别：一是残遗物（化石）景观，代表一种过去某段时间已经完结的进化过程，不管是突发的或是渐进的。它们之所以具有突出、普遍价值，就在于显著特点依然体现在实物上。二是持续性景观，它在当地与传统生活方式相联系的社会中，保持一种积极的社会作用，而且其自身演变过程仍在进行之中，同时又展示了历史上其演变发展的物证。

（3）关联性文化景观。这类景观列入《世界遗产名录》，以与自然因素、强烈的宗教、艺术或文化相联系为特征，而不是以文化物证为特征。

乡村遗产特性吻合了“人与自然共同的作品”这一文化景观的总概念，也符合联合国教科文组织《实施保护世界文化与自然遗产公约的操作指南》对文化景观进行辨识的原则。在文化景观的三个大类别中，“有机进化景观”类别中的“持续性景观”次类别则在整体上符合了乡村遗产特性中的活态属性，这其中既包含了乡村遗产的物质部分也包含了非物质的部分。

除了乡村遗产的活态属性之外，从乡村遗产的产业属性以及自然生态属性来看，乡村遗产的构成包含了农业文化景观、自然景观两方面的物质要素，同时也包含了与其物质要素相关的生产方式以及与生产方式相关联的生活习惯、习俗、传统技艺、传统艺术等非物质要素。

乡村遗产的地域本源属性则从文化价值层面表明了乡村遗产的价值所在，一般可以从以下几个方面体现出来。首先是具有鲜明地方文化特征的传统村落建筑群，比如依山就势的苗族吊脚楼民居，临河而居的江南水乡民居，因地制宜的陕北窑洞民居，就地取材的云南丽江生土民居，家族文化影响下的闽南土楼和客家土楼等；其次是与自然条件相关联的农业生产方式及其营造的景观，典型的代表是云南红河的哈尼梯田；第三是与宗教、信仰等价值观相联系的民族的或地方的社会关系、生活习俗以及与周边自然的依存关系，比如苗族、侗族村寨的寨老会和家族款约传统，侗族占山不占平地的建房传统则体现了他们敬畏自然、与自然共存的理念，而侗族大歌中对虫蝉鸟鸣的模仿也体现了侗族对自然界的崇拜。乡村遗产体现了人类在特定的自然条件下的生存智慧（图 7–2–1）。

图 7–2–1　云南红河哈尼梯田文化景观

# 第 3 节　乡村遗产的价值

作为文化景观的一种类别，对乡村遗产的外延和内涵均需要有正确的认识。乡村遗产的外延可以拓展到乡村对自然资源的利用方式、乡村的农业耕作系统、乡村的选址和生存环境，其内涵包含了价值观念、社会结构、传统习俗、历史演变。而作为外在物质表现的村落空间格局、建筑形式与类型、建筑材料、建造技艺以及田园风光，如果失去了这些外延和内涵的支撑，也将失去乡村遗产的价值。

## 3.1　乡村遗产的价值体系

乡村遗产的价值体系可以包含三大方面。一是文化价值，二是景观价值，三是持续性价值。一般意义上文化遗产的科学的、历史的和美学的价值均可包含在内。

乡村遗产的文化价值体现在物质和非物质两大方面。物质方面首先是村落的民居和其他建筑物，其次是村落中及其周边的文化场所空间。任何一个文化地域内的传统乡村民居均具有其独特的地域特征，皖南乡村民居的马头墙、黔东南山区的吊脚楼、陕北高原的窑洞等都是某个文化区域内反映该区域独特文化的乡村民居的代表。侗族

村寨中的鼓楼、苗族村寨中的锣鼓坪、粤东乡村的祠堂等，都是地方文化的活动场所。由建筑延伸出去的建筑材料运用、建筑结构形制、建造工艺和建筑装饰等都可以归属到文化价值中。在非物质文化方面则包括了反映地方文化和传统的传统技艺、歌舞、语言、文字等。最纯正的侗族大歌至今依然在侗族村寨中传唱，各式各样的苗绣在苗族村寨中依然可以找到等，这些文化的传承人出自乡村，很多现在还依然生活在乡村（图 7-3-1、图 7-3-2）。

图 7-3-1 贵州增冲侗寨鼓楼

乡村遗产的景观价值首先在于村落的选址。村落的选址反映了不同地域的人地关系，主要体现在当地村民因地制宜地选择与自然环境和谐相处的生存方式。侗族的村寨均选址建在有水源的山体的山脚下或山坡上，一方面保证了村民生活用水，另一方面也保障了粮食生产的水源，同时将有限的平坦土地用于粮食种植，保障了生存的安全，由此形成了侗族村寨依山傍水、背靠山林、面向水田的独特的乡村田园景观。其次，乡村遗产的景观价值在于其因为适应自然条件的农业耕作方式而产生的农业景观。山地侗族村寨周边大片顺应地形的水稻梯田景观是侗族村寨遗产不可分割的一部分（图 7-3-3）。乡村遗产的景观价值还在于村落的空间格局。村落的空间格局不仅仅限于村落本身，还包含了村落与远山近水的空间关系，中国传统的“风水学说”在中国中部地区的乡村体现得尤为明显（图 7-3-4）。

乡村遗产的持续性价值包含了建筑的演化、格局的生长、习俗的传承、社会的演变等方面，也是乡村遗产活态属性的主要组成部分。侗族村寨中的萨坛是侗寨村民奉祀自己的神灵的场所，虽然其建筑物或构筑物早已不是原始的状

图 7-3-2 安徽查济村的建筑材料

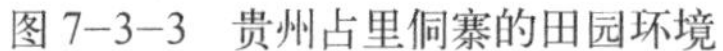
图 7-3-3　贵州占里侗寨的田园环境

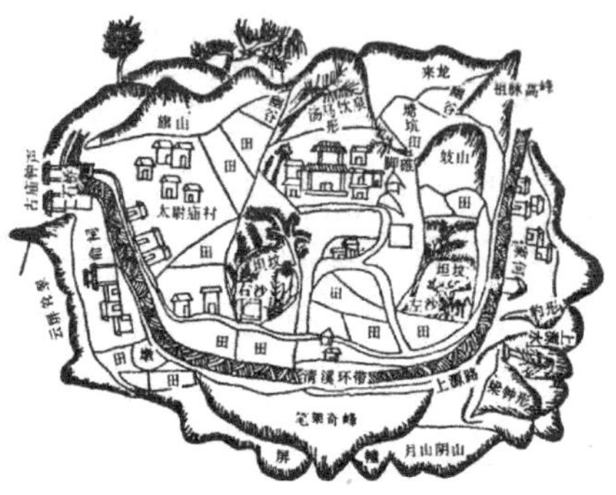

图 7-3-4　安徽宏村“风水”图

态，但自村寨形成至今，这一习俗一直世世代代传承未断。苗族村寨的寨老是苗族社会中自然形成的领袖，寨老制度作为苗族地区历史上较为完备的民间自治组织，曾经在维护当地社会秩序方面发挥过重要的作用，现在寨老制度依然发挥着与村委会共同治理村寨的作用。乡村的农耕社会及其传统的农耕生产方式在中国的许多地方依然延续至今，正是由于这种原因，村落传统习俗的传承、村落空间格局和传统民居的演变，均在某种程度上遵循着一条地方性的文化演变脉络（图 7-3-5）。

乡村遗产价值体系的三个方面是相互关联的，其中文化价值是其核心部分。对于乡村遗产的价值体系也可以从物质遗产和非物质遗产两个体系去认识，物质体系包含建筑物、构筑物、村落空间、村落环境、地形地貌、水系、农田等要素，而非物质体系可包含传统技艺、歌舞、文字、语言、习俗、社会机制等方面。无论哪种体系，对乡村遗产价值的认识都不应该相互割裂开来，它们相互之间的依存关系比城镇中的遗产价值体系更紧密。

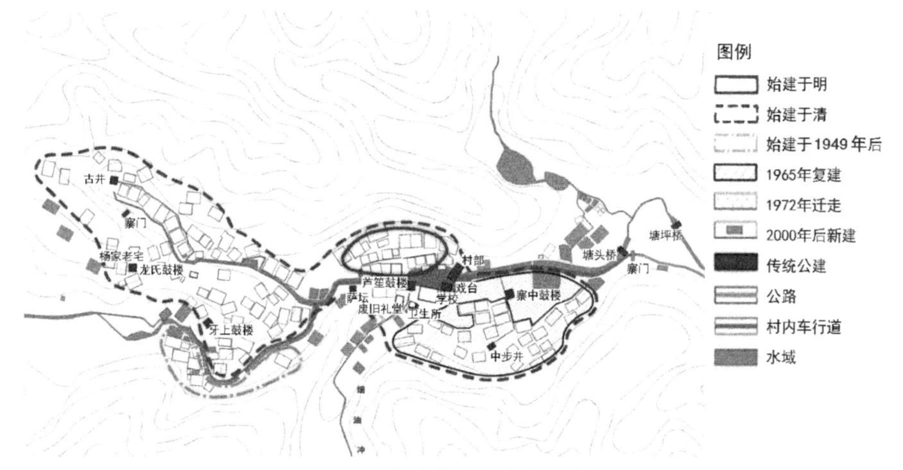


图 7-3-5　湖南芋头侗寨发展演变图

## 3.2 乡村遗产的价值评估

对乡村遗产价值的评估是综合性的。2013 年入选世界遗产的云南红河哈尼梯田在世界遗产委员会的评价中是如此描述的："红河哈尼文化景观位于云南南部，面积 16603 公顷，以从高耸的哀牢山沿着斜坡顺延到红河沿岸的壮丽梯田而著称。在过去的 1300 多年间，哈尼族人民发明了复杂的沟渠系统，将山上的水从草木丛生的山顶送至各级梯田。他们还创造出一个完整的农作体系，包含水牛、牛、鸭、鱼类和鳝类，并且支持了当地主要的谷物——红米的生产。当地居民崇拜日、月、山、河、森林以及其他自然现象（包括火在内）。他们居住在分布于山顶森林和梯田之间的 82 个村寨里，这些村寨以传统的茅草'蘑菇房'为特色。为梯田建立的弹性管理系统，建立在特殊且古老的社会和宗教结构基础上，体现出人与环境在视觉和生态上的高度和谐。"由此可见，对乡村遗产价值的评估包含了其景观价值、文化价值和持续性价值。

世界遗产开平碉楼与村落以广东省开平市用于防卫的多层塔楼式乡村民居——碉楼而著称，世界遗产委员会的评价为"展现了中西建筑和装饰形式复杂而灿烂的融合，表现了 19 世纪末及 20 世纪初开平侨民在几个南亚国家、澳洲以及北美国家发展进程中的重要作用，以及海外开平人与其故里的密切联系，……代表了近五个世纪塔楼建筑的巅峰，……反映了中西方建筑风格复杂而完美的融合。碉楼与周围的乡村景观和谐共生，见证了明代以来以防匪为目的的当地建筑传统的最后繁荣。"（图 7-3-6）

世界遗产委员会对世界遗产福建土楼的评语为："由 12 世纪至 20 世纪建造的 46 座生土结构房屋组成。该建筑群分布在稻田、茶园和烟田中。土楼即生土结构房屋，……这种房屋成了村庄单位，也被称为'小家庭王国'或'喧闹的小城市'。……大部分精细复杂的结构可追溯到 17 和 18 世纪。这些建筑由下到上分别居住着许多家庭，每层有两三个房间。与其朴素的外观不同，土楼的内部非常舒适，通常装饰华丽。土楼是建筑传统和功能相结合的杰出典范，以实例展现了一种特殊的群体生活和防御性组织，并且，从它们与环境的和谐关系来看，土楼也是人类住区的一个杰出典范。"（图 7-3-7）

可以看出，乡村遗产的价值是综合性的，不同的乡村遗产其价值的特征是不同的。有的价值特征在于其独特的建筑物以及它的建造技艺和文化、社会背景，有的价值特征则在于它的农耕系统所表现出来的景观和环境上的独特性。但是，对于乡村遗产有一点是共同的，那就是村落与环境的和谐。

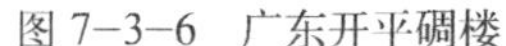
图 7-3-6　广东开平碉楼

图 7-3-7　福建南靖土楼

## 第 4 节　乡村遗产保护规划

乡村遗产保护规划一般应包含保护与发展两大部分。与城镇文化遗产的保护规划不同，乡村遗产一方面由于其价值体系与城镇文化遗产并不完全相同，另一方面乡村遗产保护往往需要涉及与某个村落相关所有方面以及整个村落的空间环境。城镇文化遗产保护在大多数情况下只需要考虑其留存的物质遗存部分，比如历史街区、历史建筑群、历史中心，因为大部分城镇（特别是城市）由于各种原因其物质遗存仅仅保留下一部分，而且城镇的新发展区往往又和留存下来的历史地区连接在了一起，历史环境往往受到新的建设行为的威胁，因此，城镇文化遗产的保护往往在对需要保护的对象和要素进行判定的基础上，重点放在对历史地区的建设行为如何进行控制方面，对城镇文化遗产的利用多考虑包括政府、市场、居民在内的多样化策略，对于历史地区所在城镇的发展，历史地区所起的作用一般多是辅助性的。形成这种状况的客观原因主要是现存的历史地区在大部分中国城镇（特别是城市）中所占的比例都很小，同时城镇发展的主要动力在当前还是在新城区。

乡村遗产保护需要考虑一个村落的全部。一个村落之所以具有保护的价值在于它的整体，这个整体既包含了村落本身的全部也包含了其周围环境的全部，同时也包含了支撑村落生存和乡村发展的各种经济和社会因素。所以，乡村遗产保护不应该把其中的某些方面或某些因素分离出来，特别是村落未来的生存和发展问题是乡村遗产能否保护下来的根本问题。同时从客观上看，现在被列为中国历史文化名村和传统村落的村落大部分是因为落后和贫困而留存下来，乡村遗产对一个村落而言常常是它存在的根源甚至是全部，因此，乡村遗产的保护需要与乡村的发展同时纳入保护规划的范畴。

## 4.1 村落保护与发展规划的内容

村落是乡村遗产的主体。乡村遗产的保护往往依托于某个或一定地域内某类村落来开展规划。以一个村落的乡村遗产保护规划作为案例，村落保护与发展规划的内容一般可由以下内容组成：规划范围确定，遗产价值评估，保护与发展问题分析，保护目标，保护原则，保护对象甄别，保护范围划定，物质遗产保护要求，非物质遗产传承方式，生活设施与环境改善，景观整治，建设项目空间布局及建设规定，产业与旅游发展，基础设施和环境卫生改善，遗产管理体系等 15 方面（图 7-4-1）。

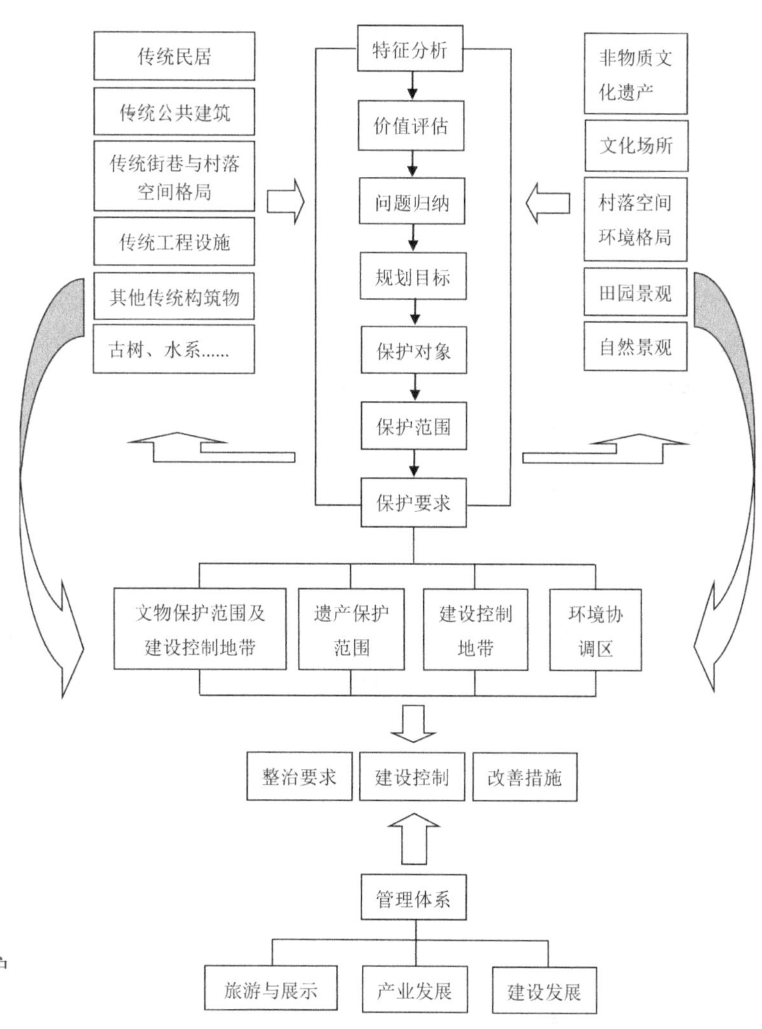


图 7-4-1 村落保护与发展规划体系图

## 4.2 村落调研与遗产评估

村落调研与遗产评估是两个相互关联的部分，调研的目的包括遗产特征认识、遗产价值解读和遗产地问题分析三个方面。

（1）遗产特征认识的方法是实地观察。观察的对象包括村落所处的地理环境，村落的选址，村落的空间格局，村落的建筑类型与特征，民居的内部布局，建筑材料、结构与工艺以及需要保护的传统建筑，村落景观以及需要保护的村落空间，需要保护的历史遗存、传统习俗、水源水系、植物植被以及其他具有保护价值的要素，还需包括农业耕作方式、环境卫生、道路交通、给水排水和各类设施等。对这些对象进行观察需要带着比较分析的视角，通过观察，初步选定需要保护的对象及其保护的范围，同时可对需要保护的对象进行保护等级的分类，对遗产保存的状况进行评判。实地观察的另一个目的是要发现村落在保护和发展方面存在的问题，即使在观察阶段发现的问题还仅仅是表象上的，但却是下阶段工作的重要基础。

（2）遗产价值解读的方法是文献查阅和实地访谈。通过文献资料可以了解到的有：村落的历史，建筑的特征与演变，建造工艺特点，包括当地语言、文字、习俗、工艺、饮食、宗教信仰等传统文化的特点，村落社会的组织机制，人口状况，经济与收入状况，灾害状况，包括土地、耕地、林地、水以及动植物等资源状况以及包括农、林、牧、副、渔与旅游等产业状况。实地访谈是村落调研不可缺少的重要环节。访谈的对象是多方面的，既包括对与此村落有直接和间接研究和理解的专业人士和当地人员，也包括当地的管理部门的管理人员，但访谈的主体应该是村落的村民。村长、村落中的老人和村落有威望的“领袖”，是村民访谈的重点。通过访谈可以了解到关于村落过去的口头传说及村落发展的轨迹，传统观念，生活习惯，习俗及其渊源，房屋建造的规制和程序，房屋选址和内部布局的习惯，建筑材料的来源，村落空间布局的规则，村规民约，家庭单元与家族的作用，村落内部的社会组织及其作用，宗教习俗与信仰，村落事务管理与集体经济状况，家庭收入，农耕方式以及非物质文化遗产传承人等方面的情况。这些通过访谈了解的情况，有些事无法通过观察和文献获得的，而有些是对实地观察和文献查阅了解的情况的重要补充甚至是纠正。通过文献查阅和实地访谈，才能对观察到的表象进行深入的理解，再结合专业知识和专业经验，通过比较分析，准确地评估村落的遗产价值以及确定保护的各类对象。

（3）遗产地问题分析的方法包括实地观察和调查访谈，可以与上述两方面的工作同时进行。问题分析包括保护与发展两个方面。一般情况下，乡村及其村落的保护问题可以从村落景观的完整和和谐程度（即新建筑与传统建筑及整体景观的关系以及村落视线范围内的农业景观和自然景观的完整性）、村落空间格局的整体性、传

统建筑保存的完整性（即破坏、损坏、不恰当的改建和加建的情况）、传统街巷步道保存的完整性（即破坏、损坏、不恰当的改建和新建的情况）以及村落非物质文化遗产的保存状况（即消失、异化、传承人危机等情况）等方面去分析。值得关注的是村落的文化空间（场所）系统的保存状况，比如侗族村寨的鼓楼、卡房（议事场所）、苗族村寨的芦笙坪、皖南村落的“风水塘”以及村落中的祠堂和宗教信仰场所等，是否有消失、废弃等情况。同时，村落的内部组织以及管理机制和村落的遗产保护管理状况也是非常重要的方面。

乡村发展问题涉及面广，各个村落面临的发展问题各不相同，一般包括以下几个方面：水资源与污水处理及能源情况，环境与卫生情况，道路交通状况，建筑质量和住房设施及住房需求状况，教育卫生服务状况，产业与收入状况，灾害情况等。

## 4.3 村落保护范围划定与保护要求

村落保护规划的首要任务就是划定保护范围。从文化景观的角度，村落文化景观的保护范围包含核心保护范围、建设控制地带和环境协调区三个层次。核心保护范围是村落中物质遗产丰富集中、空间格局保存完整的部分，包括村落本体同时也包括村落本体直接依托的农田、河流、植被等人工和自然景观要素。建设控制地带是核心保护范围周边对核心保护区在视线、景观上有直接影响的建设区域，建设控制地带允许建设，但对各类建设行为应进行严格的控制。环境协调区是在核心保护区内向周边眺望的视线所及范围内的自然、人工景观。

针对不同的保护层次（即保护区划）和不同的保护对象（村落、农田、山林等），保护的要求是不同的，换句话说就是，正因为保护要求不同才需要划定不同的保护区。在核心保护范围中根据保护对象的不同可以细分为村落保护区和农业景观保护区。核心保护范围内所有需要保护的对象均应该严格保护，因此也可以称作“整体保护”。其中，村落保护区范围内应严格保护历史形成的空间格局和传统风貌，包括村落格局、街巷肌理、建筑群体环境、传统建筑；对已经破损的传统建筑，应根据相关资料进行修缮，并不应改变原有的特征，以保护遗产的真实性；村落保护区内原则上不应新建民居建筑，对确需重建、改建、维修的非传统建筑必须在建筑形式、高度、体量、色彩以及尺度、比例上与现有传统建筑相协调，以维护遗产的整体性。在农业景观保护区范围内，应整体保护构成传统村落风貌的农田水系和地形地貌等各种组成要素，原则上不应占用农田新建建筑物，以保护村落周边的田园风光。

在建设控制地带内应对所有建设活动进行严格控制，对需新建、改建、扩建的建筑应该在建筑高度、体量、色彩以及尺度、比例上与传统建筑风貌相协调，以保障遗产的整体价值不被损害。环境协调区内原则上不得进行新的建设活动，应严格

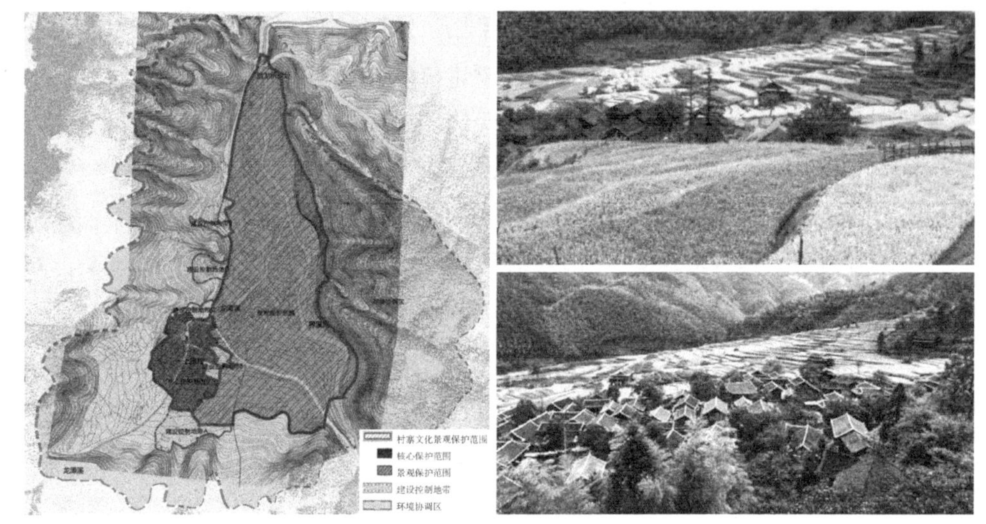


图 7–4–2　湖南省绥宁县上堡村保护区划及文化景观

保护自然生态和地形地貌，不得占用农田，以保护遗产的完整性。同时应该严格控制包括各种环境污染在内的任何对环境具有负面影响的建设活动，从而延续村落与田园风光、自然植被等的融合与共存关系（图 7–4–2）。

## 4.4　村落建筑保护与改善

村落的建筑，特别传统的民居，保护与改善需要同步进行。村落的传统民居不同于一般的文物建筑，也不同于城镇中的传统住宅，它是村落日常生活居住的场所，更重要的是它不能简单地通过征收政策和措施把它固化地保护起来或者置换为商业经营和旅游服务设施，因为博物馆式的保护和乡村遗产旅游不是乡村遗产保护和利用的宗旨，因为如果是这样的一种保护方式，乡村就不复存在了。

传统建筑的年代以及形式和结构保存的完整程度是确定传统建筑保护措施的重要依据。据此，一般村落中的建筑物可以分为三类：历史建筑（包括年代久远的传统民居），保存完整的传统建筑，保存不完整的传统建筑。在这里，所称的“传统建筑”并无年代和时间的含义，仅是从建筑的形式和结构两个方面予以定义，因此即使是刚刚建成的具有传统建筑形式和结构的建筑均归为“传统建筑”。所以，在这三类中除了历史建筑外，其他两类中均可能既有具有保护价值的建筑物也有没有保护价值的建筑物。

因此，如何确定需要保护的建筑，年代便是一个重要的因素，而具体建筑建造的年代多久远才具有保护的价值则需要因地制宜地进行分析和判断，其中“比较”是一个判定的分析工具。

从建筑遗产的基本原理出发，“历史建筑”应该是在本村落甚至本文化地域内既

独特又久远的建筑物。以皖南的乡村民居为例，建成年代在100年以上的祠堂且在建筑上具有某些方面的独特性（比如，形式、装饰、格局甚至文化意义）应该列为“历史建筑”予以保护，而普通的传统民居一般建成年代在70或80年也可以列为“历史建筑”予以保护。再以侗族、苗族的木构民居为例，由于那里的木构建筑常常遭到火灾且较易损坏，村落中百年以上、甚至50年以上的建筑都很少见，而且年代久远的建筑往往几经修建，因而在侗族村寨中一般80年以上的建筑均可列为“历史建筑”了，有的村寨甚至可以定为50年。

对传统建筑而言，判定是否具有保护价值，“比较”同样是一个有用的工具。这时的“比较”是以这个村落本身为范围的，也就是说究竟确定多少年房龄的传统建筑是保护对象，应该是把构成这个村落整体风貌和景观特征的传统建筑基本纳入其中。在皖南乡村，这类非历史建筑的“传统保护建筑”（一般情况下以传统民居为主）的建造年代一般可以确定为50年以上，而在侗族和苗族村寨这个年限则一般为30年。

当然，传统建筑的形式保存的完整程度也是一个判定是否应该列为“传统保护建筑”的参考因素，但不应该是决定性因素，因为即使已经损坏或者已经被改造，它依然可以被修复。

根据以上的分析，对建筑制定保护的措施显然就需要分为三种情况。第一种措施是修缮，针对的对象是“历史建筑”和“传统保护建筑”中形式和结构均保存完整的传统建筑；第二种措施是修复，针对的对象是“历史建筑”和“传统保护建筑”中形式和结构均保存不完整的传统建筑；第三种措施是保留，针对的对象是除了“历史建筑”和“传统保护建筑”之外的其他传统建筑物。

在实际的工作中往往会发现这样的分类并不完善，因为具体每个村落的建筑类型和情况各不相同，需要在因地制宜地分析、比较的基础上具体运用。“传统保护建筑”并不是一个法定的保护名词，虽然在保护措施上与“历史建筑”原则上相同，但其价值不在于单个建筑本身，而在于其对村落传统风貌的贡献，因此在具体的修缮和修复技术方案中并不强调“原状”，而重点强调的是“相同的材料和工艺”（图7-4-3）。

图7-4-3 保护建筑修缮前（左）后（右）

另外一种分类是，由于一般情况下我们往往把传统建筑理解为“具有传统形式和传统结构且具有一定历史的建筑”，其中包含了时间的意义。在这种理解下，如果将传统建筑界定的时间跨度与前一种分类中“传统保护民居”确定的时间跨度一致的情况下也并不矛盾，也就是所有的“传统建筑”均是需要保护的，因而在保护类型以及保护措施分类上就只有“历史建筑”和“传统建筑”两类，那些“具有传统形式和传统结构的建筑”的非“传统建筑”将被列为“新建筑”的一部分（参见“4.5村落建筑与景观整治”），其保护措施则不会改变，即“历史建筑”和“传统建筑”中形式和结构均保存完整的传统建筑为修缮，而“历史建筑”和“传统建筑”中形式和结构均保存不完整的传统建筑为修复。

村落里的任何建筑物都是功能性的建筑物，传统民居更是村民家庭的居住兼生产场所。但是，普遍的情况是越是保存完整的村落传统民居中的生活设施越差越落后。因此，要保持乡村遗产的活态属性，改善传统民居中的生活设施是保护工作的重要组成部分。除了民居内的卫浴、厨房以及污水排放和处理外，民居的防火、防潮、防蛀以及结构安全等都是那些年久失修的传统民居面临的基本问题，因此对于村落中历史建筑和传统建筑的改善应该放在一个与保护同等重要的位置。

## 4.5 村落建筑与景观整治

村落中除了需要保护的“历史建筑”、“传统保护建筑”（或上述第二种分类情况下的“传统建筑”），还有非传统形式或非传统结构的新建筑（第二种分类情况下还包括“传统形式和传统结构的新建筑”）。对这些建筑物一般可以从景观的和谐性的角度分为“与村落整体景观不冲突的建筑物”以及“与村落整体景观有冲突的建筑物”两类。如果按第二种分类那么“传统形式和传统结构的新建筑”显然属于“与村落整体景观不冲突的建筑物”（图 7–4–4）。

对所有“与传统风貌不冲突的建筑物”一般可以采用保留的方式，即维持现状；而“与传统风貌有冲突的建筑物”则需要采用恰当的整治措施。“与传统风貌有冲突的建筑物”是指在建筑高度、体量、材料、色彩、风格上与村落的整体景观不协调的建筑，以及所在位置对村落景观有极大负面影响的各类搭建简屋。

图 7–4–4　贵州侗寨中的非保护建筑（传统结构与传统形式的新建筑）

对“与传统风貌有冲突的建筑物”整治的方式有许多种，一般包括改变色彩、更换材料、更改形式（包括建筑构件）、减小体量以及拆除重建甚至拆除不建。但

是，在实际情况中采用这些方式都会遇到村民的阻力，因此，通过景观整治的方式也是一个可以选择的解决问题的途径。

除了有“与传统风貌有冲突的建筑物”外，影响村落传统景观的因素还有采用了不恰当材料铺装的街（巷）道和场地，位置安放不恰当的市政设施（备），材料、工艺、尺度等方面不协调的围墙、护坡、台阶等工程设施。这些与村落整体景观有冲突的东西均属于景观整治的对象。景观整治的方式归纳起来有拆、改、挡三种，一般首先考虑用植物或矮墙遮挡，比如建筑物和市政设施；其次是更换材料或色彩，比如地面铺装以及无法遮挡的建筑物和构筑物；在前面两种均无法处理时才采用拆的方式。在村落中“拆”不是首选的景观整治方式（案例 7-1）。

## 4.6 非物质文化遗产保护与传承

根据联合国教科文组织《保护非物质文化遗产公约》定义：非物质文化遗产（intangible cultural heritage）指被各群体、团体、有时为个人所视为其文化遗产的各种实践、表演、表现形式、知识体系和技能及其有关的工具、实物、工艺品和文化场所。各个群体和团体随着其所处环境、与自然界的相互关系和历史条件的变化不断使这种代代相传的非物质文化遗产得到创新，同时使他们自己具有一种认同感和历史感，从而促进了文化多样性和激发人类的创造力。非物质文化遗产是指各种以非物质形态存在的与群众生活密切相关、世代相承的传统文化表现形式。非物质文化遗产强调的是以人为核心的技艺、经验、精神，其特点是活态演变。

非物质文化遗产包括以下 5 个方面：口头传说和表述，包括作为非物质文化遗产媒介的语言；表演艺术；社会风俗、礼仪、节庆；有关自然界和宇宙的知识和实践；传统的手工艺技能。在进行村落调研时，需要对这些非物质文化遗产分别开展演变历程、种类、形式、特征、传承人以及传承状况等方面的记录、整理和评估。

非物质文化遗产保护的目标是传承。非物质文化遗产保护的基本前提是对遗产的价值进行真实记录，不丢失与之相关的真实信息，非物质文化遗产记录的关键在于确认传承人（群体），具体的方法可以通过社区调查寻找并确认各项遗产及其传承人或群体。其次是根据非物质文化遗产的不同类型，采用不同的记录方式、记录环境、记录技术。同时，为了实现遗产文档共享的目的，需要记录文档的标准化。也就是说需要文档的建立者们共同按照一个相同的规则去建立文档，从而让使用者能方便地分析、比较和展示。遗产文档共享的使用者包括两个层面，一个层面是国际或者地区间，另一个层面是与遗产研究、教育、管理、宣传、查阅等用途相关的各类机构和个人。同时，是遗产展示的重要基础，对遗产的传承具有十分

重要的价值。

在乡村遗产保护规划中，非物质文化遗产保护的对象有两大类。一类是人，包括非物质文化遗产传承人在内的社会群体和民间（村民）组织；另一类是物，即与非物质文化遗产活动相关联的文化场所。非物质文化遗产的保护与传承方式多种多样，关键是建立一个可持续的遗产传承机制。包括记录，为非遗传承人和自发的村民非遗组织提供物质、资金和场所，支持培养新的传承人并开展非遗活动和培训，将非遗活动和传统手工艺品转化为旅游服务和旅游产品，以及设置陈列馆展示非物质文化遗产的价值等。在条件具备的村落或文化背景相同的村落群可以建立非物质文化遗产展示基地，比如在进一步发掘非物质文化遗产的基础上组建民间文化演艺团体，推动非物质文化遗产的繁荣；通过举办手工艺品创作大赛、以村落为题材或背景的文学作品评比、摄影比赛、古建维修经验交流及展示等活动；编辑出版一批反映乡村非物质文化遗产的影视、书画和民间文艺作品等。建立传统手工艺品生产基地，让优秀的非物质文化遗产融入现代日常生活中，比如鼓励和支持民间艺人开发具有民族特色的文化产品和旅游纪念品，鼓励和支持文化名人、艺人、传人在村落开展文化展示和经营活动；鼓励居民参与文化产业和民族传统手工业，扶持地方和传统名特产品生产行业等。

建立和完善各级各类民间文化博物馆、传承人工作室、演艺队等机构，对具有代表性的非物质文化遗产进行有效的调查研究、陈列演示、普及宣传、保护开发，培养一批具有相应资质的非物质文化遗产保护专业工作者。

## 4.7 遗产利用

乡村遗产的利用应该以不损害乡村遗产的属性为前提。在这一前提下，开展乡村旅游、乡村文化活动及展示、乡村传统及乡土产品的开发与推广均是当下乡村发展可选择的路径。

乡村遗产利用的目的之一是乡村的发展，同时乡村的遗产资源正是具有传统文化物质与非物质遗存的村落发展的重要且独特的资源。乡村旅游正是基于这种对乡村遗产的认识和理解而发展而起来的。乡村旅游为村民带来了就业机会从而增加了村民的收入、拓展了村民收入的来源，很受村民的欢迎。然而，不恰当的乡村旅游开发以及村民对旅游带来的环境、安全以及社会方面的潜在风险认识不足往往对乡村遗产的保护会造成破坏性的影响，更可能对乡村传统社会结构带来强大的冲击。乡村旅游应该遵循以下三大原则：关注村民本身，不仅关注村民收入的提高，同时应该关注村民就业能力和适应风险能力的提高；关注村落的社会结构和社会机制，外部的干预不应损害村落内部的运行机制及其演变规律；关注

图 7-4-5 开发的乡村产品（左）、村民开设的农家乐（中）以及村民开设的民居客栈（右）

乡村遗产的传承和乡村的可持续发展，在发展中提高村落的文化价值。上述三大原则适用于所有乡村遗产利用的路径，包括非物质文化遗产的展示、传承活动以及农业和其他产业的发展（图 7-4-5）。

图 7-4-6 贵州黎平县地扪乡村人文生态博物馆的资料中心

乡村遗产利用的另一个重要目标是文化传承。为了达到文化传承的目标，对乡村开展历史研究和文化记录是一个重要有效的方式。在乡村，口口相传的历史和传统需要专业人员与村民一起通过合理有效的方法记录下来，作为后代和未来研究和传承的资料库（图 7-4-6）。

## 4.8 村落建设

村落的建设是乡村遗产保护规划中十分重要的内容。村落建设包括基础设施、环境卫生、公共设施、旅游设施等，而村民住房的建设是其中最关键的部分，因为它涉及村落的整体景观。

村民建房主要原因有三方面，首先是改善的需要，比如增加厨卫；其次是家庭结构的变化，比如孩子成家后分户的需要；再次是生产或经营的需要，比如开设农家乐或客栈。解决这些需求的方式只有两种，即拆老房建新房以及在空地或农地上新建房屋。这里遇到的困境是，如果老房是需要保护的传统民居那么就需要另辟建房的土地，这与在非保护的村落中建房遇到的问题是不同的，同时由于习俗的原因村民选择建房的位置是有讲究（习俗）的，而且村民往往只能在自家承租的农地上建房，因此村民建房的选址并不是规划自己可以决定的。

但是，村民“自由选址”建房的结果往往与保护村落文化景观的要求不一致，

图 7-4-7　贵州地扪侗寨村民在农田建房前（左）后（右）景观

甚至造成破坏村落文化景观的负面结果（图 7-4-7）。建设控制地带是规划确定的可以建造村民房屋的区域，其中包括了村落扩展的范围，因此规划的关键是如何与村民一起共同确定村落扩展的位置、规模，以控制村落形态的变化以及维持村落与田园景观和自然景观的和谐关系（案例 7-2）。

## 本章思考题

1. 为什么要保护乡村遗产？
2. 为什么说“一个村落之所以具有保护的价值在于它的整体”？
3. 保护乡村非物质文化遗产有何意义？

## 参考文献

[1] 联合国教科文组织 . 红河哈尼梯田文化景观列入世界遗产名录 [EB/OL].http：//www.unesco.org/new/zh/media-services/world-heritage-37th-session/whc37-details/news/honghe_hani_rice_terraces_inscribed_on_unescos_world_heritage_alongside_an_extension_to_the_ukhahlamba_drakensberg_park/#.Vge7GOafeEA，2013-06-22/2015-09-22.

[2] 联合国教科文组织 . 开平碉楼与村落 [EB/OL].http：//whc.unesco.org/zh/list/1112，2015-09-22.

[3] 百度百科 . 文化景观遗产 [EB/OL].http：//baike.baidu.com/link?url=J6g2UZ0X7h3yAnqgFyhBntqzVWPBJYj9-BEvPjC6uMnS5REiX34oVj4YCBt0chJTvIOq4s8pqCjZA_ju587z6_，2015-04-04/2015-09-22.

[4] 中文百科 . 福建土楼 [EB/OL].http：//zy.zwbk.org/index.php?title=%E7%A6%8F%E5%BB%BA%E5%9C%9F%E6%A5%BC&diff=next&oldid=263003，2014-02-11/2015-09-22.

# 第3篇

# 乡村规划的编制

# 第八章　乡村规划的定位与法规

## 第1节　乡村规划的定位

### 1.1 《中华人民共和国城乡规划法》中的乡村规划

2008年实施的《中华人民共和国城乡规划法》（以下简称《城乡规划法》）第二条明确了乡村规划的具体内容和法律地位，是除城镇体系规划、城市规划、镇规划之外的第四种规划类型。在《城乡规划法》中，乡村规划又分为乡规划和村庄规划，其各自的编制层次和内容有所不同。

《城乡规划法》第二条：制定和实施城乡规划，在规划区内进行建设活动，必须遵守本法。本法所称城乡规划，包括城镇体系规划、城市规划、镇规划、**乡规划和村庄规划**。

（1）上位规划

《县域村镇体系规划编制暂行办法》（2006）第十五条指出“县域村镇体系规划的主要任务之一是**指导村镇总体规划和村镇建设规划的编制**。”

《城乡规划法》第三条指出“县级以上地方人民政府根据……原则，**确定应当制定乡规划、村庄规划的区域**。在确定区域内的乡、村庄，应当依照本法制定规划，规划区内的乡、村庄建设应当符合规划要求。县级以上地方人民政府鼓励、指导前款规定以外的区域的乡、村庄制定和实施乡规划、村庄规划。”

《城乡规划法》第二十二条指出“**乡、镇人民政府组织编制乡规划、村庄规划**……”

因此，乡规划的上位规划是县域村镇体系规划或者城市总体规划；村庄规划的上位规划是县域村镇体系规划或者镇总体规划。

（2）规划类型

《城乡规划法》（2008）中没有把乡规划和村庄规划统称为“乡村规划”，乡规划某种程度上对应于镇规划，只是镇规划偏重于城镇布局，而乡规划偏重于农村地域。《城乡规划法》第十八条的表述是“**乡规划、村庄规划**的内容应当包括……乡规划还应当包括本行政区域内的村庄发展布局。”乡规划与村庄规划的差异性在于，前者包括了村庄的布局，其规划的空间范围更大。

在我国，乡是与镇相对应的一级地理单元，行政等级相同，辖区面积和人口规模相似，但镇已经具备了工商业经济以及人口集聚等城镇职能，而乡的工业化程度和人口集聚程度相对镇偏弱，仍然划分为农业地区，整体属于农村范畴。乡与镇一样，也是由若干个行政村构成，每个行政村又由若干个自然村构成。《镇规划标准》（GB 50188—2007）明确其适用范围为“**除县政府驻地以外的镇、乡**”。所以乡规划的本质内容应与镇规划基本一致，只是后者强调了集镇区的规划内容，而前者重点关注为农村地区的生产生活服务。《镇（乡）域规划导则》（2010）指出，镇（乡）域规划是《城乡规划法》规定的镇规划和乡规划的一种形式。该导则的颁布也一定程度上认可了乡规划与镇规划的对等关系。

除了《城乡规划法》中的乡规划和村庄规划以外，各地出现了一些与乡村相关的规划类型，比如以迁村并点（案例 8-1）、集中居住为导向的村庄布点规划，类似修建性详细规划的、针对村庄建设发展的村庄建设规划（案例 8-2），针对村庄环境、面貌、卫生等做的整理、引导（不大拆大建）的村庄整治规划，针对灾害发生后居民点重建规划等（案例 8-3）。

此外，为呼应国家政策，各地涌现出了新农村规划，顾名思义，就是要改变农村面貌。很多省市通过部门、地方政府或企业扶持，进行了不同形式与深度的规划实践。严格讲，新农村规划不能算作是一种规划类型，而是当下城乡发展不平衡的环境下的时代产物。

## 1.2 乡村规划编制的层次划分

我国现行法律法规对乡村规划分别从不同角度对乡村规划进行了规划层次划分：根据《城乡规划法》，乡村规划的制定可分为两个层次，乡规划与村庄规划。《村庄和集镇规划建设管理条例》则对村庄规划及乡驻地（集镇）规划进一步细分为：①村庄、集镇总体规划，和②村庄、集镇建设规划两个层次。《村镇规划编制办法》同样将村镇规划划分为总体规划与建设规划两个层次，其中建设规划还包括近期建设规划。

从规划编制的内容来看，乡规划包括乡域镇村体系规划、乡驻地（集镇）区总体规划、乡驻地（集镇）区建设规划。村庄的规划包括村庄规划、村庄建设规划、村庄整治规划。

在上述乡村规划编制类型中：①乡域镇村体系规划、乡驻地（集镇）区总体规划、村庄规划属于总体规划，村庄规划的范围是村域；②乡驻地（集镇）区建设规划与村庄建设规划属于详细规划；③村庄整治规划属于专项规划。

由于相关法律法规规范仍在修订与完善中，关于乡村规划层次的划分有待进一步明确（表 8–1–1）。

法律法规中关于乡村规划编制层次的规定　　表 8–1–1

| 法律法规 | 规划编制层次相关条文 |
|---|---|
| 城乡规划法 | 第二条本法所称城乡规划，包括城镇体系规划、城市规划、镇规划、乡规划和村庄规划 |
| 村庄和集镇规划建设管理条例 | 第十一条　编制村庄、集镇规划，一般分为村庄、集镇总体规划和村庄、集镇建设规划两个阶段进行 |
| 村镇规划编制办法 | 第三条　编制村镇规划一般分为村镇总体规划和村镇建设规划两个阶段 |

# 第 2 节　乡村规划的法规

乡村规划法规是约束乡村发展及规划行为的准绳，是乡村规划行政主管部门行政的法律依据，也是乡村规划编制和各项建设必须遵守的行为准则。完善系统的乡村规划法规对乡村的健康良性发展具有重要意义。

乡村规划涉及内容与领域众多，相关的法律法规覆盖法律法规体系的各个层面，涉及自然与历史资源保护利用、市政建设、建设工程与管理、行政执法与法制监督等多个方面内容。

本章主要对以《城乡规划法》为核心的乡村规划法律法规进行分析，也涉及与乡村规划关系紧密的以《中华人民共和国土地管理法》（以下简称《土地管理法》）为核心的相关法律法规规范。

## 2.1 我国乡村规划法规演变历程

为了规范农村房屋建设工作，解决农村房屋建设中的一系列问题，由原国家建委等部委牵头，分别于 1979 年、1981 年召开了两次全国性质的农村房屋建设工作会议（以下简称“村建一次全会”、“村建二次全会”）。村建一次全会主要解决村庄规划有无的问题，标志着现代村庄规划已经开始进入探索阶段，对推动农村房屋规划建设具有重要意义。村建二次全会主要解决村庄规划及其法制建设在推进过程中遇到的各种障碍，标志着村庄规划的探索阶段已经深入到纵深领域，开启了村庄规划制度建设和法治建设之门。

1990 年，我国通过了第一部城市规划领域的法律《城市规划法》，与之对应，建设部于 1993 年以来颁布了一系列相关的乡村规划法规及标准文件，包括行政法规《村庄和集镇建设管理条例》、部门规章《村镇规划编制办法（试行）》及国家标准《村镇建设标准》（GB 50188—1993）。

1993 年 6 月 29 日建设部颁布的《村庄和集镇规划建设管理条例》标志着村庄规划开始进入规范发展和法治化建设阶段。该条例作为我国村镇建设的基本法规，初步明确了村庄规划的编制原则、方法和内容，同时对审批程序、管理要求和实施办法作了原则性规定。

2007 年 10 月 28 日，第十届全国人大常委会通过了《城乡规划法》，从此结束了城乡规划分别立法的体制，城市规划与乡村规划开始被纳入同一法律中进行统筹考虑。

与之对应，建设部颁布了一系列法规规范以指导新时期下的乡村发展与规划，包括《镇（乡）域规划导则》（2000）、《村庄整治规划编制办法》（2013）及《村庄整治技术规范》（GB 50445—2008）等。这些文件对乡村发展与规划起到了重要的指导作用，但总体而言，部分乡村发展与规划相关的法律法规规范仍存在一定程度的滞后性及相互间的不一致性，有待进一步修订与完善（图 8-2-1）。

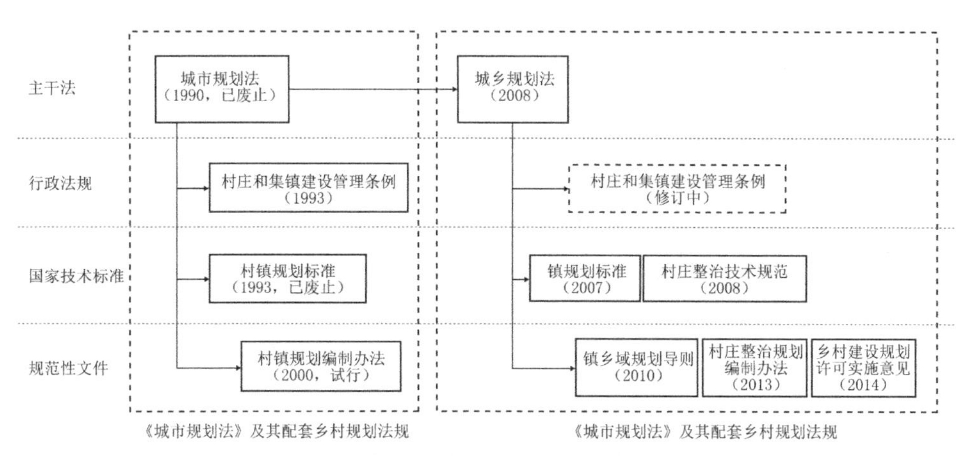


图 8-2-1 乡村规划法律法规规范演变脉络图

## 2.2 乡村规划的编制组织与修改

（1）规划制定组织与编制范围

乡规划由乡政府组织编制，乡规划成果报送审批前应当依法将规划草案予以公告，并采取座谈会、论证会等多种形式广泛征求村民、社会公众和有关专家的意见。公告的时间不得少于三十日。对有关意见的采纳结果应当公布。乡规划成果经乡人民代表大会审查同意后由乡人民政府报县、市级人民政府批准。乡规划成果批准后，乡人民政府应按法定程序向公众公布、展示规划成果，并接受公众对规划实施的监督（图 8-2-2、表 8-2-1）。

村庄规划由村庄所在乡、镇人民政府组织编制，村庄规划在报送审批前，应当经村民会议或者村民代表会议讨论同意。

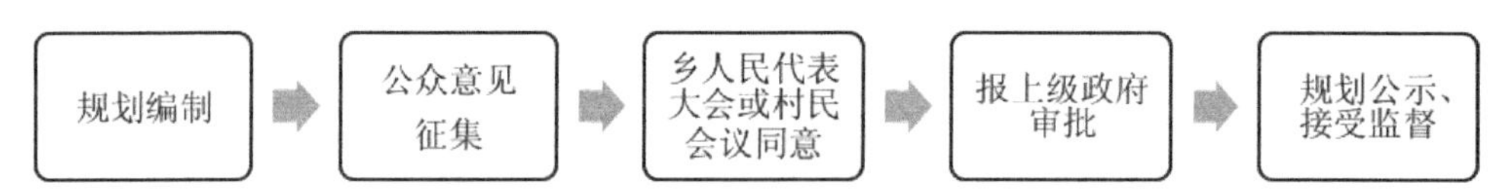


图 8-2-2　乡规划的组织编制及审批程序示意图

**法律法规中关于乡村规划组织编制的规**　　**表 8-2-1**

| 法律法规 | 相关条文 |
|---|---|
| 城乡规划法 | 第二十二条　乡、镇人民政府组织编制乡规划、村庄规划，报上一级人民政府审批。村庄规划在报送审批前，应当经村民会议或者村民代表会议讨论同意<br>第二十六条　城乡规划报送审批前，组织编制机关应当依法将城乡规划草案予以公告，并采取论证会、听证会或者其他方式征求专家和公众的意见；公告的时间不得少于三十日<br>组织编制机关应当充分考虑专家和公众的意见，并在报送审批的材料中附具体意见采纳情况及理由 |
| 村庄和集镇规划建设管理条例 | 第八条 村庄、集镇规划由乡级人民政府负责组织编制，并监督实施<br>第十四条　村庄、集镇总体规划和集镇建设规划，须经乡级人民代表大会审查同意，由乡级人民政府报县级人民政府批准<br>村庄建设规划，须经村民会议或者村民代表会议讨论同意，由乡级人民政府报县级人民政府批准 |
| 村镇规划编制办法 | 第四条 村镇规划由乡（镇）人民政府负责组织编制 |
| 镇乡（域）规划导则 | 1.5 镇（乡）域规划的组织编制和审批应当分别按照《中华人民共和国城乡规划法》对镇规划和乡规划组织编制和审批的要求执行<br>4.2 镇(乡)域规划成果报送审批前应当依法将规划草案予以公告,并采取座谈会、论证会等多种形式广泛征求村民、社会公众和有关专家的意见；公告的时间不得少于三十日；对有关意见的采纳结果应当公布<br>4.3 镇（乡）域规划成果经镇（乡）人民代表大会审查同意后由镇（乡）人民政府报县、市级人民政府批准<br>4.4 镇（乡）域规划成果批准后，镇（乡）人民政府应按法定程序向公众公布、展示规划成果，并接受公众对规划实施的监督 |

《城乡规划法》中第三条规定“县级以上地方人民政府根据本地农村经济社会发

展水平，按照因地制宜、切实可行的原则，确定应当制定乡规划、村庄规划的区域。在确定区域内的乡、村庄，应当依照本法制定规划，规划区内的乡、村庄建设应当符合规划要求。

县级以上地方人民政府鼓励、指导前款规定以外的区域的乡、村庄制定和实施乡规划、村庄规划。”

考虑到全国乡村发展地域差异性较大，《城乡规划法》对于乡村规划的编制范围要求具有相当的弹性，具体各地乡村是否需要编制规划由各地政府根据情况确定。

（2）规划编制的期限

《城乡规划法》及《村庄和集镇规划建设管理条例》并未对规划期限进行具体规定，而是采取了授权性立法的方式，如《村庄和集镇规划建设管理条例》中提出“村庄、集镇规划期限，由省、自治区，直辖市人民政府根据本地区实际情况规定。”

相关部门规章及规范性文件中则对乡村规划的规划期限作出了进一步引导性规定。《县域村镇体系规划编制暂行办法》提出县域村镇体系规划的期限一般为20年，《镇（乡）域规划导则》提出镇（乡）域规划的期限一般为20年，《村镇规划编制办法》提出村镇总体规划的期限一般为10—20年，村镇建设规划的期限一般为10—20年，宜与总体规划一致，村镇近期建设规划的期限一般为3—5年（表8-2-2）。

**法律法规中关于乡村规划期限的规定**　　表8-2-2

| 法律法规 | 规划期限相关规定 |
| --- | --- |
| 县域村镇体系规划编制暂行办法 | 县域村镇体系规划期限一般为20年 |
| 镇（乡）域规划导则 | 镇（乡）域规划期限一般为20年 |
| 村镇规划编制办法 | 村庄总体规划及村镇建设规划一般为10-20年；<br>村镇近期建设规划期限一般为3-5年 |

（3）乡村规划的修改

《城乡规划法》中对乡村规划的修改进行了原则性规定：修改乡规划、村庄规划的，应当依照乡村规划的审批程序报批。

《村庄和集镇规划建设管理条例》中规定根据社会经济发展需要，依照条例中规定的审批程序，经乡级人民代表大会或者村民会议同意，乡级人民政府可以对村庄、集镇规划进行局部调整，并报县级人民政府备案。涉及村庄、集镇的性质、规模、发展方向和总体布局重大变更的，依照条例中规定的规划审批程序办理。

《镇（乡）域规划导则》中规定镇（乡）域规划根据当地经济社会发展需要确需调整的，由镇（乡）人民政府提出调整报告，经审批机关同级的建设（规划）主管部门认定后方可组织调整。调整后的规划成果，按前款规定的程序报原审批机关审批并公示（表8-2-3）。

总体而言，国家层面法律法规对乡村规划的修改做了轮廓性的、程序性的规定，对具体需要修改的情况及具体修改的程序未进行细致规定，并且相互之间存在不一致的情况，相关法律法规规范有待修编。

法律法规中关于乡村规划修改的规定　　表 8–2–3

| 法律法规 | 相关条文 |
|---|---|
| 城乡规划法 | 第四十八条　修改乡规划、村庄规划的，应当依照乡规划与村庄规划的审批程序报批 |
| 村庄和集镇规划建设管理条例 | 第十五条　根据社会经济发展需要，依照本条例规划审批程序的规定，经乡级人民代表大会或者村民会议同意，乡级人民政府可以对村庄、集镇规划进行局部调整，并报县级人民政府备案。涉及村庄、集镇的性质、规模、发展方向和总体布局重大变更的，依照条例规定的规划审批程序办理 |
| 镇（乡）域规划导则 | 4.5 乡域规划根据当地经济社会发展需要确需调整的，由乡人民政府提出调整报告，经审批机关同级的建设（规划）主管部门认定后方可组织调整。调整后的规划成果，按前款规定的程序报原审批机关审批并公示 |

## 2.3　乡村规划与建设的标准与技术规范

乡村规划的现行综合性标准及其主要内容详见下表（表 8–2–4）。

乡村规划与建设主要标准与技术规范的主要内容　　表 8–2–4

| 标准与规范名称 | 文件类型 | 主要内容 |
|---|---|---|
| 镇规划标准（GB 50188—2007） | 国家标准 | 对镇村体系与人口预测、镇区用地分类、公共服务设施规划、生产设施与仓储规划、道路规划、环境规划、历史文化保护规划及各项公用设施规划等进行了技术上的规定 |
| 村庄整治技术规范（GB 50445—2008） | 国家标准 | 从环境整治角度出发，对各类公用设施、道路与交通设施、景观环境、历史文化与特色资源保护等方面进行了技术上的规定 |
| 村镇规划卫生规范（GB 18055—2012） | 国家标准 | 从农村的健康卫生角度出发，对村镇规划的用地选择、空间布局及各类用地的规划及设计要求进行规定 |
| 村庄规划用地分类指南 | 规范性文件 | 对村庄的用地根据其功能与土地权属进行分类划分，以指导村庄规划 |

其他专业性标准及技术规范有《村镇规划卫生规范》（GB 18055—2012）、《农村住宅卫生规范》（GB 9981—2012）等。

《村镇规划卫生规范》（GB 1805—2012）主要从农村的健康卫生角度出发，对村镇规划的用地选择、空间布局及各类用地的规划及设计要求进行规定。

《农村住宅卫生规范》（GB 9981—2012）主要对农村住宅卫生方面进行了规定，包括农村住宅的用地选择、日照、小微气候、卫生监督检测等方面。

## 2.4　历史文化名村的保护规定

对于历史悠久，有一定历史遗存，传统风貌特色突出的村庄，符合历史文化名村的申报要求的村庄，在符合一般村庄法律法规要求的基础上，还需符合《历史文化名城名镇名村保护条例》的相关规定。

（1）申请与审批

根据《历史文化名城名镇名村保护条例》第七条，具备下列条件的村庄，可以申报历史文化名村：

1）保存文物特别丰富；

2）历史建筑集中成片；

3）保留着传统格局和历史风貌；

4）历史上曾经作为政治、经济、文化、交通中心或者军事要地，或者发生过重要历史事件，或者其传统产业、历史上建设的重大工程对本地区的发展产生过重要影响，或者能够集中反映本地区建筑的文化特色、民族特色。

申报历史文化名镇、名村，由所在地县级人民政府提出申请，经省、自治区、直辖市人民政府确定的保护主管部门会同同级文物主管部门组织有关部门、专家进行论证，提出审查意见，报省、自治区、直辖市人民政府批准公布。

（2）保护规划编制组织

历史文化名村批准公布后，所在地县级人民政府应当组织编制历史文化名镇、名村保护规划。保护规划应当自历史文化名村批准公布之日起1年内编制完成。历史文化名村保护规划的规划期限应当与村庄规划的规划期限相一致。

保护规划由省、自治区、直辖市人民政府审批。

保护规划的组织编制机关应当将经依法批准的历史文化名城保护规划和中国历史文化名镇、名村保护规划，报国务院建设主管部门和国务院文物主管部门备案。

保护规划应当包括下列内容：

1）保护原则、保护内容和保护范围；

2）保护措施、开发强度和建设控制要求；

3）传统格局和历史风貌保护要求；

4）历史文化名村的核心保护范围和建设控制地带；

5）保护规划分期实施方案。

经依法批准的保护规划，不得擅自修改；确需修改的，保护规划的组织编制机关应当向原审批机关提出专题报告，经同意后，方可编制修改方案。修改后的保护规划，应当按照原审批程序报送审批。

（3）保护措施

历史文化名村应当整体保护，保持传统格局、历史风貌和空间尺度，不得改变与其相互依存的自然景观和环境。

历史文化名村所在地县级以上地方人民政府应当根据当地经济社会发展水平，按照保护规划，控制历史文化名城、名镇、名村的人口数量，改善历史文化名城、名镇、名村的基础设施、公共服务设施和居住环境。

历史文化名村保护范围内从事建设活动，应当符合保护规划的要求，不得损害历史文化遗产的真实性和完整性，不得对其传统格局和历史风貌构成破坏性影响。

历史文化名村建设控制地带内的新建建筑物、构筑物，应当符合保护规划确定的建设控制要求。

对历史文化名村核心保护范围内的建筑物、构筑物，应当区分不同情况，采取相应措施，实行分类保护。

**专栏 8–1：部分省市对乡村规划法规的深化创设特点**

我国国土幅员广大，各地乡村发展情况差异较大，乡村规划的地域性较强。总体而言，省（市、自治区）对于乡村规划的编制组织、修改、实施管理等方面的法规要求，基本是在国家层面法律法规的框架之下进行了一定细化，以指导具体的乡村发展及规划实践，起到了承接与落实上位法律法规的作用。

针对各地乡村发展条件各异的情况，各地对于乡村规划法规规范上的创设主要在于规划编制方面，包括乡村规划的层次划分、各层次规划内容设定及具体乡村建设与规划的技术规定等方面。

上海市对乡村规划的编制层次作出了进一步划分，且提出了集体建设用地土地流转规划，并制定了《上海市村庄规划编制导则》，对村庄规划编制方面进行了详细的技术性规定。

四川省则进一步细化了乡村规划的内容体系，强调了乡村的近期建设规划，并对村庄建设（治理）规划编制办法进行了进一步规定。此外，成都市还创设了极具特色的乡村规划师制度。

江苏省则主要针对各类乡村规划的编制办法及技术规定方面进行了细致安排，对乡村规划编制进行详细的规定。

## 2.5　土地管理相关法律法规

土地是乡村规划的空间载体，农村的发展更是与土地息息相关。土地方面相关法律法规主要以《土地管理法》为主干法，结合相关行政法规、部门规章及其他规

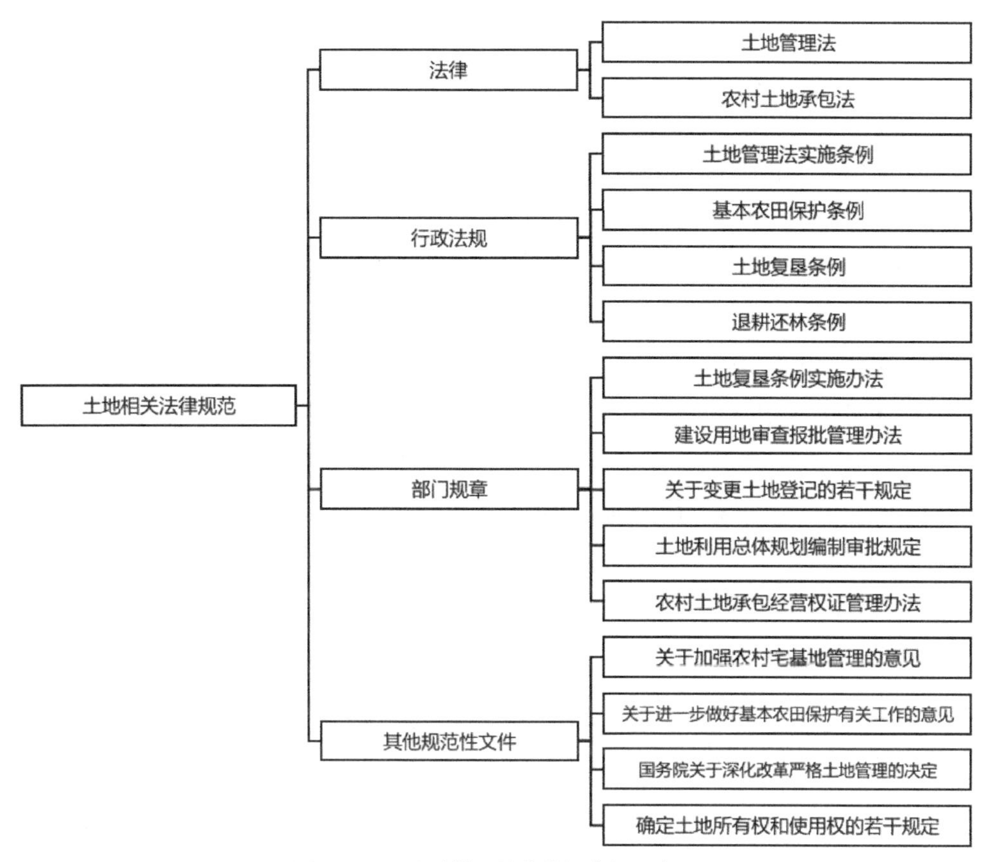


图 8–2–3　土地管理法律法规构架示意图

范性文件，对乡村土地使用及管理制定了一系列规定，主要包括土地用途管理、耕地保护、建设用地管理及土地权属管理等方面（图 8–2–3）。

### 2.5.1　土地用途管理

《土地管理法》规定国家通过编制土地利用总体规划，规定土地用途，将土地分为农用地、建设用地和未利用地。严格限制农用地转为建设用地，控制建设用地总量，对耕地实行特殊保护。

乡（镇）土地利用总体规划，由乡（镇）人民政府编制，逐级上报省、自治区、直辖市人民政府或者省、自治区、直辖市人民政府授权的设区的市、自治州人民政府批准。

土地利用总体规划以自上而下的土地指标逐层分解的方式，对建设用地及耕地指标进行严格管控。乡（镇）人民政府编制的土地利用总体规划中的建设用地总量不得超过上一级土地利用总体规划确定的控制指标，耕地保有量不得低于上一级土地利用总体规划确定的控制指标。

乡（镇）土地利用总体规划应当划分土地利用区，根据土地使用条件，确定每一块土地的用途，并予以公告。土地利用总体规划的规划期限一般为15年。

村庄和集镇规划，应当与土地利用总体规划相衔接，村庄和集镇规划中建设用地规模不得超过土地利用总体规划确定的城市和村庄、集镇建设用地规模。

在此基础上，国土资源部颁布的《土地利用总体规划编制审批规定》对各级土地利用总体规划编制的组织、内容、成果及评审报批进行了进一步规定。

### 2.5.2 耕地保护

（1）耕地补偿制度

《土地管理法》规定国家实行占用耕地补偿制度。非农业建设经批准占用耕地的，按照“占多少，垦多少”的原则，由占用耕地的单位负责开垦与所占用耕地的数量和质量相当的耕地；没有条件开垦或者开垦的耕地不符合要求的，应当按照省、自治区、直辖市的规定缴纳耕地开垦费，专款用于开垦新的耕地。

（2）基本农田保护

依据《土地管理法》，国家实行基本农田保护制度。下列耕地应当根据土地利用总体规划划入基本农田保护区，严格管理：

（一）经国务院有关主管部门或者县级以上地方人民政府批准确定的粮、棉、油生产基地内的耕地；

（二）有良好的水利与水土保持设施的耕地，正在实施改造计划以及可以改造的中、低产田；

（三）蔬菜生产基地；

（四）农业科研、教学试验田；

（五）国务院规定应当划入基本农田保护区的其他耕地。

基本农田保护区以乡（镇）为单位进行划区定界，由县级人民政府土地行政主管部门会同同级农业行政主管部门组织实施。

基本农田应予以严格保护，非农业建设必须节约使用土地，可以利用荒地的，不得占用耕地；可以利用劣地的，不得占用好地。禁止占用耕地建窑、建坟或者擅自在耕地上建房、挖砂、采石、采矿、取土等。禁止占用基本农田发展林果业和挖塘养鱼。

《基本农田保护条例》则对我国基本农田保护的任务、基本原则和适用范围；基本农田的划定和保护要求；监督管理及法律责任进行了进一步规定。

（3）耕地复垦管理

为落实合理利用土地和切实保护耕地的基本国策，规范土地复垦活动，加强土地复垦管理，提高土地利用的社会效益、经济效益和生态效益，国土部颁布了《土

地复垦条例》，对土地复垦要求、土地复垦验收原则及程序、土地复垦的激励措施进行了具体规定。

### 2.5.3 建设用地管理

（1）农用地转建设用地管理

建设占用土地，涉及农用地转为建设用地的，应当办理农用地转用审批手续。省、自治区、直辖市人民政府批准的道路、管线工程和大型基础设施建设项目、国务院批准的建设项目占用土地，涉及农用地转为建设用地的，由国务院批准。

在土地利用总体规划确定的城市和村庄、集镇建设用地规模范围内，为实施该规划而将农用地转为建设用地的，按土地利用年度计划分批次由原批准土地利用总体规划的机关批准。在已批准的农用地转用范围内，具体建设项目用地可以由市、县人民政府批准。其他建设项目占用土地，涉及农用地转为建设用地的，由省、自治区、直辖市人民政府批准。

征收基本农田、基本农田以外的耕地超过三十五公顷或其他土地超过七十公顷的，由国务院批准，其他情况下由省、自治区、直辖市人民政府批准，并报国务院备案。国家征收土地的，依照法定程序批准后，由县级以上地方人民政府予以公告并组织实施。征收土地的，按照被征收土地的原用途给予补偿。

（2）宅基地建设管理

《土地管理法》对宅基地建设管理进行了规定，农村村民一户只能拥有一处宅基地，其宅基地的面积不得超过省、自治区、直辖市规定的标准。

农村村民建住宅，应当符合乡（镇）土地利用总体规划，并尽量使用原有的宅基地和村内空闲地。

农村村民住宅用地，经乡（镇）人民政府审核，由县级人民政府批准；其中，涉及占用农用地的，依照本法第四十四条的规定办理审批手续。

农村村民出卖、出租住房后，再申请宅基地的，不予批准。

（3）集体所有土地建设管理

农民集体所有的土地的使用权不得出让、转让或者出租用于非农业建设；但是，符合土地利用总体规划并依法取得建设用地的企业，因破产、兼并等情形致使土地使用权依法发生转移的除外。

农民集体所有的土地的使用权不得出让、转让或者出租用于非农业建设。在土地利用总体规划制定前已建的不符合土地利用总体规划确定的用途的建筑物、构筑物，不得重建、扩建。

有下列情形之一的，农村集体经济组织报经原批准用地的人民政府批准，可以收回土地使用权：

（一）为乡（镇）村公共设施和公益事业建设，需要使用土地的；

（二）不按照批准的用途使用土地的；

（三）因撤销、迁移等原因而停止使用土地的。

### 2.5.4 土地权属管理

《土地管理法》规定农村和城市郊区的土地，除由法律规定属于国家所有的以外，属于农民集体所有；宅基地和自留地、自留山，属于农民集体所有。

农民集体所有的土地依法属于村农民集体所有的，由村集体经济组织或者村民委员会经营、管理。并应依法对土地使用权进行登记确认，依法登记的土地的所有权和使用权受法律保护，任何单位和个人不得侵犯。

农民集体所有的土地由本集体经济组织的成员承包经营，从事种植业、林业、畜牧业、渔业生产。承包期限为三十年，农民的土地承包经营权受法律保护。

在土地承包经营期限内，对个别承包经营者之间承包的土地进行适当调整或将农民集体所有的土地交由本集体经济组织以外的单位或者个人承包经营的，必须经村民会议三分之二以上成员或者三分之二以上村民代表的同意，并报乡（镇）人民政府和县级人民政府农业行政主管部门批准。

## 2.6 乡村规划的实施管理

（1）规划许可管理

关于乡村规划许可管理的相关文件主要有《城乡规划法》、《乡村建设规划许可实施意见》及《村庄和集镇规划建设管理条例》。《城乡规划法》新设了关于乡村建设规划许可的规定，《乡村建设规划许可实施意见》对其申请程序、许可内容等进行了细化。而《村庄和集镇规划建设管理条例》由于推出较早，尚无乡村建设规划许可的概念，部分内容也与《城乡规划法》存在不一致的情况，需要进行相应的调整。

1）许可管理对象与程序

据《城乡规划法》，乡村中的建设可分为两大类：一类是乡镇企业、乡村公共设施和公益事业建设，此类采取乡村建设规划许可的管理方式；另一类是农民住宅建设，采用原有宅基地的住宅建设，其管理办法由省、自治区、直辖市自行制定。各类建设的许可管理程序详见图 8-2-4。

2）规划许可申请所需材料

据《乡村建设规划许可实施意见》，申请乡村建设规划许可证的个人或建设单位提供以下材料：①国土部门书面意见；②相关现状及设计图纸；③经村民会议讨论同意、村委会签署的意见；④其他应当提供的材料。申请材料的要求，一定程度上

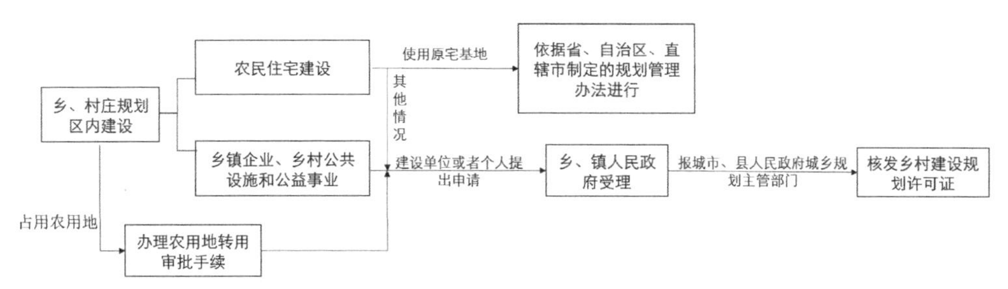


图 8-2-4　各类建设的许可管理程序示意图

保证了建设项目的科学合理性，并强调了对村民意见的考虑。

3）乡村建设规划许可的内容

据《乡村建设规划许可实施意见》，乡村建设规划许可的内容要素分为应选要素和可选要素两部分，应选要素包括用地的位置、范围、性质及建筑的面积、高度等，可选要素包括建筑外貌、风格等，并指出许可内容应根据各地情况拟定内容及深度。

（2）设计施工管理

针对乡村规划中设计施工的问题，《村庄和集镇规划建设管理条例》对设计资质、施工资质、施工要求、质量及相关审批及监督检查要求进行了规定，具体如下：

第二十一条　在村庄、集镇规划区内，凡建筑跨度、跨径或者高度超出规定范围的乡（镇）村企业、乡（镇）村公共设施和公益事业的建筑工程，以及两层（含两层）以上的住宅，必须由取得相应的设计资质证书的单位进行设计，或者选用通用设计、标准设计。

跨度、跨径和高度的限定，由省、自治区、直辖市人民政府或者其授权的部门规定。

第二十三条　承担村庄、集镇规划区内建筑工程施工任务的单位，必须具有相应的施工资质等级证书或者资质审查证明，并按照规定的经营范围承担施工任务。

在村庄、集镇规划区内从事建筑施工的个体工匠，除承担房屋修缮外，须按有关规定办理施工资质审批手续。

第二十四条　施工单位应当按照设计图纸施工。任何单位和个人不得擅自修改设计图纸；确需修改的，须经设计单位同意，并出具变更设计通知单或者图纸。

第二十五条　施工单位应当确保施工质量，按照有关的技术规定施工，不得使用不符合工程质量要求的建筑材料和建筑构件。

第二十六条　乡（镇）村企业、乡（镇）村公共设施、公益事业等建设，在开工前，建设单位和个人应当向县级以上人民政府建设主管部门提出开工申请，经县级以上人民政府建设行政主管部门对设计、施工条件予以审查批准后，方可开工。

农村居民住宅建设开工的审批程序，由省、自治区、直辖市人民政府规定。

第二十七条　县级人民政府建设行政主管部门，应当对村庄、集镇建设的施工

质量进行监督检查。村庄、集镇的建设工程竣工后，应当按照国家的有关规定，经有关部门竣工验收合格后，方可交付使用。

（3）监督检查管理

1）竣工验收管理

根据《城乡规划法》，县级以上地方人民政府城乡规划主管部门按照国务院规定对建设工程是否符合规划条件予以核实。未经核实或者经核实不符合规划条件的，建设单位不得组织竣工验收。建设单位应当在竣工验收后六个月内向城乡规划主管部门报送有关竣工验收资料。

2）违法建设查处

在乡、村庄规划区内进行违法建设的行为，应进行查处、处罚（表8-2-5）。

**法律法规中关于违法建设查处的内容** 表8-2-5

| 法律法规 | 内容 |
| --- | --- |
| 城乡规划法 | 第六十五条　在乡、村庄规划区内未依法取得乡村建设规划许可证或者未按照乡村建设规划许可证的规定进行建设的，由乡、镇人民政府责令停止建设、限期改正；逾期不改正的，可以拆除<br>第六十六条　建设单位或者个人有下列行为之一的，由所在地城市、县人民政府城乡规划主管部门责令限期拆除，可以并处临时建设工程造价一倍以下的罚款：<br>（一）未经批准进行临时建设的；<br>（二）未按照批准内容进行临时建设的；<br>（三）临时建筑物、构筑物超过批准期限不拆除的<br>第六十八条　城乡规划主管部门作出责令停止建设或者限期拆除的决定后，当事人不停止建设或者逾期不拆除的，建设工程所在地县级以上地方人民政府可以责成有关部门采取查封施工现场、强制拆除等措施 |
| 村庄与集镇建设管理条例 | 第三十六条　在村庄、集镇规划区内，未按规划审批程序批准而取得建设用地批准文件，占用土地的，批准文件无效，占用的土地由乡级以上人民政府责令退回<br>第三十七条　在村庄、集镇规划区内，未按规划审批程序批准或者违反规划的规定进行建设，严重影响村庄、集镇规划的，由县级人民政府建设行政主管部门责令停止建设，限期拆除或者没收违法建筑物、构筑物和其他设施；影响村庄、集镇规划，尚可采取改正措施的，由县级人民政府建设行政主管部门责令限期改正，处以罚款<br>农村居民未经批准或者违反规划的规定建住宅的，乡级人民政府可以依照前款规定处罚。<br>第三十八条　有下列行为之一的，由县级人民政府建设行政主管部门责令停止设计或者施工、限期改正，并可处以罚款：<br>（一）未取得设计资质证书，承担建筑跨度、跨径和高度超出规定范围的工程以及2层以上住宅的设计任务或者未按设计资质证书规定的经营范围，承担设计任务的；<br>（二）未取得施工资质等级证书或者资质审查证书或者未按规定的经营范围，承担施工任务的；<br>（三）不按有关技术规定施工或者使用不符合工程质量要求的建筑材料和建筑构件的； |

续表

| 法律法规 | 内容 |
| --- | --- |
| 村庄与集镇建设管理条例 | （四）未按设计图纸施工或者擅自修改设计图纸的<br>取得设计或者施工资质证书的勘察设计、施工单位，为无证单位提供资质证书，超过规定的经营范围，承担设计、施工任务或者设计、施工的质量不符合要求，情节严重的，由原发证机关吊销设计或者施工的资质证书。<br>第三十九条　有下列行为之一的，由乡级人民政府责令停止侵害，可以处以罚款；造成损失的，并应当赔偿：<br>（一）损坏村庄和集镇的房屋、公共设施的；<br>（二）乱堆粪便、垃圾、柴草，破坏村容镇貌和环境卫生的<br>第四十条　擅自在村庄、集镇规划区内的街道、广场、市场和车站等场所修建临时建筑物、构筑物和其他设施的，由乡级人民政府责令限期拆除，并可处以罚款<br>第四十一条　损坏村庄，集镇内的文物古迹、古树名木和风景名胜、军事设施、防汛设施，以及国家邮电、通信、输变电、输油管道等设施的，依照有关法律、法规的规定处罚<br>第四十二条　违反本条例，构成违反治安管理行为的，依照治安管理处罚条例的规定处罚；构成犯罪的，依法追究刑事责任<br>第四十三条　村庄、集镇建设管理人员玩忽职守、滥用职权、徇私舞弊的，由所在单位或者上级主管部门给予行政处分；构成犯罪的，依法追究刑事责任 |

## 参考文献


[1] 曹春华．村庄规划的困境及发展趋向——以统筹城乡发展背景下村庄规划的法制化建设为视角[J]. 宁夏大学学报（人文社会科学版），2012（06）.

[2] 耿慧志．城乡规划法规概论[M]. 上海：同济大学出版社，2008.

[3] 耿慧志．城市规划管理教程[M]. 南京：东南大学出版社，2008.

[4] 江苏省住房和城乡建设厅．江苏省住房和城乡建设厅官网[EB/OL].http：//www.jscin.gov.cn/.

[5] 上海市规划和国土资源管理局．上海市规划和国土资源管理局官网[EB/OL].http：//www.scjst.gov.cn/.

[6] 四川省住房和城乡建设厅．四川省住房和城乡建设厅官网[EB/OL].http：//www.scjst.gov.cn/.

[7] 中华人民共和国住房和城乡建设部．中华人民共和国住房和城乡建设部官网[EB/OL].http：//www.mohurd.gov.cn/.

[8] 中华人民共和国国土资源部．中华人民共和国国土资源部官网[EB/OL].http：// www.mlr.gov.cn/.

# 第九章 乡村规划的编制方法

## 第1节 乡村规划的基本原则与指导思想

### 1.1 乡村规划的基本原则

根据《城乡规划法》第十八条和第二十九条，乡村规划的编制应当遵循以下基本原则：

（1）从农村实际出发。即充分考虑农村发展的现实条件，制定切合实际的规划。比如对村庄的发展规模预测，宜与村庄的人口结构和周边地区的发展趋势紧密结合，避免过于乐观的估计；再比如，西部地区农村的经济发展水平普遍较低，规划制定的配套公共服务就需要考虑维护成本等实际问题。

（2）尊重村民意愿。乡村规划与城市规划的最大差异就在于

前者与生活在其中的村民的联系更为紧密，村民的意愿对于规划的实施至关重要。近些年我国各地的乡村规划实践的失败，很大程度上是因为忽视了村民的实际意愿。

（3）体现地方和农村特色。相对城市而言，大部分乡村地区受到工业化的冲击相对较小，从而使得传统文化和地方特色得以一定程度上保留。除了个别经济发达地区以外，乡村地区的传统乡土气息仍在，是展现地方特色的良好载体。

（4）因地制宜、节约用地。乡村地区土地使用的破碎化、土地浪费是当下乡村建设的通病。乡村规划的一大目标就是节约用地，通过合理的规划，达到土地使用高效的目标。

（5）发挥村民自治组织的作用。韩国和日本的经验表明，自下而上的发挥村民的主动性，是促进乡村健康发展的关键。村民自治组织可以最大程度代表村民意愿，从而更好地实施乡村规划。

（6）引导村民合理进行建设，改善农村生产、生活条件。历史原因造成我国的村民文化程度普遍偏低，法律意识淡薄，需要相关部门的指导，在合理、合法、符合国家政策的前提下，改善农村的生产和生活条件。

## 1.2 村庄规划的指导思想

村庄规划应在上位规划指导下，以满足村民的生产、生活需求为依据和目标，适应本地区村庄的建设方式，提升村庄人居环境，促进村庄经济社会发展。重点协调好村庄产业发展与自然、历史文化资源保护与利用的关系，村庄建设与农业生产之间的关系，村庄建设与经济发展水平的关系，旧村更新与新村建设的关系，村庄现代化与乡土性之间的关系（张泉，2011）。

（1）坚持村庄综合发展

以往村庄规划关注重点为物质空间布局，特别是宅基地规划。村庄规划不仅仅是物质建设范畴，还应包括村庄经济的统筹发展、经济与文化的相互促进和相互协调、乡村生活水平的提高等内容。要立足村域，不仅要注重规划科学布局美和村容整洁环境美，更应注重创业增收生活美和乡风文明身心美，促进村庄经济、社会、文化的综合发展。

（2）尊重村民意愿，提倡村民参与

规划师及非本村人员作为外部角色，对村庄发展的认识存在局限，容易导致把其自身的审美情趣及价值观强加给村民，对于乡村文化熏陶下的村民而言，并不一定喜欢和愿意接受；拥有乡土知识的村民才清楚最需要发展什么。因此，村民参与是村庄规划中不可或缺的环节。村庄规划中村民真正参与涉及合作，以及由村民控制整个过程。

（3）确保村庄建设与发展的渐进性与可持续性

区别于城市，各个村庄都是相对完整的、相对独立的自循环系统（张建，

2010）。村庄作为独立的系统，其形态嬗变的力量来自于村庄内部，长期以来处于渐变的演化状态，因而自组织性是村庄发展的本质规律。规划过度介入村庄的发展，将会导致村庄由渐变状态进入突变状态，村民失去了对自己居住形态的控制，其结果将是外部强干预手段造成乡村系统内部的紊乱。因此，规划作为一种强干预力量，应该是有选择性地适度引入村庄系统。对于村庄布局而言，关注重点聚焦在村庄发展的重大问题和强制性因素的控制等方面，以保证村庄发展的渐进性和可持续性。

（4）注重乡土文化的传承

乡土文化是源远流长的中国传统文化不可或缺的组成部分。我国广大村庄地区正是产生和培育乡土文化的根基和源泉。当前我国乡土文化的发展和延续面临着前所未有的挑战，村庄固有的农田风光遭到破坏、传统的民居被拆除、村庄道路被拓宽、传统聚落景观特色消失等，取而代之的是具有现代城市居住区景观特色的村庄环境。同时，伴随着这些物质载体的消失，非物质文化也逐渐消亡。因此，村庄规划应注重村庄乡土文化的传承，并注重村庄特色研究，保护和妥善利用文化遗产，赋予村庄更持久的发展动力。

# 第 2 节　乡村规划的内容

## 2.1　法定内容

（1）《城乡规划法》对乡村规划的内容作出了原则性规定

《城乡规划法》将乡村规划作为一个整体，对乡村规划的内容作出了原则性规定：“乡规划、村庄规划的内容应当包括：规划区范围，住宅、道路、供水、排水、供电、垃圾收集、畜禽养殖场所等农村生产、生活服务设施、公益事业等各项建设的用地布局、建设要求，以及对耕地等自然资源和历史文化遗产保护、防灾减灾等的具体安排。乡规划还应当包括本行政区域内的村庄发展布局。”

（2）《村庄和集镇规划建设管理条例》针对村庄、集镇规划，从总体规划及建设规划两个层面，对规划编制内容作出了初步规定（表 9–2–1）。

**法律法规中关于乡村规划内容的规定 1**　　表 9–2–1

| 规划层次 | 规划内容要求 |
| --- | --- |
| 村庄、集镇总体规划 | 乡级行政区域的村庄、集镇布点，村庄和集镇的位置、性质、规模和发展方向，村庄和集镇的交通、供水、供电、商业、绿化等生产和生活服务设施的配置 |
| 集镇建设规划 | 住宅、乡（镇）村企业、乡（镇）村公共设施、公益事业等各项建设的用地布局、用地规划，有关的技术经济指标，近期建设工程以及重点地段建设具体安排 |
| 村庄建设规划 | 根据本地区经济发展水平，参照集镇建设规划的编制内容，主要对住宅和供水、供电、道路、绿化、环境卫生以及生产配套设施作出具体安排 |

（3）《县域村镇体系规划编制暂行办法》规定在县域村镇体系规划中应确定村庄布局基本原则和分类管理策略。内容包括明确重点建设的中心村，制定中心村建设标准，提出村庄整治与建设的分类管理策略等内容。

（4）《村镇规划编制办法（试行）》对村镇总体规划（包括总体规划纲要及总体规划）、村镇建设规划（包括镇区建设规划、村庄建设规划及相应的近期建设规划）的编制内容及成果要求均有细致的规定（表 9–2–2）。

**法律法规中关于乡村规划内容的规定 2　　表 9–2–2**

| 规划层次 | | 规划内容 |
|---|---|---|
| 村镇总体规划 | 村镇总体规划纲要 | 1. 根据县（市）域规划，特别是县（市）域城镇体系规划所提出的要求，确定乡（镇）的性质和发展方向；<br>2. 根据对乡（镇）本身发展优势、潜力与局限性的分析，评价其发展条件，明确长远发展目标；<br>3. 根据农业现代化建设的需要，提出调整村庄布局的建议，原则确定村镇体系的结构与布局；<br>4. 预测人口的规模与结构变化，重点是农业富余劳动力空间转移的速度、流向与城镇化水平；<br>5. 提出各项基础设施主要公共建筑的配置建议；<br>6. 原则确定建设用地标准与主要用地指标，选择建设发展用地，提出镇区的规划范围和用地的大体布局 |
| | 村镇总体规划 | 1. 对现在居民点与生产基地进行布局调整，明确各自在村镇体系中的地位；<br>2. 确定各个主要居民点与生产基地的性质和发展方向，明确它们在村镇体系中的职能分工；<br>3. 确定乡（镇）域及规划范围内主要居民点的人口发展规模和建设用地规模；<br>4. 安排交通、供水、排水、供电、电信等基础设计，确定工程管网走向和技术选型等；<br>5. 安排卫生院、学校、文化站、商店、农业生产服务中心等对全乡（镇）域有重要影响的主要公共建筑；<br>6. 提出实施规划的政策措施 |
| 村镇建设规划 | 镇区建设规划 | 1. 在分析土地资源状况、建设用地现状和经济社会发展需要的基础上，根据《村镇规划标准》确定人均建设用地指标，计算用地总量。再确定各项用地的构成比例和具体数量；<br>2. 进行用地布局，确定居住、公共建筑、生产、公用工程、道路交通系统、仓储、绿地等建筑与设施建设用地的空间布局，做到联系方便、分工明确，划清各项不同使用性质用地的界线；<br>3. 根据村镇总体规划提出的原则要求，对规划范围的供水、排水、供热、供电、电讯、燃气等设施及其工程管线进行具体安排，按照各专业标准规定，确定空中线路、地下管线的走向与布置，并进行综合协调；<br>4. 确定旧镇区改造和用地调整的原则、方法和步骤；<br>5. 对中心地区和其他重要地段的建筑体量、体型、色彩提出原则性要求；<br>6. 确定道路红线宽度、断面形式和控制点坐标标高，进行竖向设计，保证地面排水顺利，尽量减少土石方量；<br>7. 综合安排环保和防灾等方面的设施；<br>8. 编制镇区近期建设规划<br>镇区近期建设规划要达到直接指导建设或工程设计的深度。建设项目应当落实到指定范围，有四角坐标、控制标高，示意图平面；道路或公用工程设施要标有控制点坐标、标高，并说明各项目的规划要求 |
| | 村庄建设规划 | 可参照镇区建设规划的内容根据实际需要适当简化 |

（5）《镇（乡）域规划导则》对乡域规划的内容作出了细致的规定。将乡域规划的内容细分为九大部分：经济社会发展目标与产业布局、空间利用布局与管制、居民点布局、交通系统、供水及能源工程、环境卫生治理、公共设施、防灾减灾、历史文化和特色景观资源保护（表 9–2–3）。

**法律法规中关于乡村规划内容的规定 3　　　　表 9–2–3**

| 序号 | 规划内容 | |
|---|---|---|
| 1 | 经济社会发展目标与产业布局 | 包括经济社会发展及产业布局等内容 |
| 2 | 空间利用布局与管制 | 包括空间利用布局及空间管制等内容 |
| 3 | 居民点布局 | 包括居民点体系规划、中心村规划原则及村庄迁并相关要求与内容 |
| 4 | 交通系统 | 包括公路、航道、站场等内容 |
| 5 | 供水及能源工程 | — |
| 6 | 环境卫生治理 | 包括垃圾处理设施、污水治理及粪便处理设施等内容 |
| 7 | 公共设施 | 按镇区（乡政府驻地）、中心村、基层村三个等级配置公共设施，安排行政管理、教育机构、文体科技、医疗保健、商业金融、社会福利、集贸市场等 7 类公共设施的布局和用地 |
| 8 | 防灾减灾 | 包括防洪排涝、消防、地质灾害防治及抗震救灾和突发事件应对等内容 |
| 9 | 历史文化和特色景观资源保护 | — |

（6）《村庄整治规划编制办法》针对村庄整治规划的内容作出了相关规定（表 9–2–4）。

**法律法规中关于乡村规划内容的规定 4　　　　表 9–2–4**

| 序号 | 规划内容 | |
|---|---|---|
| 1 | 保障村庄安全和村民基本生活条件 | 包括村庄安全防灾整治、农房改造、生活给水设施整治、道路交通安全设施整治等方面 |
| 2 | 改善村庄公共环境和配套设施 | 包括环境卫生整治、排水污水处理设施、厕所整治、电杆线路整治、村庄公共服务设施完善及村庄节能改造等方面 |
| 3 | 提升村庄风貌 | 包括村庄风貌整治、历史文化遗产和乡土特色保护等方面 |
| 4 | 编制村庄整治项目库 | 明确项目规模、建设要求和建设时序 |
| 5 | 根据需要可提出农村生产性设施和环境的整治要求和措施 | — |

## 2.2 编制要点

### 2.2.1 乡域镇村体系规划

乡域镇村体系是指乡镇行政区域范围内在经济、社会和空间发展上具有有机联系的聚居点群体网络，是乡域镇村自身历史演变、经济基础和区域发展需求共同作用的结果，是由城镇、集镇、中心村、基层村等组成的网状结构，层次之间职能明确、联系密切、协调发展。乡域镇村体系规划是指以县（市）域城镇体系规划、跨镇行政区域镇村体系规划、区域生产力布局及镇村职能分工为依据，确定乡镇域不同层次和人口规模等级及职能分工的镇村发展与空间布局规划。乡域镇村体系规划应与地区生产力的状况相一致，利于资源的合理配置和有效利用；与地区的社会经济发展战略相一致，与上位的县（市）域城镇体系规划相协调；与当地实际发展情况相一致，因地制宜，体现地方特色；体现市场经济的发展原则，适应乡镇经济发展的要求；注重镇村体系的可持续性发展。

乡域镇村体系规划应从区域角度入手，立足于区域城镇化发展的目标，明确乡镇区域内的产业与乡村人口规模及其空间分布，提出区域内村庄发展策略，确定各类公共服务设施和市政基础设施的配置及其空间布局，完善不同等级聚落组成的空间体系的地理分布形态和组合形式，确定合理的乡镇域空间布局。

乡域镇村体系规划内容包括从乡镇区域整体性要求出发，促进资源优化配置和镇村职能分级，引导乡镇区域产业、资源、资金合理流动，协调区域性设施的共享联建，形成产业一体化、城乡一体化的新体系；合理整合与布局乡村居民点，优化乡镇域发展空间和乡镇社会经济整体发展格局；以产业发展带动镇村职能升级，利用镇村区位优势，优化生产力布局；形成乡镇域各级中心，根据镇村历史基础、经济发展水平以及地域差异，重点培育中心镇和中心村，形成镇村体系地域服务中心，依靠各级中心的辐射、吸引和密切联系，带动乡镇地区社会经济整体发展。

其中，中心村作为非城镇化地区的基本居住点，具备一定规模的基础设施，一般是乡镇域片区的中心，承担一定地域范围内乡村人口的居住及生活服务功能，在乡镇的社会经济发展中起着重要作用。一般而言，中心村的选择可以是原乡政府驻地的行政村，有较好的为生产、生活服务的公共服务设施和基础设施，一般已是片区的中心；也可以是发展条件综合评价较好的村庄，或具有较大的发展潜力与优势，或具有较高的经济性和效率的村庄；中心村的确定还应考虑乡镇域内分布的相对均衡性以及中心村之间的合理间距。

### 2.2.2 乡政府驻地（集镇）总体规划

乡规划的本质内容应与镇规划基本一致。乡政府驻地（集镇区）总体规划及建

设规划内容可以参照《镇规划标准》（GB 50188—2007），但是要重点关注为农村地区的生产生活提供服务。

### 2.2.3 村庄规划

村庄规划属于总体规划阶段，规划对象是整个村域。村庄规划的内容主要包括村域产业发展、土地利用、村域基础设施和公共服务设施规划。其中，村域产业发展为重点规划内容，村域基础设施和公共服务设施规划是居住和产业发展的支撑。

（1）村域产业发展

村域产业发展规划主要是对村庄的产业构成和发展方向进行规划。根据村庄的资源禀赋和基础条件，因地制宜，乡村产业结构呈现动态、多元化构成的趋势。传统农业逐步向现代农业、生态农业发展；服务业要适应乡村生活新需求、适应旅游等产业快速发展的需要。

（2）村域基础设施和公共服务设施

村域基础设施和公共服务设施的布局应遵循节约、适度原则和生态优先原则，注重清洁、可再生能源的利用和废弃物再循环利用。

（3）村域土地利用

根据上位规划，结合自然条件和社会经济条件，综合布局村庄居民点、基本农田及耕地、基础设施、公共服务设施、生态资源保护等各项用地。

1）村庄选址应遵循安全原则，避开各类灾害易发区域。

2）根据乡规划中空间管制要求，落实各类用地空间的开发利用、设施建设和生态保育措施，保护耕地和基本农田。

3）尊重村庄自然地形地貌、山体水系等自然格局，因地制宜，合理利用丘陵、缓坡和其他非耕地等土地资源。保护自然生态环境。

4）结合村庄人口规模、产业特点和村民生产生活需求，确定村域范围内建设用地范围和规模。

### 2.2.4 村庄建设规划

村庄建设规划是在乡域镇村体系规划的指导下，具体安排村庄各项建设的规划。主要内容包括：对村庄住宅、公共服务设施、供水、供电、道路、绿化、环境卫生以及生产配套设施等作出具体安排。村庄建设规划宜以行政村范围进行规划，若是多村并一村的，宜以规划调整后的行政村范围为规划范围。

村庄建设规划应与乡村产业发展相结合，强化村庄建设的产业支撑，推进农业产业化建设。要尊重乡村地区长期形成的现状，因地制宜，突出乡村特点和地方特色。每个村庄都有其特殊的人文地理、风土民情与建筑景观，这些都是除了农产品

之外的附加价值，应营造地方风格建筑与环境，使乡村的发展具有地域性与独特性。注重乡村资源的循环利用，建设可持续发展的乡村人居环境。乡村生活和农业发展必须通过有系统、有方法的整合，以生态节能和自然保育的方法利用乡村各种资源，使其取之于自然而回归于自然，使乡村呈现永续且生生不息的良性循环，从而形成可持续发展的乡村人居环境。

#### 2.2.5 村庄整治规划

村庄整治规划是以改善村庄人居环境为主要目的，以保障村民基本生活条件、治理村庄环境、提升村庄风貌为主要任务。(《村庄整治规划编制办法》，2013)。村庄整治规划要从我国村庄数量大、普遍规模小的实际情况出发，面对城镇化进程中乡村人口逐步减少、资金投入有限等条件，集中力量搞好村庄重要内容的整治。要充分立足现有基础进行整治，绝不能盲目地铺摊子、上工程、圈土地、搞建设，要坚决防止用城市建设的方法搞规划整治，防止大拆大建搞集中。同时，应严格限制自然村落扩大建设规模，坚决制止违法、违章建设行为，通过规划控制、土地整理、退宅还田等方式，及时调整部分村落消失后的土地利用。村庄整治的内容可以包括村庄安全防灾整治、农房改造、生活给水设施整治、道路交通安全设施整治、村庄公共环境和配套设施改善、村庄风貌提升等。

村庄整治项目的实施可以涵盖三个层面：一是可以由中央财政和各级政府直接投资建设的乡村地区的基础设施和公共服务设施，它是改善乡村人居环境的重要保障，也是实施村庄整治的依托；二是可以由政府资助，农民自主选择采取整村整治的方式实施，是直接改善村庄面貌和整体提升人居环境的公益类建设项目；三是可以通过政府资金引导，科技项目示范、市场化运作、农户自主参与、利益到户的有关项目。

## 第3节　乡村调查

尽管理论上讲，乡村规划应更多地发动村民的主动性和积极性，以村民为编制主体，规划师起到技术支持的作用。但是，考虑到我国目前的现实，自上而下为主的乡村规划编制模式还会持续很长一段时间，规划师短期内仍将保持规划编制的主导地位。因此，必须讨论在这样的情境下，乡村规划如何开展，如何更好地编制乡村规划。

### 3.1 乡村调查的必要性

城市规划需要现状调查，乡村规划中现状调查的必要性则更强。

（1）我国幅员辽阔，经济发展水平差异很大，地域特征也很明显。不同的地域文化形成了不同的村落形态和传统。比如长三角区域的村落普遍与水网格局联系紧密，甚至部分乡村本身就是水乡田园；新疆地区的乡村则表现出地广人稀的特征；内蒙古地区的村庄则与畜牧业的发展紧密相关；吉林东部地区的乡村普遍与林业有紧密联系；山东省的乡村空间格局则与儒家传统文化有较强的关联性。地域特征差异决定了乡村规划的编制难以有一成不变的模式。

（2）我国改革开放采取了非均衡的区域发展战略，不同地域的经济发展阶段和发展水平有较大差异，这必然体现在乡村发展水平上。比如城市群地区的部分乡村已经进入到了工业化阶段，但西部偏远地区的乡村人口正在与温饱斗争；发达地区的乡村正在努力提高教育设施的服务水平，但西部部分地区仍在为扩大教育服务的覆盖范围而努力。

（3）相比城市而言，乡村规划的编制更加强调自下而上的工作方法。置身于其中的村民往往比来自城市（至少大多数）的规划师更了解当地情况和诉求。因此，民声就显得更为重要，这也是乡村规划能够顺利实施的保障。

（4）乡村地区的基础资料普遍较为欠缺不齐，不像城市那样已经形成了纸质或者电子的资料体系。因此，乡村地区更加需要开展深入的调查研究，摸清实际情况，因地制宜编制乡村规划。

## 3.2 乡村调查的主要内容

（1）相关规划的梳理

我国乡村规划虽然起步较晚，但是与之相关的规划文件并不少见，比如镇（乡）土地利用总体规划、县域村镇体系规划、县域农业发展规划，镇（乡）总体规划、历史文化名村规划、农村公路规划等。这些相关规划可能会涉及对规划乡村的描述或发展指引，应作为重要资料去调查获取。此外，乡村所在或临近地区可能会编制过一些概念规划、战略规划或城市设计等，这些规划也是重要的参考文件。

（2）乡村的区域特点

乡村区域特点具体包括乡村所在区域（镇、县、市）的经济格局、生态格局、交通组织、产业发展、人口流动等方面。对区域发展环境的概貌性了解，能够为判断乡村的发展趋势提供基础。

（3）乡村的人口构成特征

乡村人口构成特征包括乡村的人口数量、人口年龄结构、劳动力结构、就业结构，受教育程度，务农人数、人口流动情况等方面。需要重点关注乡村家庭情况，两地分居现象，老龄人口的比例，留守妇女和留守儿童的基本情况等。

（4）乡村的产业构成

乡村的产业结构概况调查内容包括：一产（农林牧渔业）的构成、特点、空间分布和产值；二产（工业）的产业门类、企业分布、就业岗位、产值贡献、税收贡献等情况；三产的产业类型（商业、物流业、旅游业）、就业岗位、产值贡献、税收贡献等情况。还包括产业发展遇到的问题；村里是否有集体经济，年收入情况，来自于哪些方面；村里的农产品销售渠道，村里是否有一些农产品加工企业；村里主要种植作物、种植面积，耕作方式，机械化情况，各农作物的一年产出值；村里是否有养殖户，养殖的面积，年收入状况，是否有污染，情况如何等。

（5）乡村的土地使用

了解乡村土地使用情况是乡村规划的工作基础，具体包括土地用途、土壤特点、耕地面积、基本农田分布、一般农田分布、高产田和低产田的分布、水塘分布、果园和林地的分布、宅基地分布等各项空间分布情况，以及各生产队（生产小组）的地域边界,面积等信息。此外还需要明确,本村是否有国有土地,具体情况如何(面积、位置、权属等)，是否有集体经营土地，具体情况如何（面积、位置、权属、租期等）以及其他土地的使用情况。此外，还应包括村里的耕地流转情况，是否有承包大户，承包的土地面积及其空间分布等。

（6）乡村的道路交通

乡村的对外交通情况，包括公路、水路或铁路。乡村公路通达情况，公路质量，建设需求，乡村公交站点，村庄与学校等各项设施间的道路情况，是否每家每户门前都有水泥路等。乡村是否有航运，码头等航运设施情况。乡村道路及其他交通设施建设的需求等。

（7）乡村的基础设施与公共设施

乡村是否有自来水（或者近期有相关规划），水质如何；采取何种污水处理方式（集中处理还是零散直排）；电力供应的覆盖程度；电信设施的覆盖程度；是否有集中供气和供暖；是否存在泥石流或者洪水等灾害威胁；乡村小学的基本情况；乡村养老服务的需求和服务状况；村里是否有卫生室、幼儿园、托老所、老年活动场地、村民广场、集中绿地等设施，其基本情况如何（占地、位置、运营等）。

（8）乡村的历史文化

乡村的历史沿革，村庄迁并的历史，生产队（小组）划分的历史。村庄的文化特色，民间工艺传承，建筑特色。是否是历史文化名村，或者具备历史文化名村的特点，是否有历史遗迹、历史建筑、历史名人、历史典故等。

（9）乡村的社区邻里

乡村的公共活动场所,乡村的公共活动情况（参与人数,活动的面向对象等）等。是否有村民合作组织，运行如何；是否有宗祠，是否有族系传统；是否有建设的新

乡村社区，邻里关系是否融洽。

（10）乡村的建设风貌

乡村的建设格局和特点，是否进行过整治；本地建房是否有一些约定俗成的习惯；本地是否有一些特殊的建设工艺；本地是否有一些特殊的色彩倾向或禁忌。注意观察乡村建设的特点，尝试总结出一些地方特色。有时，地方特色，本地村民可能未必有很好的认知。

（11）乡村与城市的联系

乡村人口外出的主要目的地、外出的工作类型、外出的工作模式（常年外出，还是农闲时外出）等；乡村外出务工人口与乡村家庭的联系，是否经济上贴补乡村家庭；乡村的农产品是否已经建立与城市的产销渠道，近些年的稳定性如何；乡村中是否有外出打拼的成功人士，在哪里，从事什么行业，与乡村是否还有联系，家属是否还在本村等。

（12）其他

以上所列主要是一些共性的调查内容。由于我国乡村面广量大，地方差异巨大，对于一些特殊的乡村地区，需要做有针对性的调查研究。

## 3.3 乡村调查的方法

（1）资料调查法

资料调查是最基本的调查方法，即由规划师提供事先拟好的调查资料清单，由规划对象搜集整理提供，或者由规划师亲自上门调取。

资料调查法的优点在于：节省时间、易于准备、易于操作、不容易遗漏基本信息等。

资料调查法的缺点在于：①资料清单上文字传递的信息可能引起误读，对方准备的资料与所需资料信息之间可能会出现偏差；②不同乡村地区的情况差异较大，容易遗漏一些重要的地方特色信息；③乡村地区的纸质或者电子资料比较有限，大多无法完整全面地反映所需信息；④乡村信息传递的一大特点是“口口相传”，大量非记载性的信息无法通过资料调查获取。

资料调查虽然具有很多局限性，但仍然应作为乡村调查的基本方法，是开展乡村规划调查的前置性工作。

（2）观察法

视觉观察是最直观的社会调查方法。通过视觉观察，可以获得对观察对象的第一感知。比如对于乡村的经济发展状况，可以通过村民住宅和道路建设水平的直接观察而得出基本判断。通过观察获得的信息是对基础数据的有益补充，有时甚至能

够揭示出数据所无法反映的现实情况。

观察并不是从进入乡村才开始，而是从规划师启程就已经展开，通过对沿途的城市和村镇发展和建设的观察，帮助建立对乡村的基本发展情况的判断。比如，从上海出发乘火车前往皖北乡村，沿途的景观可告诉我们，苏南地区的乡村经济是发达的，乡村建设情况相对较好；皖北乡村经济是相对滞后的，没有很普遍的二产和三产，其乡村建设也相对滞后。

在乡村进行观察活动，最好事先带着目的和问题，进行有意识的观察，比如乡村的建筑形态，建设格局等。如果乡村二产发达，那么是什么样的产业在乡村发展。有时基础资料的信息远不如观察更为直接，比如企业的污染问题，往往基础资料中并不能很好地反映实际情况，但通过现场观察，则基本概况可以一目了然。

（3）访谈法

访谈是一种直接的调查方法，可以有针对性地获得所需信息。访谈一般分为三种类型：

一是“一对一”的普通访谈，由规划师和访谈对象（一人或一户）进行面对面的访谈交流，直接获取需要的信息。

二是“一对一”的特定对象访谈，由规划师选择特定的访谈对象，比如村主任、生产队长、村中有名望的长者等，通过特定对象的访谈可以获得比较重要的乡村信息，更好地了解乡村社会的特点。

三是“一对多”或“多对多”的多方参与式的座谈，规划团队与乡村的部分村民或特定对象进行会议式的访谈，由规划师提出问题，村民来解答和讨论。座谈的优点是可以高效率地获得调查信息，缺点是有时由于参与人数较多，村民发言有所顾忌，需要规划师有针对性的提出问题并谨慎辨别。

访谈调查方法是资料调查的有益补充，也是规划师快速了解乡村发展概况、判断乡村发展趋势最为便捷和有效的方法。

（4）问卷法

问卷调查是乡村规划调查的另一种方式。规划师事先拟定需要调查的内容，提供封闭的选项，或者提供开放式和开放式的回答空间，由调查对象按照要求填写。问卷调查最大的优点是，获取的数据易于定量处理，可以直接开展定量分析和研究。但是，由于乡村居民和城市居民特点的不同，乡村居民普遍学历较低、老龄化程度较高、阅读能力相对较差，理解能力有一定局限性，所以针对乡村居民的问卷调查与针对城市居民的有较大差异。

针对乡村居民的问卷设计要尽量简洁，问题不能太多，应清晰易懂、与村民认知水平相匹配。类似于“您是否支持 TOD（公交导向）的社区组织模式？ A 是，B 否”，这样的问题对于大部分村民而言，过于专业化、难以理解，也就很难回答；“您家里距离县城的空间距离是 ______ 公里”，这样的问题对于村民而言也是不够清楚的；再比如“您对本村所在镇的新材料产业发展前景有何看法？ A 很有前景 B 没希望 C 说不清楚”，这样的问题已经超出了普通村民的认知能力，并不具有实际意义。

问卷调查是乡村规划非常重要的调查方式，其关键并不仅在于发放样本的多少，而更在于问题的针对性和填写的质量。在有可能的情况下，结合访谈进行问卷调查（规划师或调查员提供问题的解释，帮助理解）是较为理想的调查方式，其获得的信息也更加可靠。

### 专栏 9–1：村庄调查表

________县________镇（乡）________村

填写人信息：姓名________电话________服务________QQ________

**村庄基本情况调查：**

自然村组数：______个；现状户数：______户；现状村民数______人；外出打工人数______人

人口比例：14 岁以下______%；14—65 岁______%；65 岁以上______%

民族比例：汉族____%；苗族____%；土家族____%；其他 1____%；其他 2____%；其他 3____%

村域面积：____亩；村宅基地面积：____亩；2012 年生产总值：____万元；

村庄建立年份：约____年；海拔高度：约____米

本村已取得各类称号：______________________________________________；

（如：历史文化名村，生态示范村，美丽乡村等）

**农业情况调查：**

耕地面积：____亩；林地面积：____亩；水产养殖面积：____亩；

主要经济作物种类与面积：1.______亩；2.______亩；3.______亩；4.______亩；

品牌和特色农产品：1.______；2.______；3.______；4.______；

牲口数量（只/条/头）猪__牛__羊__鸡__鸭__鹅__鱼__其他 1______其他 2______其他 3______

**工业情况调查（现状工厂统计）：**

（村庄调查表第 1 页）

| 现状工厂名称 | 占地面积（亩） | 年产值（万元） | 就业人数（人） | 其中本村就业人数（人） | 备注 |
|---|---|---|---|---|---|
| | | | | | |
| | | | | | |
| | | | | | |
| | | | | | |

**文化与旅游情况调查：**

文物古迹描述：________________（如：古树、古桥、古井、戏台、墓碑、宗祠等）

文化特色描述：________________（如：舞龙、戏剧、手工艺、乡规民约等）

风俗习惯描述：____________________________（如婚丧嫁娶的特别习俗等）；

民俗节日描述：__________________________（如待定的祭奠日、纪念日等）；

历史大事件描述：_______________________（如××年寺庙被毁或重修、出过的名人等）。

2012年本村旅游人数：______人；游客平均停留天数______天；游客人均消费数______元；

游客来源省份构成：1.____；2.____；3.____；4.____；5.____；6.____；7.____；

（贵州省内的填至市级，如遵义；贵州省外的填至省，如广东）

**外来企业投资意向或已落实项目（房地产、工业、文化旅游业等）**

| | 项目名称或类别 | 投资企业名称 | 投资金额（万元） | 占地面积（亩） | 预计年收益（万元） | 就业人数（人） | 备注 |
|---|---|---|---|---|---|---|---|
| 投资意向 | | | | | | | |
| | | | | | | | |
| | | | | | | | |
| | | | | | | | |
| 已落实项目 | | | | | | | |
| | | | | | | | |
| | | | | | | | |
| | | | | | | | |

**其他发展情况调查：**

村庄现存的主要问题：1.____________；2.____________；3.____________；

产业发展构想：________________________________________；

预计未来发展会遇到的困难和问题：1.________；2.________；3.________；

已开发和编制完成的规划：1.________________；2.________________

3.________________；4.________________；5.________________

对本次规划的设想：________________________________________

联系人：　　　　职务：　　　　电话：　　　　QQ

（村庄调查表第2页）

（5）个案深入调查

在乡村地域，同村人的生活经历、价值取向，甚至于打工地点和就业类型，都会有很高的相似性。比如皖北某地区，外出务工者虽遍及全国，但工作性质有鲜明的特点，即大部分人从事废品回收行业；苏中某区域的乡村劳动年龄男性人口大多外出从事建筑行业，且主要集中在长三角地区；湖北某镇的外出务工人口主要集中在深圳地区。在这样的情况下，进行全面的调查，既耗时间精力，也不易操作。那么就可以选择若干特定对象，对其进行深入调查（访谈、问卷等）。调查内容包括个人的人生经历、家庭构成、家庭关系、子女情况、社会联系、未来打算等。对这些调查信息的分析归纳，可以为判断乡村未来的发展趋势提供支持。

深入的个案调查不仅可以为乡村规划提供基本信息，还可以为相关研究提供启示。乡村个案调查可以聚焦于调查对象的生活经历、个人社会联系、家庭情况，也可以聚焦于企业的运行或者土地的权属及变迁等。具体调查内容根据调查目的的不同而有所差异。

严格讲，若要对全体进行定量化的推断、分析，随机抽样也要做，但是工作量较大，也会有一定技术难度。对于城乡规划工作而言，以个案的深入调查为基础，结合相关资料，做出分析研判不失为一种可行的工作方法。

（6）乡村调查的准备工作

对于资料调查而言，提供的资料清单应详细、明确、并易于获取，最好按照部门做好分类，并作出必要解释。

对于访谈而言，问题要尽量是半开放性的，要事先准备一些选项，在访谈对象无法快速理解问题的时候，给予提示和引导，以顺利完成访谈。对于访谈的问题，要准备好简洁的解释，便于访谈对象能够清晰地回应。

调查问卷要设计得尽量简洁、语言尽量朴素；避免过于专业化的词汇和问题；题目要尽量贴近乡村生活。

如果经费允许，调查时准备一些小礼物，这样村民配合的积极性会高一些，也表达了规划师对访谈对象的感谢。

乡村问卷或访谈时，应标注好调查对象的空间位置，有利于后期对数据的深入分析研究。

（7）乡村调查需要注意的几个问题

乡村社会调查是乡村规划编制前的重要工作，也是获得乡村各方面信息的重要途径。乡村调查能够顺利开展，除了各层级政府部门的支持外，还需要乡村居民的配合。社会调查过程中至关重要的一点是，调查人员要避免可能触及的隐私、尊重、意愿等问题，也就是社会调查中常常涉及的伦理问题。

其一，乡村调查的展开，必须要受访者愿意配合，不能通过行政命令去强制调查。一方面，强制调查有违社会调查的伦理规范；另一方面，强制调查的结果可能会导致获取的信息不真实。

其二，要尊重村民，尊重被访者。不能因为规划师来自城市，就对乡村指手画脚；不能认为规划师在为当地做工作，就认为村民有义务充分配合。以城市的姿态俯视村民可能会引起反感；对于被访者的配合应当心怀感激。

其三，要尊重乡村的传统习俗。我国各地乡村长期以来流传下来很多乡规民俗，有时甚至与城市中熟悉的日常习惯相悖。这就需要在调查前与当地部门提前做好沟通，以免引起误解，尤其是在一些边远地区或少数民族地区。

其四，严格保护私人信息，不得以任何方式公开。乡村调查由于调查对象数量较为有限，往往可以开展深入访谈，不可避免地会涉及一些个人信息，甚至是个人隐私。规划师针对这些信息的处理和使用必须谨慎，不能以任何方式进行公开。

其五，言辞适当、避免误解。在当下快速的现代化过程中，乡村的发展较为缓慢，村民很大一部分可能处于社会底层，且乡村的诸多观念不如城市开放。因此，在调研过程中，对涉及性别、工作和收入方面的内容，言辞要谨慎，避免引起误解。

其六，巧妙规避敏感问题。敏感问题有时会给当地工作带来麻烦，甚至引起乡村社会的不稳定，比如动拆迁问题、村庄迁并问题、墓地迁移问题等。若需要从村民这里获得对敏感问题的真实想法，可行的措施是将敏感问题进行低调拆解，融入问卷或访谈的其他话题中。

其七，避免政治问题。虽然有时政治问题与规划紧密相关，但是规划师不能决定与政治相关的内容。在调查时，规划师应避免谈论涉及政治方面的问题，比如村民选举问题、乡镇领导的执政成效问题等。

# 第 4 节　尊重村民意愿的乡村规划编制方法

## 4.1　尊重与体现村民意愿的方法

乡村规划的核心思想是尊重村民意愿。村民是村庄规划的基本利益主体，乡村规划应尊重村民的意愿，调动村民的积极性，引导村民积极参与村庄规划的全过程。

### 4.1.1　尊重村民意愿的必要性

一方面由于乡村社会存在着本土性、土地及资产权益构成的重叠性、生产与生活空间的复合性、村民的兼业性等特点；另一方面乡村社会经济发展中存在着社区老化、集体意识分离等问题。这些因素直接影响到乡村规划的编制基础和价值取向。村民意愿不但能够反映这些因素和问题，还具有延续历史文化传统等多重意义。只有基于尊重村民意愿的乡村规划才是现实可行的。

（1）乡村土地和资产的性质

乡村由村庄构成，而村庄的基本单元就是一个家族领地，也称作自然村。村庄内的土地属于集体所有，村民是村庄的主人。村民的有形资产（房屋、土地、公共设施等）及无形资产（优秀非物质历史文化、注册商标与专利权、历史名人名录、村庄信誉等）亦属于村集体或个人所有，这就构成了乡村地区的自然村组小集体，也是土地与资产的共同体。这可称为“集体私有”的特性。

从乡村治理形式来看，村庄亦是一个自治体。当前，行使村一级的集体土地所有权的自治组织是村民委员会；行使村以下的集体土地所有权的自治组织以村民小组为单位。

（2）村民是基本利益主体

乡村规划一般涉及村民、乡村集体组织、各级政府部门、企业、其他非政府组织等众多利益相关群体。各利益相关者利益关注点不同，利益需求关系复杂。但不论是生产、生活、子孙教育，村民大半生都生活在乡村，村民是乡村规划的主人公，应成为乡村规划的基本利益主体。

（3）村庄空间具有乡村特有的空间特征

村庄空间是在自然环境中产生的，同时也是适应村庄生产生活的结果。村庄空间是在地理环境、地形条件、水文因素等自然环境的基础上，结合村庄的农业生产和生活习俗而形成的。因此，村庄空间既体现了自然环境的特征，也反映了村民生活方式特点，蕴含着人们适应自然环境的智慧。

（4）规划参与的意义

村民参与编制规划具有重要意义，规划参与意味着参与今后的实施和管理。村民参与的过程同时也是沟通、讨论、学习的过程。在规划参与过程中，村民往往能够提升民主意识和集体意识，提升对于村庄发展的信心，有助于解决村民之间、村民与村集体之间的利益矛盾，了解更多的外部信息，学习乡村规划的基本知识（案例 9–1）。

（5）民间智慧的重要价值

民间智慧是人们长期适应自然环境的经验知识的综合结晶。我国民间智慧的顺应自然的哲学思想，无论是村庄选址、住宅布局还是田园分布，都遵循着朴素的生态观。地缘与血缘这两种主要的社会关系下的宗族制度与乡村生活方式都影响着村落的空间秩序和布局，并有相应的乡村营建管理制度。

在研究乡村规划、编制乡村规划的过程中，应把村民看成是在特定乡村生活里上懂天文、下晓地理、有着独有的生活智慧的人，视为乡村的天然规划师。尊重村民的智慧，才能与村民一同编制符合他们需求的、尊重他们智慧的乡村规划。

### 4.1.2 村民意愿的构成及特点



村民意愿不仅包含村民对其所处村庄发展的设想，也包含对生产方式和生活环

境的意愿。村民意愿需要从两个方面来看，一方面是村庄整体发展，也就是村集体对于村庄整体发展和集体利益的意愿；另一方面是村民个体生产生活，即村民对其生产劳动和居住环境改善的意愿。

（1）村民意愿的构成

村民意愿大致分为四类：村庄发展意愿、村民生产意愿、村民生活意愿和村民资产意愿（表 9-4-1）。

1）村庄发展意愿主要是指村集体对于村庄发展的意愿，包含村庄居民点整体布局、村庄发展的主要产业、村庄对于外来投资的集体意愿等。

2）村民的生产意愿是指村民对于村庄产业发展及收入等方面的个体意愿，在一定程度上是对集体意愿中产业发展相关内容的反映和体现，其中包含村民个体的收入来源、就业方式、具体的农业生产方式或其他就业方式等。

3）村民的生活意愿是指村民对于日常生活的个体意愿，在一定程度上是对集体意愿中居住生活相关内容的反映和体现，其中包含村民日常的衣食住行、对公共服务设施和基础设施的想法和建议以及对环境景观公共空间的意愿等。

4）村民的资产意愿是指村民对于自家财产和资产的个体意愿，主要包括村民对责任田和宅基地等土地资产的处理意愿、对房屋迁建的意愿、对新建房屋的出资意愿、对村庄历史民俗等无形资产的意愿。

**村民意愿内容** **表 9-4-1**

| 类别 | 主体 | 特点 | 村民意愿内容 | |
|---|---|---|---|---|
| 村庄发展意愿 | 村集体 | 集体意愿，通过集体形式进行表达 | 村庄产业发展意愿 | 村庄产业选择与发展 |
| | | | | 生产方式与生产组织形式 |
| | | | 村庄居住生活意愿 | 居民点组织与安排 |
| | | | | 公共服务设施与基础设施安排 |
| | | | 外来资本与投资项目意愿 | 外来投资项目选址 |
| | | | | 外来项目与村民利益协调 |
| | | | 空间形态设想 | 村容村貌、景观环境与公共空间 |
| 村民生产意愿 | 村民 | 个体意愿，集体意愿产业发展部分在村民个体上的体现 | 种养殖业相关意愿 | 是否愿意从事种养殖业 |
| | | | | 是否希望种植新的作物或养殖新的禽畜 |
| | | | | 责任田距离居住点的距离的要求 |
| | | | | 劳作工具和方式的选择 |
| | | | | 禽畜养殖地点的选择 |
| | | | 农产品加工业等工业企业意愿 | 成立农产品加工厂的想法 |
| | | | | 自身是否会参与组建工厂或在工厂内工作的想法 |
| | | | | 加工厂的选址的意见 |
| | | | | 加工厂处理排放的废水废渣方式等的意见 |

续表

| 类别 | 主体 | 特点 | 村民意愿内容 | |
| --- | --- | --- | --- | --- |
| 村民生产意愿 | 村民 | 个体意愿，集体意愿产业发展部分在村民个体上的体现 | 旅游服务业意愿 | 从事农家体验接待的想法 |
| | | | | 村庄旅游发展的设想 |
| | | | | 从事餐厅茶馆等经营的想法 |
| | | | | 在村内建设的酒店进行服务工作的想法 |
| | | | | 担任导游或宣传员为游客介绍村庄的意见 |
| | | | 利益分配意愿 | 参与合作社或协会的村民对组织利益分配方式的意愿 |
| | | | | 在村内企业或工厂内工作的村民，其对劳动报酬的意愿 |
| | | | | 从事种植养殖的村民的理想收入医院 |
| 村民生活意愿 | 村民 | 个体意愿，集体意愿居住生活部分在村民个体上的体现，与规划建设关系密切 | 居住房屋意愿 | 永住、搬迁或迁出的意愿 |
| | | | | 房屋朝向的要求 |
| | | | | 房屋选址的要求 |
| | | | | 期望的居住面积 |
| | | | | 期望的居住形式，如独院、合院或楼房等 |
| | | | | 所建房屋材质的想法 |
| | | | | 房屋风格的想法 |
| | | | | 房屋内功能的需求 |
| | | | | 房屋内房间个数的要求 |
| | | | 公共服务设施意愿 | 所需求的商业设施的种类与业态 |
| | | | | 教育设施的需求和想法 |
| | | | | 医疗设施的需求和想法 |
| | | | | 老年人所需设施的想法 |
| | | | | 体育健身设施的需求 |
| | | | 基础设施意愿 | 供水方式及供水价格的意见 |
| | | | | 排水方式的设想 |
| | | | | 高压供电线路走向的意见 |
| | | | | 过境道路走向的想法 |
| | | | | 村内道路宽度及材质的想法 |
| | | | | 垃圾回收点选址的意愿 |
| | | | | 供暖方式的选择 |
| 村民资产意愿 | 村民 | 分为有形资产意愿与无形资产意愿，无形资产的价值未被充分重视 | 有形资产意愿 | 土地资产相关意愿 |
| | | | | 苗木、作物资产意愿 |
| | | | | 房屋资产意愿和新建房屋意愿 |
| | | | | 公共设施意愿 |

续表

| 类别 | 主体 | 特点 | 村民意愿内容 | |
|---|---|---|---|---|
| 村民资产意愿 | 村民 | 分为有形资产意愿与无形资产意愿，无形资产的价值未被充分重视 | 无形资产意愿 | 优秀非物质历史文化 |
| | | | | 注册商标与专利权 |
| | | | | 历史名人名录 |
| | | | | 村庄信誉 |

总体而言，村庄发展意愿是村民意愿中最重要的一部分，对其他三种意愿起到指导作用，在一定程度上决定了其他三种村民意愿。村民的生产意愿和村民的生活意愿是村民意愿的主体，是对村庄发展意愿在村民个体上的细化表现，并对村民的资产意愿具有一定的影响。由于村民的生产生活相互交叉，村民的生产意愿和生活意愿有一定的关联性。村民的资产意愿同村民的切身利益密切相关，是村民较为关切的一部分，在很大程度上影响着村庄的发展，对村庄发展意愿产生一定的反馈作用（图 9-4-1）。

（2）村民意愿的特点

1）关联性

村民的各种意愿是相互关联的，如村庄的产业发展意愿决定了村民生产意愿的相关内容，而村庄居民点的迁并意愿又与村民的生活意愿和经济资产意愿息息相关，村民对于景观和公共空间的意愿也涉及对村庄景观风貌的认知。

2）真实性

村民意愿多是村民基于自身生活和生产而产生的愿望，反映了村庄和村民的实际情况，是规划师认识村庄的重要途径，也是增强规划方案可实施性的重要依据。

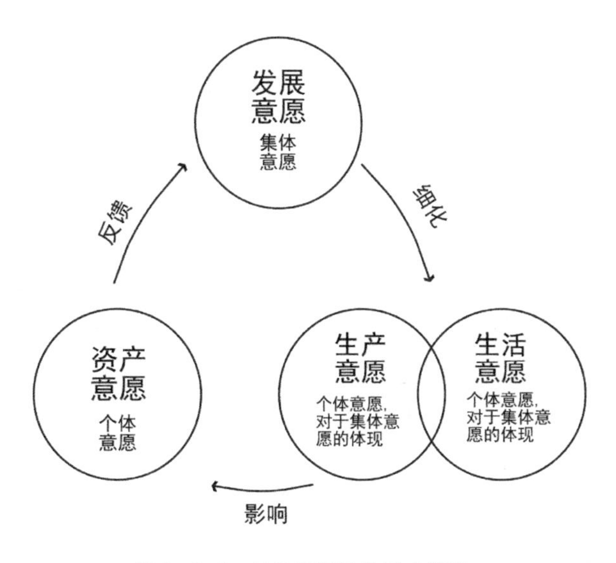


图 9-4-1　村民意愿的关系分析图

3）局限性

部分村民对于产业发展的认识不足，对于村庄的特色风貌的潜力缺乏理解，导致一些村民在产业发展意愿中较为盲目，这些因素在规划中需要进行辨识。另外，在生产组织模式中，村民对各种组织形式、盈利形式以及利益分配模式也存在认识不足的情况。

基于上述特点，规划师必须真实并全面地获取村民意愿，进行系统性分析、甄别。

### 4.1.3 村民意愿的采集方法

采集村民意愿的工作主要集中在规划调研阶段完成，后续不断补充完善。村庄规划调研强调对乡村社会发展的调研。社会发展调研或是社会学研究强调人与人的沟通，充分考虑乡村地区特点。只有和村民们“打成一片”、“交心交底”，由村民“口传心授”，才能获得村民最真实、最全面的意愿。

村庄规划的调研过程分为前期准备、现场调研、共同策划等三个阶段，汇总形成以采集村民意愿为主的调研报告，以指导村庄规划的编制，并用规划编制的成果检验是否尊重或满足了村民意愿。因此，规划调研与规划编制两者形成了双向循环的关系（图 9–4–2）。

（1）遵循的原则

村庄规划的核心是和村民打交道。采集村民意愿遵循的原则是：“真诚沟通、言语朴实、积极引导、提高效率”。

1）真诚沟通。多采用“套近乎”、“唠家常”的沟通方式和技巧，使村民消除排斥、戒备心。规划师与村民打成一片，甚至礼尚往来，努力实现真诚交心的沟通。

2）言语朴实。尽量避免使用专业术语，多运用“接地气”的词语，使用形象大众化的比喻，以消除专业与非专业之间沟通的障碍。

3）积极引导。在沟通中积极主动地引导，以消除分歧、达成有共识的、科学的、合理的意愿。

4）提高效率。选择合适的规划方法，做到省时省力地解决问题。充分调动村民的积极性，提高规划效率。

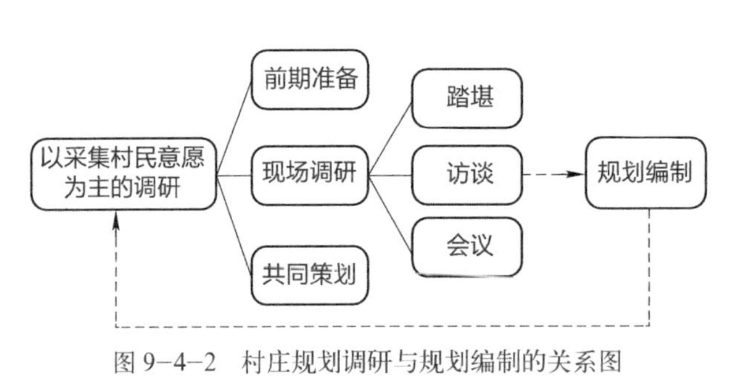


图 9–4–2　村庄规划调研与规划编制的关系图

（2）前期准备

重视规划的前期准备工作，有助于在现场调研的有限时间里发挥最大效率，全面地采集村民意愿。

1）制定调研计划

调研计划包括时间计划、

人员计划、会议计划、差旅计划、成本计划、沟通计划等内容。

### 专栏 9-2 乡村规划调研计划参考

（一）时间计划

一般和乡村干部协商确定调研的时间安排，并及时告知乡镇政府相关负责人员。对每日调研内容尽量作出详细计划。

调研时间应优先选择在村民聚集的时节或村庄热闹的节日，有利于接触更多村民和深入体验村庄特色。注意调研时间应避开洪水、泥石流、台风等气象灾害多发时节，避开村民农忙和赶集时节。

（二）人员计划

根据项目实际情况合理确定调研人数和分工；尽量安排熟悉当地方言的规划人员；尽量安排开朗健谈并且业务能力强的规划人员；鼓励具有不同专业背景的人员参与规划，如建筑学、社会学、生态学等。

（三）会议计划

村庄规划的调研会议的计划一般由规划师主导，协同村民委员会组织安排。临行前需要制定详细的会议计划，有助于村民提前对规划有所了解并及时准备。

调研时的会议一般是非正式的，需要明确会议目的、讨论议题、拟邀请参加人员、场地要求、时间要求等，并和乡村干部商讨确认。可邀约相关利益者参与，如邀约各级政府及相关部门、企业等召开座谈会，了解他们的意愿。

（四）差旅计划

调研村庄规划的交通出行和食宿安排一般需要当地政府协助安排。

（五）沟通计划

在前期就建立当地各级政府的相关负责人、村内负责人、其他相关利益者等的通讯录，记录姓名、单位、职务、通信地址、手机、QQ、邮箱等信息，并有必要与所有相关利益者共享。

（六）成本计划

本着节俭节约的原则，合理制定项目的成本计划。

（七）准备调研物资

相对城市而言，乡村里的物资相对匮乏，因此很多物品需要自备并准备充分。村庄调研需要准备的物品一般包括：

规划内容类：村域地形图、村落地形图、调查问卷、基础资料等。

文具类：马克笔、圆珠笔、便签、白纸、图钉等。

电子设备类：包括投影仪、摄像机、照相机、激光笔、充电宝、上网卡等。

应急药物类：包括防止中暑、蚊虫叮咬、肠胃不舒服的药物等。

生活用品类：包括床单、睡袋、消毒水等。

礼品类：准备与村民访谈和会议后赠送的小礼品。

2）资料收集与研究

村庄的基础资料相对集中，一般在调研前的准备阶段尽量收集齐全，有助于在村民意愿采集之前对村庄的基本情况有所了解。不特定的资料和意见可以采用问卷方式，了解村民最关心的问题，村民对未来的设想和意愿。问卷应以政府的名义发放和回收。

①基础资料的收集与研究

基础资料包括乡（镇）及村内的各类基础资料：

人口资料，包括各村庄人口的历年变化情况、各村庄的暂住人口和流动人口数量、各村庄户数、各村庄人口结构（年龄、性别比例）等。

交通资料，包括区域中的水运、道路、铁路、航空等。

生态环境资料，包括村庄及周边主要湖泊、河道状况。了解湖泊名称、面积、生态保护要求等、水利设施、水源保护区范围、大气水体及噪声环境评价、灾害发生及分布情况等。

建设管理资料，包括近年所有建设项目资料、往上级统计局上报统计报表等。

历史文化资料，包括乡志、镇志、村庄大计事、家谱、古地图、文保单位和文保点、名胜古迹、以往的历史保护规划等。

相关规划资料，包括所有上位规划、相关规划、各类专项规划（如土地利用规划、交通专项规划、水利专项规划等）。

基础设施资料，包括给水排水、能源使用、防灾减灾、环境卫生、学校、医疗机构、活动站等。

农业发展资料，包括农业发展现状、农林牧渔的面积和比例、农作物的分布情况、播种面积及经济效益、以及农业发展设想等。

工业发展资料，包括乡村工业发展现状、经济效益、企业清单、重点企业介绍，工业发展设想等。

服务业发展资料，包括旅游资源（景点、特色、线路分布）、已有旅游项目的情况、服务业的经济效益、旅游客源数量及淡旺季分布、床位数量、服务业发展设想等。

②获取地形图

乡村地区有时无法直接获取地形图，需要向县级以上的土地管理部门索要，或提前通知相关部门测绘。1 ： 5000–1 ： 10000 地形图用于村域规划，可以是纸质纸或电子版图纸，一般由县级以上的土地管理部门提供。1 ： 500–1 ： 2000 地形图用于居民点建设规划，应当是电子版图纸。

③发放并回收村庄调查表

在调研前交给乡村干部填写并收回，有助于快速了解村庄的基本概况，对专项的基础资料收集起到很好的补充作用。

3）构思初步方案

尝试在调研前根据掌握的基础资料来绘制现状图纸和构思初步方案。虽然方案并不成熟，但这有助于强化对村庄的认知、提前发现问题、提高现场调研的工作效率。

（3）调研方法

村庄规划以采集村民意愿为主，一般采用“自下而上”的调研方式，即村庄、乡镇及其他外部环境的调研顺序。调研阶段可采用的工作方法有踏勘、访谈、会议、问卷等。

①踏勘

踏勘不仅能直观地理解乡村的空间特征，更能体验和感受村民生产和生活的状态及生态的特色，发现村庄存在的问题。在踏勘过程中，多与不同村民沟通，可将规划的策略及时与村民交流。

建议由村干部带领、陪同，可降低村民的戒备心，随时沟通获取大量口头信息。标记出和基础资料有出入的内容（如房屋新建或改建、道路改线等），并向村民求证。随时对调研对象交换看法，了解针对调研对象的意愿。

除了山林保护区或其他特殊区域外，应全面踏勘村域范围，重点踏勘调研特色资源点和集中建设区等。

②会议

会议是采集意愿的重要方法，帮助不同的对象了解彼此的看法，通过交流讨论，集思广益。规划师应注意营造氛围、调动积极性，引导会场的每个人参与进来发表意见。

选择的村民代表包括：村主任、村支部书记、组长、会计、能人、德高望重的老人、妇女等。

可选择的会议议题包括：村庄的历史、村庄的概况、现状的问题，村民对于产业、土地、生产、公共设施、村容村貌等方面的发展意愿。出现矛盾的观点时，注意分析发言者的职务、背景与观点之间的关系，找出矛盾的症结。

通过照片、录音、签到等多种方式记录会议过程，体现规划程序的合法性。

③访谈

考虑到会议中可能存在有些人不善言谈、有不同的想法看法而不敢表达、遗漏掉行动不便的老者等因素，采用访谈法是对会议采集意愿的重要补充，有助于了解小众的意愿，或更隐秘的意愿、或更深入详实的意愿。访谈的对象应包括村会计、村内老者、家庭妇女、儿童、学生、能人巧匠等各类群体的人。访谈语气宜采用和

图 9-4-3　某村村民参与规划设计过程情景

谐的对话式语气，讨论用语尽量避免使用专业术语。善用草图、图示等方式表达沟通信息。

访谈结束宜赠送礼品表示感谢。有时村民会主动邀请规划师来家做客，盛情款待甚至赠送土特产。为此规划师更需有所准备，做到礼尚往来、礼轻情谊重。

## 4.2　编制组织与决策过程

（1）村民参与规划决策

村民是村庄规划的主体。村庄规划利益相关者的参与方式主要包括“过程参与”和“程序参与”两种方式。村民的全面参与过程也包括设计的参与，即村民与规划师共同规划空间形态以及落实空间规划设计要点。

全面参与就是指包括村民参与编制规划、村民主导规划的规划参与过程。村民决定重大问题的解决方式及村庄发展方向（图 9-4-3）（案例 9-2）。

### 专栏 9-3：村民参与规划设计过程的组织方法

村民全面参与规划设计过程，尤其参与前期的调研与方案构思的过程，也是村民之间利益沟通的途径、规划协调的重要过程。通过这种规划参与方式，村民和规划师一起编制规划，解决问题、共谋发展，使规划反映村民的真实诉求，体现规划的合法性。

村民参与规划设计过程的组织方法建议：

（1）讨论的层次：村域、居民点两个层面的发展和建设。

（2）会议分组：考虑到各方利益的充分表达，需要进行合理得分组，可将居住地点、年龄、职业类别等作为村民分组的首要依据，各组可配有规划师、各行业专家、乡镇领导等。一般各小组人数在 6-12 人为宜。

（3）可选择的议题：产业转型、旅游服务、生态与景观建设、村庄建设、居民搬迁、管理制度建设等。

（4）规划师的工作：主持会议、图纸绘制、介绍方案、引导发言和思考、维护规划的科学性和合理性。在介绍方案的过程中要有所提示，并能形成自由发言的氛围，明白意见中的赞成和否定等，在不同人群的意见中要整理出共同关注的内容（如公共绿地、景观河道、环境污染等），必要时还要进行专题讨论。

（5）方案绘制：将之前调研采集的意愿反映在规划图上，变为 2–3 个规划方案以供充分讨论；方案之间应体现意愿的矛盾和差别性。

（6）记录过程：通过照片、录音、签到等方式真实记录会议过程，体现规划程序的合法性。

（2）“双决策”的过程

《城乡规划法》第二十二条规定：“村庄规划在报送审批前，应当经村民会议或者村民代表会议讨论同意。”

村庄规划在报送审批前，应当在村庄内部决策。村庄规划的审批制度可概括为“双决策制度”，即村内决策、政府决策。村内决策在先，是政府决策的必要的和主要的依据。

村内决策是指召开村民会议或者村民代表会议来决定规划是否通过。根据《中华人民共和国村民委员会自治法》规定：“召开村民会议，应当有本村十八周岁以上村民的过半数，或者本村 2/3 以上的户的代表参加，村民会议所作决定应当经到会人员的过半数通过。”“人数较多或者居住分散的村，可以设立村民代表会议，讨论决定村民会议授权的事项。村民代表会议由村民委员会成员和村民代表组成，村民代表应当占村民代表会议组成人员的五分之四以上，妇女村民代表应当占村民代表会议组成人员的 1/3 以上。”“村民代表会议有 2/3 以上的组成人员参加方可召开，所作决定应当经到会人员的过半数同意。”

以上条款即规定了村内决策的法定决策程序。

（3）乡村规划的组织操作程序

组织编制村庄规划的操作程序是：

1）村集体或政府提出规划编制的诉求；

2）由乡、镇人民政府组织编制规划；

3）村民全程参与规划（调研阶段、方案阶段、决策阶段），村民会议同意；

4）送乡（镇）的上一级人民政府审批（县级或以上）。

村民应该参与规划编制的全过程，即参与规划调研过程、规划方案设计过程、规划决策过程。在全面参与过程中，要真实地记录村民的真实意愿、意愿采集、对村民意愿的处理、村内决策等过程和结果，作为规划审批的必要且重要依据，作为生效后的规划成果的重要组成部分（图 9–4–4）。

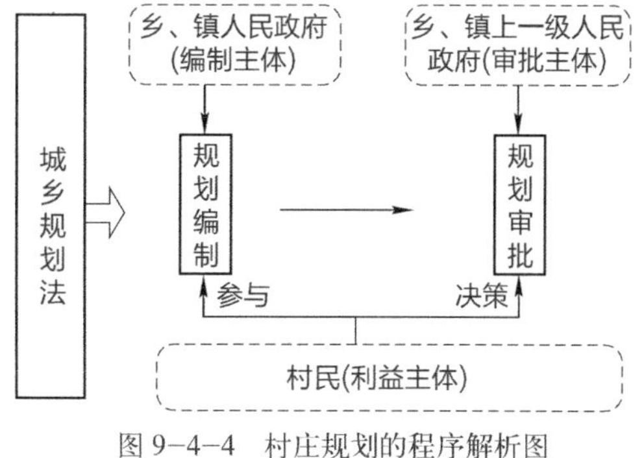


图 9–4–4　村庄规划的程序解析图

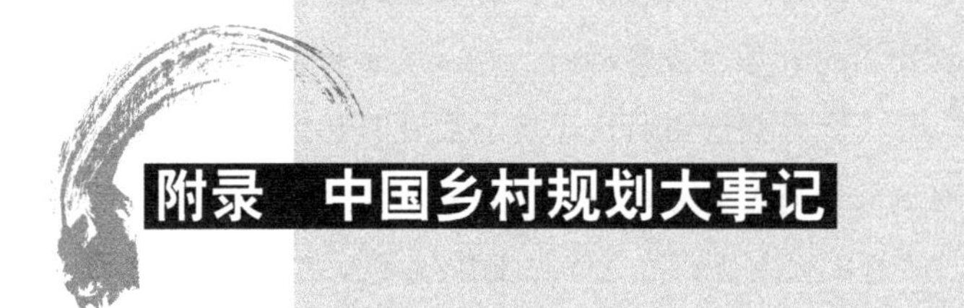

# 附录　中国乡村规划大事记

## 中国近现代乡村规划大事记（1904 年—2015 年）

| 时间 | 主要内容 |
| --- | --- |
| 1904 | 面临农村的破产，一批文人、学士发起振兴农村的运动。米迪刚、米鉴三最早提出振兴农村的动议 |
| 1924 | 平民教育派代表晏阳初在保定道的 22 个县推行平民教育 |
| 1926—1936 | 晏阳初在定县创办了平民教育实验室。他针对中国农村存在“贫、愚、弱、私”的四大毛病，试行文艺、生计、生产和卫生四大教育，以增进农民的“知识力、生产力、健康力和团结力” |
| 1927 | 陶行知成立“中华教育改进社”，在南京创设乡村建设学村。形成以教育家陶行知为代表的乡村生活改造派 |
| 1931.6 | 山东成立乡村建设研究院，梁漱溟任院长，并以邹平县为试验区，欲以乡农学校为中心，组织乡村社会。提出：中国为乡村国家，应以乡村为根基，以乡村为主体，以乡村为本，以农业引发工业，而繁荣都市 |
| 1933.7.14—16 | 由梁漱溟、晏阳初、黄炎培、章元善等人主持，在山东邹平县召开了我国历史上第一次乡村工作会议。会议产生的影响有：①加强了乡村建设工作的联络、合作；②讨论了乡村建设运动中需要注意的问题；③推动了乡村建设的研究 |
| 1935 | 在无锡召开了第三次全国乡村工作讨论会。 1937 年后“乡村建设运动”实际上就停顿下来了，直到抗日战争中期，才又在重庆北碚开设了乡村建设研究院 |
| 1946.5.4 | 中共中央发出《关于土地问题的指示》，决定改变党在抗日战争时期的土地政策，即由减租减息，改为没收地主的土地，分配给农民。解放较早的地区，开始有计划地建设集镇；新解放区采取扶持的政策，促使集镇贸易发展 |
| 1950 | 《中华人民共和国宪法》颁布，其中第十条规定城市土地归国家所有，农村和城市郊区的土地，除由法律规定属于国家所有的以外，属于集体所有；宅基地和自留地、自留山，也属于集体所有 |
| 1953.12.5 | 中央人民政府政务院《关于国家建设征用土地办法》指出：为慎重妥善地处理国家建设征用土地问题，制定了关于国家征用土地的原则、审批主题、审批手续、勘测、土地补偿费、农民安置转移、征用之土地产权等方面的二十二条办法 |
| 1955.6.9 | 国务院《关于设置市、镇建制的决定》指出：为适应社会主义工业化和对手工业、资本主义工商业的社会主义改造，新中国成立后曾采取了各种步骤，使市、镇建制的设置及其行政区域、行政地位的划分有所改进。但由于缺乏统一的规定，各地在设置市、镇建制，和变更市、镇区划的过程中，产生了许多不合理现象。为了加强市、镇建设和行政的统一领导，根据中华人民共和国宪法第五十三条的规定，对于市、镇建制的设置做出规定 |
| 1955.11.7 | 国务院《关于城乡划分标准的规定》中规定了城镇的划分标准，并将城镇区分为城市和集镇，其余为乡村 |
| 1957.12.18 | 中共中央、国务院《关于制止农村人口盲目外流的指示》指出：①在农村加强对群众的思想教育；②在某些铁路沿线或者交通要道，应加强对于农村人口盲目外流的劝阻工作；③在城市和工矿区，对盲目流入的农村人口，必须动员他们返回原籍；④一切用人单位一律不得擅自招用工人或者临时工；⑤对于愿意从事农业生产的并得许可的可以就地安置；⑥遣返农村外流人口应防止中途流回城市；⑦有关部门应密切配合 |
| 1958.1.6 | 国务院公布《国家建设征用土地办法》，1953 年 11 月 5 日政务院第 192 次会议通过，经中央人民政府主席批准，1953 年 12 月 5 日政务院公布施行，1957 年 10 月 18 日国务院全体会议第 58 次会议修正，1958 年 1 月 6 日全国人民代表大会常务委员会第 90 次会议批准，1958 年 1 月 6 日国务院公布施行。本办法在基本保持原办法框架的基础上，在具体数字和条款上做了改动，并增加了“县级以上人民委员会和用地单位的上级机关，应对已经征用的土地的使用情况，经常进行监督检查” |

续表

| 时间 | 主要内容 |
| --- | --- |
| 1958.8 | 中国共产党中央政治局通过《中共中央关于在农村建立人民公社问题的决议》，把农业生产合作社合并和改变成为规模较大的、工农商学兵合一的、乡社合一的、集体化程度更高的人民公社。做到组织军事化、行动战斗化、生活集体化。公社规模一般以一乡一社较为合适，也可以由数乡合并为一社，达到万户或两万户以上的也不要反对 |
| 1958.9 | 农业部发出了开展人民公社规划的通知，要求各省、市、自治区在“今冬明春”对公社普遍进行全面规划。在“描绘共产主义蓝图”的“左倾”思想指导下，编制了大量的人民公社建设规划。这些规划普遍存在着大量问题。规划的内容，除农、林、牧、渔外，还包括平整土地、整修道路、建设新村 |
| 1958.11 | 《中共中央关于人民公社若干问题的决议》中仍肯定了“一大二公”（公建公有）的错误，使乡村中兴办各种企事业时的“一平二调”愈演愈烈。其中在改正某些错误时提到：乡镇和村居民点住宅的建设规划，要经过群众的充分讨论。但是指导思想并未改变，是在肯定“大跃进”、“人民公社化”的前提下纠正一些错误的，一次必然是不彻底的，并出现一些自相矛盾的决议 |
| 1964 | 毛泽东同志向全国发出了“农业学大寨”的号召。从 1964 年至 1977 年在全国农村广泛推广大寨大队各方面的经验，包括新村建设的经验。学习大寨人民的自力更生、艰苦奋斗的革命精神，在发展生产的基础上建设新农村。但在“左”倾错误思想的影响下，特别在十年动乱期间，强行推广大寨大队的经验，造成了一些不良后果 |
| 1979.1 | 党中央做出《关于加快农业发展若干问题的决定》。党的十一届三中全会之后，经过拨乱反正，小城镇的建设和发展问题重新得到重视。从改变农村面貌、实现四个现代化的需要出发，进一步提出了发展小城镇的问题 |
| 1979.12 | 国家建委、国家农委、农业部、建材部、国家建工总局在青岛联合召开了全国农村房屋建设工作会议。这是新中国成立三十年里第一次专门召开的全国性的研究农村建房问题的会议。确定了我国农村房屋建设采取“全面规划，正确引导，依靠群众，自力更生，因地制宜，逐步建设”的方针 |
| 1980 | 国家建委和国家农委共同委托国家建委农村房屋建设办公室和中国建筑学会，联合组织全国性的乡村住宅建筑设计竞赛活动。 1979 年以前的三十年间，由于“左”的思想影响，乡村房屋建筑的形势比较呆板、单调，不讲美观，也不讲地方特色。 1979 年乡村建房高潮兴起之后，广大农民迫切要求改变这种局面。这次全国性的乡村住宅设计竞赛活动是新中国成立以来的第一次。通过这次竞赛评比活动，不仅为广大农民提供了一批优秀的住宅设计方案，而且交流了经验，提高了农村住宅设计水平，推动了农房建设工作 |
| 1981 | 中国建筑科学研究院农村建筑研究所（1982 年机构调整后改为中国建筑技术发展中心村镇建设研究所）着手编制《村镇规划讲义》。目的是在全国普遍开展规划工作，培养大批规划人员 |
| 1981 | 农村建筑学术委员会改名为“村镇建设学术委员会” |
| 1981.4.17 | 不少地方对农村建房缺乏全面的规划和必要的管理，农村建房和兴办社队企业乱占滥用耕地的现象相当严重。国务院发出《关于制止农村建房侵占耕地的紧急通知》，内容：①宣传教育；②统一规划；③土地归集体所有；④改革建筑材料；⑤进行检查 |
| 1982 | 中共中央在 1982 年至 1986 年连续五年发布以农业、农村和农民为主题的中央一号文件，对农村改革和农业发展作出具体部署 |
| 1982.1.14 | 原国家建委、国家农委制定《村镇规划原则（试行）》是在总结过去经验教训的基础上，把村镇规划分为总体规划和建设规划两个阶段，以便使每一个村庄和集镇的规划，能够与整个乡（镇）的全面发展有机结合起来。《原则》共分十五章：①制定目的和适用范围；②村镇规划的任务和指导思想；③村镇规划的阶段和内容；④村镇规划的依据；⑤村镇的布点与规模；⑥村镇的用地选择及技术经济分析；⑦住宅建筑用地规划；⑧公共建筑的配置与用地规划；⑨生产建筑用地规划；⑩道路及交通运输用地规划；⑪ 绿化规划；⑫ 给水、排水工程规划；⑬ 电力、电信工程规划；⑭ 能源规划；⑮ 村镇规划设计文件的内容、编制与审批 |

续表

| 时间 | 主要内容 |
| --- | --- |
| 1982.2.13 | 国务院颁发《村镇建房用地管理条例》明确村庄规划由生产大队（村民委员会）制定，集镇规划由公社（乡）制定，经社员代表大会或社员大会讨论通过后，分别报公社管理委员会（乡政府）或县级人民政府批准。批准后的规划，任何单位和个人都不得擅自改变。如许修改，应报原批准机关批准。条例共分六章：①总则；②统一规划；③用地标准；④审批制度；⑤奖惩；⑥附则 |
| 1982.5.14 | 国务院颁布《国家建设征用土地条例》，全文共三十三条，涉及国家征用土地的原则、征用土地的程序、审批权限、补偿费、剩余劳动力安置、罚则等方面。同时1958.1.6国务院公布《国家建设征用土地办法》即行废止 |
| 1982.5 | 中国国家机关进行机构改革。国家建委被撤销，成立城乡建设环境保护部（简称建设部）。内部设置乡村建设局，主管村镇规划、建设和管理工作 |
| 1982.7 | 城乡建设环境保护部乡村建设局在北京昌平县举办了第一期全国村镇规划学习研究班。通过学习和总结经验，审改了《村镇规划讲义》。随即以其为基本教材，在全国举办村镇规划研究班。培养村镇建设的规划、设计和管理人员，已经成了各地村镇建设部门一项重要的经常性的工作 |
| 1983.6.21—27 | 在上海市嘉定县召开了第一次《全国村镇建设学术讨论会》。会议对村镇建设开展了多学科、综合性的学术讨论。这次学术活动对蓬勃发展的村镇建设事业起了推动作用 |
| 1983.7.18 | 随着城乡经济的蓬勃发展，县镇的建设任务日趋繁重。把县镇规划好，建设好，管理好是我国的一项重要任务。为了适应我国经济建设的新形势，城乡建设环境保护部制定了《关于加强县镇规划工作的意见》，指出县镇是我国城镇体系的重要组成部分，属于城市范畴。它是一定地域内政治、经济、文化的中心，是联系大、中城市和农村集镇的纽带。县镇具有城市的一般特性，同时又有不同于大、中城市的特点。应针对县镇本身的特点，实事求是地进行县镇规划 |
| 1983.12 | 城乡建设环境保护部设计局、文化部艺术事业管理局、中国声学学会、中国建筑学会建筑物理委员会等单位联合举办了全国乡村集镇剧场设计方案竞赛。这次竞赛对于搞好乡村集镇的剧场设计做了首次示范 |
| 1984 | 国务院颁布《城市规划条例》 |
| 1984.8 | 城乡建设环境保护部乡村建设局、设计局，文化部群众文化事业管理局，国家体育运动委员会群体司，中国建筑学会，中国建筑技术发展中心等单位联合发起，开展乡村住宅及集镇文化中心设计竞赛。经过一系列设计竞赛活动，在全国范围内，有力地提高了乡村建筑设计水平，推动了村镇建设健康地发展 |
| 1985.7 | 联合国亚洲及太平洋地区经济社会委员会社会人类住区组织和建设部在杭州举办了“乡村中心和居住区规划国际讨论会”。会议代表非常重视和赞赏我国广大农民从耕地上脱离出来转移到其他行业，出现“离土不离乡”、“进厂不进城”的发展趋势 |
| 1985.10.5 | 城乡建设环境保护部关于印发《集镇统一开发、综合建设的几点意见》的通知，通知指出：①统一开发、综合建设要根据经济与社会发展的需要，以及财力、物力的可能，有领导、有计划、有步骤地进行；②统一开发、综合建设必须在集镇建设规划指导下进行；③实行统一开发、综合建设必须遵守国家的土地政策和法令规定；④为了搞好统一开发、综合建设，县、镇（乡）可以建立村镇建设开发公司，实行独立的企业化经营；⑤统一开发、综合建设所需的资金，主要依靠集体经济的积累和农民投资；⑥为了加强对集镇统一开发、配套建设的领导，县、镇（乡）政府应建立以主管县长、镇（乡）长为首的由有关部门参加的建设领导小组 |
| 1987.4.1 | 国务院为了合理利用土地资源，加强土地管理，保护农用耕地，发布了《中华人民共和国耕地占用税暂行条例》。条例共十六条，涉及耕地占用税的计算方法、缴纳时限、免征范围、收缴单位等方面 |

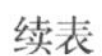
续表

| 时间 | 主要内容 |
| --- | --- |
| 1988.9.27 | 为了合理利用城镇土地，调节土地级差收入，提高土地使用效益，加强土地管理，1988 年 7 月 12 日国务院第 12 次常务会议通过《中华人民共和国城镇土地使用税暂行条例》，并于 1988 年 11 月 1 日起施行。条例共十四条，涉及城镇土地使用税的计算方法、免征范围、收缴单位等方面 |
| 1988.12.28 | 建设部、全国农业区划委员会、国家科委、民政部关于开展县域规划工作的意见。意见共分四条：1. 开展县域规划的意义和目的；2. 编制县域规划的指导思想和原则；3. 县域规划的内容与要求；4. 开展县域规划工作需要注意的几个问题 |
| 1990.4.1 | 中华人民共和国第七届全国人民代表大会常务委员会第十一次会议于 1989 年 12 月 26 日通过的《中华人民共和国城市规划法》自 1990 年 4 月 1 日起实施。本法所称城市，是指按国家行政建制设立的直辖市、市、镇 |
| 1990.5.19 | 国家按照所有权与使用权分离的原则，实行城镇国有土地使用权出让、转让制度，但地下资源、埋藏物和市政公用设施除外，颁布了《中华人民共和国城镇国有土地使用权出让和转让暂行条例》。条例共八章五十四条：①总则；②土地使用权出让；③土地使用权转让；④土地使用权出租；⑤土地使用权抵押；⑥土地使用权终止；⑦划拨土地使用权；⑧附则 |
| 1993.1.1 | 建设部发布《城市国有土地使用权出让转让规划管理办法》。全文共十八条，内容包括：国有土地出让转让的行政主体、程序、管理等方面 |
| 1994.6.1 | 中华人民共和国建设部颁布《村镇规划标准》(GB 50188-93)。标准适用于全国村庄和集镇的规划，县城以外的建制镇的规划亦按本标准执行。①村镇规模分级和人口预测；②村镇用地分类；③规划建设用地标准；④居住建筑用地；⑤公共建筑用地；⑥生产建筑和仓储用地；⑦道路、对外交通和竖向规划；⑧公共工程设施规划 |
| 1995.6.29 | 建设部颁布《建制镇规划建设管理办法》。全文共七章：①总则；②规划管理；③设计管理与施工管理；④房地产管理；⑤市政公用设施、环境卫生管理；⑥法则；⑦附则 |
| 1998.8.29 | 1986 年 6 月 25 日第六届全国人民代表大会常务委员会第十六次会议通过，根据 1988 年 12 月 29 日第七次全国人民代表大会常务委员会第五次会议《关于修改〈中华人民共和国土地管理法〉的决定》修正，1998 年 8 月 29 日第九届全国人民代表大会常务委员会第四次会议修订，1998 年 8 月 29 日中华人民共和国主席令第 8 号发布了《中华人民共和国土地管理法》。全文共分八章：①总则；②土地的所有权与使用权；③土地使用总体规划；④耕地保护；⑤建设用地；⑥监督检查；⑦法律责任；⑧附则。其中第三十七条规定："乡（镇）村建设应当按照合理布局、节约用地的原则制定规划，经县级人民政府批准执行。""农村居民住宅建设，乡（镇）村企业建设，乡（镇）村公共设施、公益事业建设等乡（镇）村建设，应当按照乡（镇）村建设规划进行" |
| 1999.1.1 | 国务院发布《基本农田保护条例》。条例共六章、三十六条：①总则；②划定；③保护；④监督管理；⑤法律责任；⑥附则 |
| 1999.4.28 | 中华人民共和国国土资源部发布《闲置土地处置办法》。全文共十一条，内容涉及：闲置土地认定标准、处置方案、收回方式、利用方式等方面 |
| 2000.2.24 | 建设部颁布《村镇规划编制办法》。全文共五章、二十九条：①总则；②现状分析图的绘制；③村镇总体规划的编制；④村镇建设规划的编制；⑤附则 |
| 2000.4.6 | 建设部发布《县域城镇体系规划编制要点》(试行)。全文共十八条，内容包括县域城镇体系编制的重点、内容以及各项专项规划的内容，实施规划的政策建议，规划成果等 |

续表

| 时间 | 主要内容 |
| --- | --- |
| 2000.6.13 | 建设部关于贯彻《中共中央、国务院关于促进小城镇健康发展的若干意见》的通知指出：①认真学习领会《意见》精神，深化认识，增强责任感；②进一步明确小城镇规划建设管理工作的指导思想，指导原则和发展目标；③科学规划，合理布局，努力提高小城镇的规划水平；④突出重点，积极推进中心镇建设；⑤充分运用市场机制，认真抓好基础设施、公共设施的建设；⑥认真抓好试点和示范镇建设；⑦健全机构，壮大队伍，依法管理 |
| 2000 | 全国爱国卫生运动委员会、卫生部卫生监督司提出《村镇规划卫生标准》。规定了村镇规划卫生的基本原则、要求和住宅用地与产生有害因素企业、场所间的卫生防护距离 |
| 2001.7.27 | 民政部发布《关于乡镇行政区划调整工作的指导意见》。内容包括乡镇行政区划调整的原则、实施、管理以及发展等 |
| 2002.5.17 | 国家环保总局和建设部制定并发布了《小城镇环境规划编制导则（试行）》。全文共三章：①总则；②规划编制工作程序；③规划的主要内容 |
| 2004 | 2004年至2015年中共中央连续十二年发布以“三农”（农业、农村、农民）为主题的中央一号文件，强调了“三农”问题在中国的社会主义现代化时期“重中之重”的地位 |
| 2005.10 | 党的十六届五中全会提出建设社会主义新农村的重大历史任务，提出了“生产发展、生活宽裕、乡风文明、村容整洁、管理民主”的具体要求 |
| 2007.1.16 | 建设部颁布《镇规划标准》。主要内容是：①总则；②术语；③镇村体系和人口预测；④用地分类和计算；⑤规划建设用地标准；⑥居住用地规划；⑦公共设施用地规划；⑧生产设施和仓储用地规划；⑨道路交通规划；⑩公用工程设施规划；⑪防灾减灾规划；⑫环境规划；⑬历史文化保护规划；⑭规划制图 |
| 2007.10 | 党的十七大会议提出“要统筹城乡发展，推进社会主义新农村建设” |
| 2008 | 浙江省安吉县正式提出“中国美丽乡村”计划，出台《建设“中国美丽乡村”行动纲要》，提出10年左右时间，把安吉县打造成为中国最美丽乡村 |
| 2008.1.1 | 2007年10月28日第十届全国人民代表大会常务委员会第三十次会议通过《城乡规划法》。其中，第二条称“城乡规划，包括城镇体系规划、城市规划、镇规划、乡规划和村庄规划”；第三条称“规划区，是指城市、镇和村庄的建成区以及因城乡建设和发展需要，必须实行规划控制的区域”；第十八条指出“乡规划、村庄规划应当从农村实际出发，尊重村民意愿，体现地方和农村特色”，并提出了乡规划和村庄规划的内容。这是我国第一次将城市规划和乡村规划纳入统一的规划体系 |
| 2008.3.31 | 住房和城乡建设部颁布《村庄整治技术规范》。内容包括村庄整治的原则、内容、技术规范等 |
| 2009.9.8 | 文化部发布《乡镇综合文化站管理办法》，自2009年10月1日起施。内容包括：①总则；②规划和建设；③职能和服务；④人员和经费；⑤检查和考核；⑥附则 |
| 2010.7.28 | 农业部、国家旅游局发布，关于开展全国休闲农业与乡村旅游示范县和全国休闲农业示范点创建活动的意见。内容包括：①充分认识发展休闲农业与乡村旅游的重要意义；②指导思想、基本原则和目标任务；③基本条件；④申报范围及程序；⑤认定及管理 |
| 2010.11.4 | 住房和城乡建设部颁布《镇（乡）域规划导则（试行）》。主要内容：①总则；②编制内容；③成果要求；④规划管理与实施；⑤附则 |
| 2011.3 | 国务院学位委员会、教育部公布了新的《学位授予和人才培养学科目录（2011年）》，增加了“城乡规划学”一级学科，属于工学，专业代码0833 |

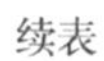
续表

| 时间 | 主要内容 |
| --- | --- |
| 2011.9.13 | 住房和城乡建设部、财政部、国家发展和改革委员会发布《绿色低碳重点小城镇建设评价指标（试行）》。从社会发展水平、规划建设管理水平、建设用地集约性、资源环境保护与节能减排、基础设施与园林绿化、公共服务水平和历史文化保护与特色建设七方面规定了项目、指标和评分方法 |
| 2012.1.21 | 江苏省政府办公厅发布《江苏省村庄环境整治考核标准》，包括环境整洁村和康居乡村两个标准体系，其中康居乡村分为一、二、三星级三个等级 |
| 2012.8.22 | 住房和城乡建设部、文化部、国家文物局、财政部发布《传统村落评价认定指标体系（试行）》。内容包括：①村落传统建筑评价指标体系；②村落选址和格局评价指标体系；③村落承载的非物质文化遗产评价指标体系 |
| 2012.11.8 | 中共中央总书记胡锦涛代表十七届中央委员会向中共第十八次代表大会做了题为《坚定不移沿着中国特色社会主义道路前进为全面建成小康社会而奋斗》的报告，报告中提到“推动城乡发展一体化。解决好农业农村农民问题是全党工作重中之重，城乡发展一体化是解决“三农”问题的根本途径。要加大统筹城乡发展力度，增强农村发展活力，逐步缩小城乡差距，促进城乡共同繁荣。”“加快完善城乡发展一体化体制机制，着力在城乡规划、基础设施、公共服务等方面推进一体化，促进城乡要素平等交换和公共资源均衡配置，形成以工促农、以城带乡、工农互惠、城乡一体的新型工农、城乡关系” |
| 2012.12.31 | 2013 年中央 1 号文件《关于加快发展现代农业 进一步增强农村发展活力的若干意见》中提到：“推进农村生态文明建设。加强农村生态建设、环境保护和综合整治，努力建设美丽乡村” |
| 2013.1.18 | 环境保护部发布《2013 年全国自然生态和农村环境保护工作要点》。内容包括：①推动完善生态文明建设的工作体系，不断深化和完善生态文明建设的工作载体，提高生态文明水平；②落实《中国生物多样性保护战略与行动计划》，有效保护生物多样性和物种资源，维护生物安全；③提高自然保护区建设与管护水平，保护珍贵自然资源；④加强生态功能保护，构新中国成立家生态安全格局；⑤强化农村环境保护“四轮驱动”，加快解决农村突出环境问题，加强农业生产环境监管，努力建设美丽乡村；⑥启动“土壤环境保护工程”，全面推动土壤环境保护和综合治理工作 |
| 2013.3.14 | 住房和城乡建设部发布关于开展美丽宜居小镇、美丽宜居村庄示范工作的通知，提出美丽宜居小镇和美丽宜居村庄的示范要点和指导性要求 |
| 2013.7.17 | 环境保护部发布《农村环境连片整治技术指南》等五项指导性技术文件，包括：①农村环境连片整治技术指南（HJ 2031—2013）；②农村饮用水水源地环境保护技术指南（HJ 2032—2013）；③村镇生活污染防治最佳可行技术指南（试行）（HJ-BAT-9）；④规模畜禽养殖场污染防治最佳可行技术指南（试行）（HJ-BAT-10）；⑤电镀污染防治最佳可行技术指南（试行）（HJ-BAT-11） |
| 2013.9.18 | 住房和城乡建设部发布《传统村落保护发展规划编制基本要求（试行）》。<br>内容包括：①规划任务；②总体要求；③传统资源调查与档案建立；④传统村落特征分析与价值评价；⑤传统村落保护规划基本要求；⑥传统村落发展规划基本要求；⑦传统村落保护发展规划成果基本要求 |
| 2013.10.16 | 中国工程建设标准化协会发布《乡村公共服务设施规划标准》（CECS 354：2013），自 2014 年 1 月 1 日起施行。内容包括：①总则；②术语；③乡公共服务设施规划；④村公共服务设施规划 |
| 2013.12.17 | 住房和城乡建设部发布《村庄整治规划编制办法》。全文共五章：①总则；②编制要求；③编制内容；④编制成果；⑤附则 |
| 2014.1.20 | 环境保护部发布《国家生态文明建设示范村镇指标（试行）》。内容包括：①国家生态文明建设示范村指标；②国家生态文明建设示范乡镇指标；③指标解释 |

续表

| 时间 | 主要内容 |
| --- | --- |
| 2014.1.21 | 住房和城乡建设部发布《乡村建设规划许可实施意见》。内容包括：乡村建设规划许可的原则、适用范围、内容、主体、申请、审查和决定、变更和保障措施 |
| 2014.2.24 | 国家农业部发布中国美丽乡村建设十大模式，分别为：产业发展型、生态保护型、城郊集约型、社会综治型、文化传承型、渔业开发型、草原牧场型、环境整治型、休闲旅游型、高效农业型 |
| 2014.3.16 | 中共中央、国务院发布《国家新型城镇化规划(2014—2020年)》。内容包括八篇，分别为：规划背景、指导思想和发展目标、有序推进农业转移人口市民化、优化城镇化布局和形态、提高城市可持续发展能力、推动城乡发展一体化、改革完善城镇化发展体制机制、规划实施 |
| 2014.6.3 | 国家卫生计生委、国家发展改革委、教育部、财政部、国家中医药管理局5部委联合印发了《村卫生室管理办法（试行)》。内容包括：①总则；②功能任务；③机构设置与审批；④人员配备与管理；⑤业务管理；⑥财务管理；⑦保障措施；⑧附则 |
| 2014.7.11 | 住房和城乡建设部发布《村庄规划用地分类指南》。主要内容：1. 总则；2. 用地分类；附录 |
| 2015.5.27 | 质检总局、国家标准委发布《美丽乡村建设指南》国家标准。该标准于2015年6月1日起正式实施。标准由12个章节组成，基本框架分为总则、村庄规划、村庄建设、生态环境、经济发展、公共服务、乡风文明、基层组织、长效管理等9个部分 |

资料整理人：赵月、李京生、孙鹏、张昕欣、尹杰等 .

# 附录 案例

案例列表

### 案例 1-1：农业与聚落的起源——仰韶文化、姜寨遗址的案例

随着冰后期的到来，人类社会出现了飞速的发展，从旧石器时代跨入了新石器时代。随着生产力的发展，出现了在相对固定的土地上获取生产资料的生产方式——农耕与饲养。距今 7000-9000 年，农业出现。由于农作物从种植到收成需要很多工序，加上农业需要的石器工具与狩猎工具相比，不仅种类多、数量大，而且比较重，因而从事农业的人逐渐考虑建造固定的可以长期使用的住所。

仰韶文化是黄河中下游地区重要的新石器时代文化，是一个以农业为主的文化。村落或大或小，比较大的村落的房屋有一定的布局，周围有一条围沟，村落外有墓地和窑场。选址一般在河流两岸经长期侵蚀而形成的阶地上，或在两河汇流处较高而平坦的地方，这里土地肥美，有利于农业、畜牧，取水和交通也很方便。村落内的房屋主要有圆形或方形两种，早期的房屋以圆形单间为多，后期以方形多间为多。

仰韶文化各个部落继承了之前各种文化的传统生产方式，农业生产仍以种植粟类作物为主。临潼的姜寨遗址，还发现了另一种耐旱作物黍。仰韶文化处于原始的锄耕农业阶段，采用刀耕火种的方法和土地轮休的耕作方式，生产水平仍比较低下。

姜寨遗址是黄河中游地区新石器时代以仰韶文化遗存为主的遗址，位于陕西西安市临潼区临河北岸。整个遗址布局严谨、有条不紊，由居住区、陶窑场和墓地组成。西以临河为屏障，东、南、北三面为人工挖修的防护沟，东边围沟与公墓地分开。居住区的中心是 4000 多平方米的中心广场。广场周围分布着房子 100 余座，分为 5 个建筑群，每群包括一座大房子与若干中小型房子均朝向中心广场。居住区内还有窖穴、牲畜圈栏等，房屋有圆形和方形的，屋内设有炉灶。此聚落是由若干氏族组成的部落的居住地，反映出当时氏族社会的组织结构。

a 姜寨遗址分布图

b 姜寨遗址复原图

资料来源：
[1] 百度百科．仰韶文化 [EB/OL].http：//baike.baidu.com/link?url=apLpKHXoGr_E5m0hVg_kL09icZHWO2FcihSrQtFufky7ob3V7NhpLYFIXj7YXbB0O7UYXViyVnmPxxk5qC2_2_，2015-09-25/2015-09-28
[2] 百度百科．姜寨遗址 [EB/OL].http：//baike.baidu.com/link?url=yt-lJs-6J3LFsVecHX9XODpsiDY3NF0xFv8s4UyEim9B-sk2UtEqwP087sTfE-ykIeqA9Jt7FwMcVOOuUH8kAK，2015-06-29/2015-09-22

## 案例 1-2：乡村综合发展规划——甘肃省康乐县足古川村的案例

足古川村位于甘肃省康乐县莲麓镇，距康乐县城 50 千米，是通往国家 AAAA 级景区——莲花山的必经之路。主导产业为传统农业，2005 年人均收入仅 1003 元。规划时足古川村面临的主要问题有经济发展、生态环境恶化、文化传承问题和基础设施建设等问题。针对这些问题规划提出了以下对应的发展策略：

①生态产业体系建设：足古川村紧邻莲花山决定了村庄产业必须为无污染产业，莲花山每年游客数量巨大，规划将以“农家乐”为主的旅游服务业和以“花儿文化”为核心的文化产业确定为村庄的主导产业，大力发展餐饮、住宿、旅游商品加工、绿色食品生产加工、“花儿”文化产业等产业。

②生态人居体系建设：为了保护生态环境和突出文化特色，易于游客游览、出行和方便当地居民生产、生活，村庄主要分为五大功能片区：“花儿”民族风情园、公共停车场、商业服务中心、足古川民俗村、绿色农业生产基地。加强村庄基础设施建设，建设新型农宅，改善居住质量，亮化村容村貌。

③生态环境体系建设：加强环境综合整治，对危害莲花山整体环境的建设行为坚决取缔，恢复已遭破坏的生态环境，推行生态文明的生产生活方式。村庄整体设计充分利用特有地形，体现自然之美、流动之美。

④生态文化体系建设：以保护和开发“花儿文化”为切入点，努力创建生态文化体系。一方面，对“岷洮花儿”这一重要的非物质文化遗产加以保护和传承，并提供表演、研究场所和文化氛围；另一方面，加强对农民的技术培训、道德素质教育以及生态保护教育。

⑤实施保障体系建设：赋予村民在决定村庄重大问题时的知情权、参与权、管理权、监督权，健全村民自治制度，建立健全实施机制，达到“管理民主”的要求。

根据综合发展的策略，足古川村通过规划进行各个功能的整合，主要围绕“花儿”民族风情园、足古川民俗村、绿色农业生产基地三个特色功能板块，完善其周边公共停车场及商业服务中心等配套设施，促进村庄生态和谐发展。

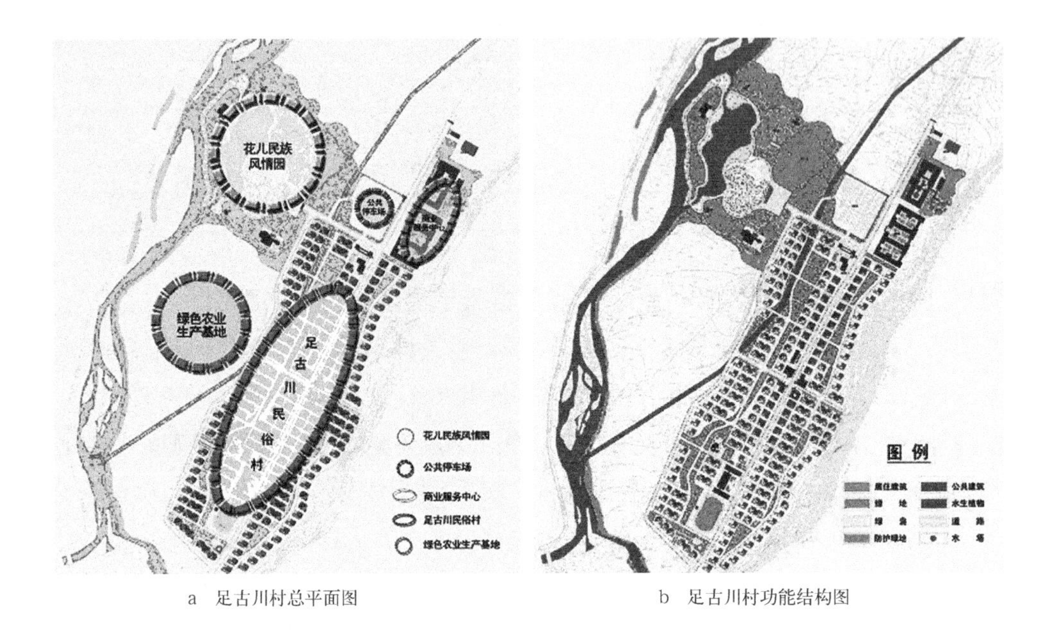


a 足古川村总平面图　　　b 足古川村功能结构图

资料来源：陈怀录，陈垚，张强．我国西部生态和谐型新农村规划探索与实践——以甘肃省康乐县足古川新农村规划为例[J]. 甘肃社会科学，2008，01：248-250.

## 案例 2-1：农村土地增值与流转

（1）农村土地增值收益

农村土地增值收益，是指农民集体所有的耕地、园地等农用地以及集体建设用地收益的增加，依据农村土地所有权是否发生转换可分为两类。

①农村土地内部增值收益：指土地所有权未发生转移，土地由于价值增加或价格上涨所实现的增值收益，即由于劳动、资金等要素的投入而使得土地产出率提高。又可依据土地使用权是否流转分为两种：农村土地非流转增值收益、农村土地流转增值收益。

②农村土地外部增值收益：指土地所有权由集体转为国家，由于土地用途改变和土地使用方式的改变而带来的土地收益的增加。依据土地利用方式可以分为两类：农用地转非农用地的增值收益；建设用地增值收益，农村集体建设用地转为国家所有的建设用地所实现的增值收益。

（2）农村土地流转类型

①转包：指原承包方将承包地使用权转包给第三方，而原承包方向原发包方履行承包合同的义务不变。转包分三种情况：有偿转包、无偿转包、倒贴转包。

②互换：指单个或一部分土地承包者为了解决生产作业区相对分散的问题，将自己承包的土地与本集体中其他承包者的土地，以对等或约定差额数量相交换，以使承包地连片集中。

③转让：指原承包方将自己承包的土地转让给第三方，同时由第三者代替自己向发包人直接履行合同的方式。转让也分为有偿、无偿和倒贴三种。

④租赁：指在原承包方与发包方的承包关系不变的前提下，第三方通过向原承包方或村集体支付租金从而获得土地使用权的让渡方式。

⑤反租倒包：在保留农户承包权的前提下，乡（镇）、村集体或企业把农户土地反租过来，对其重新进行整体规划，通过改善土地和农田水利等基础设施建设，将其集中形成规模经营后，再以收取租金的方式倒包给原承包农户、种养专业户或其他经济实体。

⑥联合经营：指农户之间，农户与机关、企事业单位或农户与其他经济组织之间充分发挥各自的优势，以资金、技术、土地和劳动力联合起来，以互惠互利为目的，根据一定的协议而达成合作的一种经营方式。

⑦土地股份合作：是以土地为中心的股份合作制，将分散的土地入股，土地使用权由农民手中转移到集体，由集体统一发包给有经营意愿的农户，形成规模经营，或由集体统一开发和使用，所得收益按股份分配，实现全体村民对集体土地的收益权。

⑧拍卖：指集体将农民不愿承包的、长期得不到利用的“四荒地”（荒山、荒坡、荒沟、荒滩）和部分耕作不便的耕地经营权，拍卖给经营者从事农业生产开发。

资料来源：
[1] 王安春．农村土地流转的必然性及流转方式初探 [J]．改革与战略，2010，10：81–83．
[2] 高雅．我国农村土地增值收益分配问题研究 [D]．西南财经大学，2008．

## 案例 2–2：乡村的生物多样性——日本“里山模式”的案例

（1）日本的里山模式简介

“里山模式”最早由日本提出，是指对村落周边的山林进行人工干预，定期适当间伐树木，使光线容易到达地面，再通过引水建造水田等培育多样性的动植物，实现水田农业与林业的共生。由于水田发挥了湿地的作用，所以比无人工干预的原生林生态系统更加丰富，在生物多样性中起着非常重要的作用。

里山模式适用性非常广泛，主要表现为“马赛克式”的土地利用，在不同的国家和地区有不同的表现方式。在日本石川县，里山模式主要由水田、灌溉池塘、天然林、二次林和村落等组成，水田和二次林是最重要的因素。当地居民修建池塘和水渠灌溉水田，种植水稻，砍伐村落周围的树木当作薪材或烧制木炭。多样性生态环境使区域内拥有大量的动植物资源，这种人与自然共处的模式在日本已存在数百年之久。

（2）里山模式下的生物多样性体现

①生态环境多样性：里山模式通过人类日常的生产生活活动对自然环境进行改造并形成多种多样的地形地貌和生态环境，使各类生物在该区域得到生存和发展。日本地形狭长，地势多变，地理特征明显，拥有高山、河流、瀑布、有限的平原、复杂多变的海岸线、温泉、火山等地形地貌；纬度跨度大，气候多样，四季分明，地震、台风、海啸等自然灾害时有发生。日本土地利用以集约式和“马赛克式”利用为主，因此日本里山地区面积占其总面积的40%，在某些区域，如石川县里山地区比例更是高达60%。

②物种多样性：独特的生态环境使日本特有物种的比例非常高，其中哺乳动物188种，占总数的22%；鸟类250种，占总数的8%；两栖动物61种，占总数的74%；高等植物5，665种，占总数的36%。以日本中部的石川县为例，全县约60%的面积为里山地区。石川县三面环海，地形多变，既有山区也有海岸线。数百年的人类农业生产活动造就了多样的生态环境，各式各样的动植物创造了丰富的生物多样性。日本共有580种鸟类，而石川县就有430种，占总数的75%。

资料来源：吴霞，向丽．日本里山模式下的生物多样性及保护[J]. 资源开发与市场，2012，07：639-641.

## 案例2-3：庙会与集镇发展——浙江省奉化市萧王庙集市的案例

我国传统庙会往往会促进集市活动的产生，而集市活动的活跃进而带动集镇的发展。浙江奉化的萧镇就是庙会集市带动集镇发展的典型案例。

奉化历史上有四大著名庙会，其中萧王庙现存规模最盛，传统形式留存最为完整，庙会期间活动丰富。萧王庙庙宇于公元1042年为纪念北宋名臣萧世显而建。纪念萧王、祈求风调雨顺、五谷丰登的香火在古镇上世代相传，一年一度的庙会也自然成为萧镇最为传统和盛大的民俗节庆活动。庙会期间，最为隆重的是灯祭活动，包括参拜和游行两部分。参拜仪式在萧王庙庙内举行，由庙会的组织者进行上贡品、上香、点烛、致辞、跪拜等活动，界下民众汇聚庙内进行参拜；游行仪式最为体现乡土民俗特点、人气最为旺盛，游行以燃放爆竹开路，队伍以宫灯、旗锣引路，沿路进行腰鼓秧歌、舞龙舞狮等表演，许多香客及游人随行。

庙会带动了萧镇的集市活动。庙会第一天上灯游行活动结束后，萧王庙外便形成了热闹的集市，为期六天。集市活动从萧王庙门前向东西两侧的空间蔓延，庙弄之中以销售香烛为主，山脚下的带状场地宽绰，集中了更多内容丰富的摊位，不仅有平日集市上可见的各种日用商品，还有如馄饨、烙饼、烧烤、棉花糖等许多现场制作的特色小吃、可以互动参与的娱乐游戏、以及民间艺人的表演等。流动自由的集市空间成为了人们交流交往的舞台，同时也吸引许多

慕名而来的游客。

同时，集市活动带动了集镇的发展。在集镇的空间演变过程中，定期集市留下了明显的影响痕迹，特别是对镇区公共中心场所的形成与转变产生了重要的影响。水运时代在自然村落基础上以两乡水界为市河形成集市，并随着其活动的吸引与延伸而逐渐形成了由集场放射而出、串联各毗邻村落的主要街道，各村落以主要街道为主轴绵延成镇。在集市影响下，萧王庙、岭西路区域形成了旧时集镇最为繁华热闹的公共中心场所。改革开放后，随着定期集市空间的拓展，新的集场路段成为了镇区商业及公共服务设施集中建设的区域。

a　庙会游行仪式与庙会集市

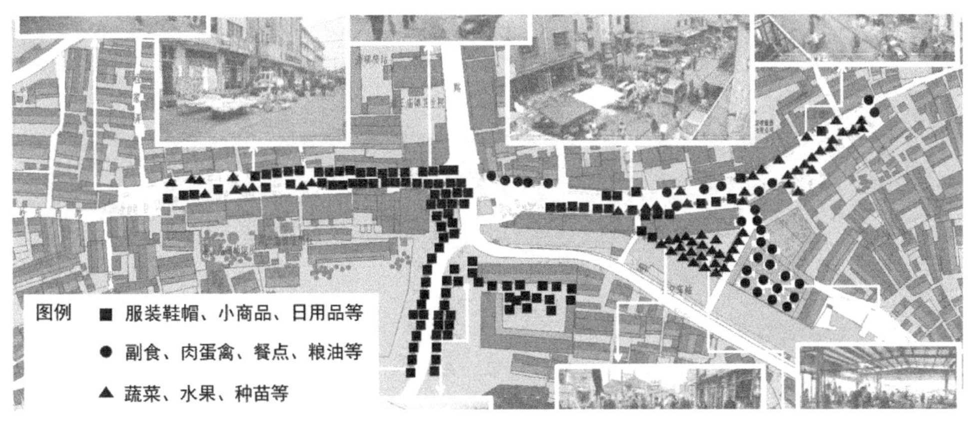


b　集市销售货品种类空间分布示意图

资料来源：宁雪婷．集市对江南地区小城镇空间影响的研究——以奉化萧王庙街道为例[D]. 同济大学，2014.

## 案例 3-1：田园郊区设计——英国汉姆斯特德（Hampstead）的案例

汉姆斯特德田园郊区是田园郊区在英国发展的顶峰。汉姆斯特德田园郊区（HGS, Hampstead Garden Suburb）位于英国伦敦西北部，距伦敦城中心约 7 英里，占地 243 英亩，于 1907 年由亨利埃·巴尼特夫人（Dame Henrietta Barnett）发起，著名规划师和建筑师雷蒙德·昂温爵士（Sir Raymond Unwin）设计建成。

汉姆斯特德距离历史上的汉姆斯特德旧村约 2 英里，是一个完全新建的乡村住区。巴尼特夫人最初的服务目标是为工作在伦敦而居住在此的工人阶级（Working Classes），希望“第一，拥有精致和有益健康的带有花园的住区，以及工人及职员使用的开放空间……第二，有一个有组织且设计良好的规划，使每一个住宅都能够跟其他住宅形成布局上的关系……我也希望在这里生活的人们能够互相了解，穷人和富人可以互相学习……”。

在居住邻里的布局上，昂温强调了传统英国及北欧村庄的意向，且在总体空间与语言的应用上并不过分追求矫揉造作的风格，而是比较“粗放的”（Bold）。中心广场并不是临近商业区设置，而是在布局在郊区外围的 Finchley 大街上。在道路系统设计的过程中，已经考虑了过滤交通影响的需要。通过较窄的道路来限制交通，减小步行交通的危险性，并考虑塑造街道景观。在住宅选型上也提供了多种适应乡村情况的方案。汉姆斯特德田园郊区的开发密度基本为每英亩 8 间住房。

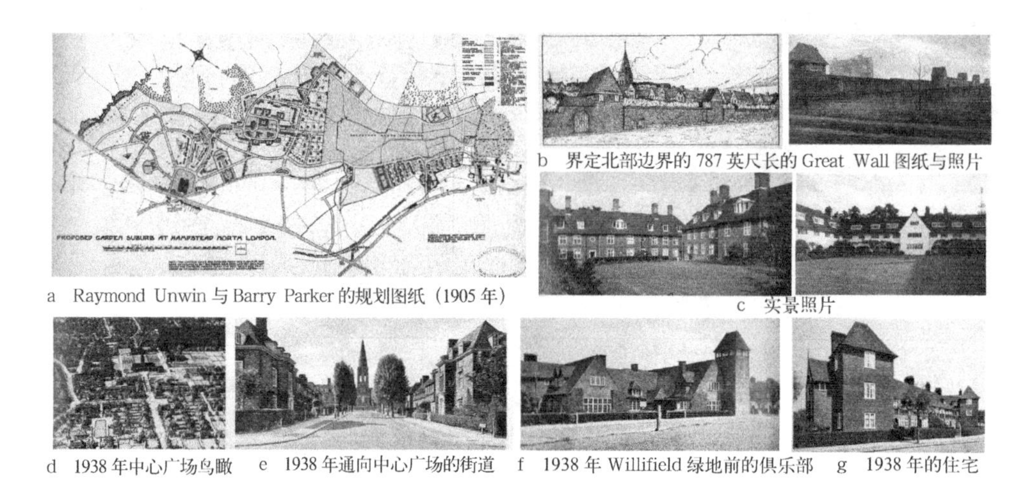
a Raymond Unwin 与 Barry Parker 的规划图纸（1905 年）

b 界定北部边界的 787 英尺长的 Great Wall 图纸与照片

c 实景照片

d 1938 年中心广场鸟瞰　e 1938 年通向中心广场的街道　f 1938 年 Willifield 绿地前的俱乐部　g 1938 年的住宅

资料来源：Robert A.M.Stern，David Fishman，Jacob Tilove. Paradise planned：The garden suburb and the modern city [M]. United States：The Monacelli Press，2013.

## 案例 3-2：乡村小居民点设计——美国新泽西州丹佛镇的案例

新泽西州丹佛镇的一处 5.7 英亩的场地需要重新设计，虽然它地处传统独门独院住宅区，但是在分区规划上被划分为多个家庭共享住宅的居住区。开发商提交了一个与这个分区规划规则一致的开发计划，而与当地已有居民的愿望完全不一致。市镇当局决定对这个地方重新做分区规划，尼尔森成为了这个项目的咨询者。

如下图所示，常规规划方式和新规划方式之间的差别极为明显。新规划模式提供了开发商可以接受的整体密度，整个设计考虑到公众的要求，减小建筑物尺度、增加适当的街道景观、避免独栋大型公寓楼以及面对大块楼前空场的设计方式，从

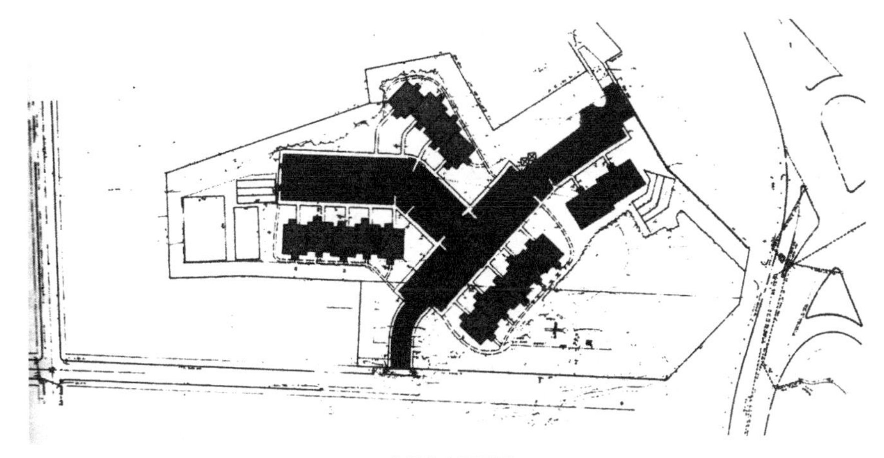

a 常规方案平面图

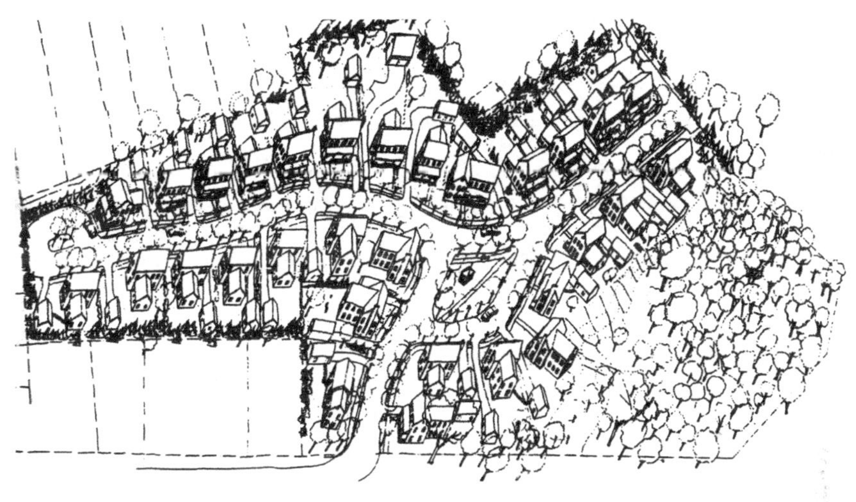

b 传统规划方案示意

而使这个填充式开发项目实现与周围街区的协调。

图 a 是新泽西丹佛镇中密度居住区开发的常规方案，在这个方案中，居住单元围绕一个巨大的停车场展开；图 b 采取了具有传统特征的规划方式，住宅单元与常规规划方案所能提供的住宅单元数目一样，但是，住宅模式和密度与 19 世纪街区相似。

这个案例中的开发商接受了尼尔森的设计方案，这一方面是因为开发商急于削减他的法律费用，另一方面是他急于推进这个项目。与他不同的是，地方官员接受这个方案是因为新的开发方案能够保证与这个城镇的特征相协调，满足传统城镇设计原则的要求。

资料来源：兰德尔·阿伦特．国外乡村设计[M]．叶齐茂，倪晓晖译．北京：中国建筑工业出版社，2010.

## 案例 3-3：人民公社时期新村建设——山西省昔阳县大寨大队的案例

大寨环境素有“七沟八梁一面坡”之称，多沟壑、多山石，地势西北高、东南低，形成了由西向东的一块谷底缓坡，成为百年来村落的选址所在。大寨多洪涝，1963 年 8 月一场罕见的大雨冲毁了所有居住建筑，村落重新规划建设。用了三年时间，大寨人民陆续修建了 220 孔青石窑洞，530 间砖瓦房，全大队都住上了新窑新房。

在新村建设上，大寨大队的做法是：坚持自力更生，艰苦奋斗的精神，发动群众自己烧砖、采石。所有住宅都由大队统一组织施工。建成的住宅产权归集体所有，由大队按照各户人口组成情况，分配给社员居住，社员要缴纳房屋维修费用。

新村布局方面，村口朝北，一条石板主街横贯南北，构成了基本的交通骨架，主街中部放大成一块小广场。虽然南北主街、空地地势较为平坦，但整个大寨村落却是个“碗状”的山地，决定了依山就势，合理利用土地、善于节地的规划构思。北侧坡地上的大礼堂、招待所、邮局、饭店等公共建筑陆续建于 1960、1970 年代。

村落的主体居住建筑位于西面山坡，背依“七沟八梁”之一的老坟沟。1964 年沟上“碹”起涵洞，涵洞上建房，形成如火车一样的三列石窑洞。“火车厢窑”根据山势，瓦房建于窑洞之上，各户占一间作为厨房，该厨房与同层相对的 1 间窑洞共为一户所有。厨房与窑洞之间是甬道，甬道紧贴着各户窑洞前 7-8 平方米的前院，三户共用一个地窖，保证了冬天的储藏之需。

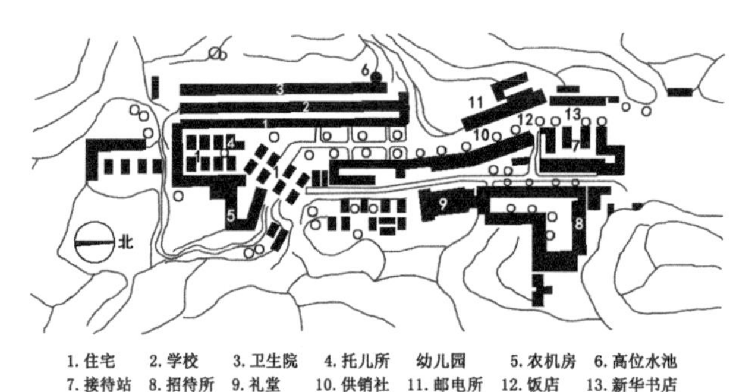


a 山西昔阳县大寨大队新村总平面示意图

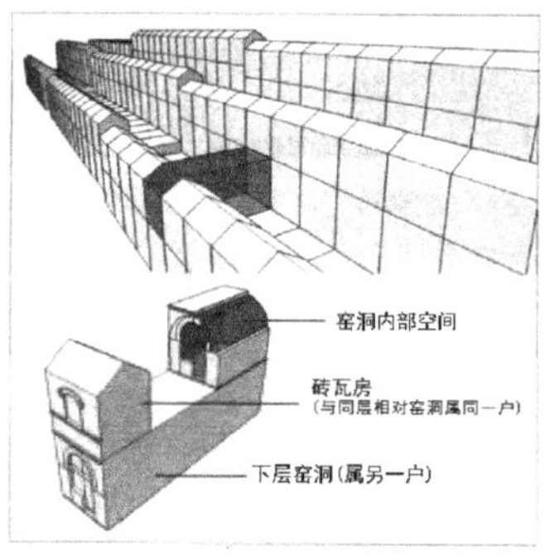


b 火车厢窑洞示意图

c 大寨新村窑洞实景照片

基础设施方面，南北主街下“碹”排洪涵洞，呈封闭式，不影响广场空间的使用。于大寨学校等处设置集水孔，在“集、排”字上动脑筋，保证了大寨长期不再受到洪涝的影响，具有较高的山村营造工程智慧。

资料来源：
[1] 薛岩，朱晓明．山西昔阳县大寨村[J]. 城市规划，2012（12）．
[2] 袁镜身主编．当代中国的乡村建设[M].// 邓力群，马洪，武衡主编．当代中国丛书．北京：中国社会科学出版社，1987.
[3] 网络资料，www.baidu.com. 搜索词：大寨窑洞．

## 案例 3–4：生态博物馆（Ecomuseum）

生态博物馆的概念起源于法国，在 1971 年乔治·亨利·里维埃（Georges Henri Rivière）和雨果·戴瓦兰创造了“生态博物馆（ecomusée）”一词。这里的“生态”强调的是一种文化遗产传承的整体观，有别于传统博物馆针对具体事物进行展示的方式。生态博物馆关注地方特色的构建，在当地居民参与的基础上，旨在提高社区的福利与发展水平。

里维埃在 1980 年对生态博物馆的概念进行了解释：“生态博物馆是由公共权力机构和当地人民共同设想，共同修建，共同经营管理的一种工具。公共机构的参与是通过有关专家、设施及机构所提供的资源来实现的；当地人民的参与则靠的是他们的志向、知识和个人的途径。”

根据 European Network of Ecomuseums 组织的定义，“生态博物馆是地方对其自身文化遗产进行保护、发扬以及管理的一种动态方式，以实现可持续的发展，其基础是社区认同”。

生态博物馆所展示的是历史性的动态文化而非空间性的静态文化，将人类置于其周围的自然环境之中，用野生、原始来描绘自然，但又被传统的和工业化的社会按照其自身的设想所加以改造。

社区参与是生态博物馆的一个重要方面，各种相互影响的角色如公职人员、代表、志愿者以及其他地方积极分子都可以在生态博物馆构建中起到重要的作用，广泛参与。可持续发展是生态博物馆的核心问题，目的是增加地方价值。通过生态博物馆这个媒介，一个社区可以管理其文化遗产并保护其地方特殊性。

目前，世界范围内共有大约 300 个生态博物馆，其中有约 200 个坐落于欧洲，主要位于法国、意大利西班牙和波兰。我国自 1995 年来，共建成了二十余座生态博物馆，主要分布在西南部乡村，以云南、贵州、广西为主（于富业，2014）。

资料来源：
[1] 维基百科 .Ecomuseum[EB/OL]. https://en.wikipedia.org/wiki/Ecomuseum，2015-05-18/2015-09-21
[2] 乔治·亨利·里维埃 . 生态博物馆——一个进化的定义 [J]. 中国博物馆 .1995（02）.
[3] 于富业 . 关于中国生态博物馆的初步研究 ——以贵州生态博物馆群和浙江安吉生态博物馆群为例 [D]. 南京艺术学院，2014.

## 案例 3-5：新能源利用——辽宁省本溪市黄柏峪村的案例

黄柏峪村位于辽宁省本溪市南芬区思山岭乡，是国家科技部推荐的农村建设可持续发展试点，靠近 304 国道，距沈阳市车程 1.5 小时。现状人口 380 户、共 1,374 人。现状的农业收入主要来源于种植粮食，主要企业为生态养牛场，以饲养、屠宰和销售为一体，并有一些配套企业如酿酒厂、动物饲料厂、食用油厂、虹鳟鱼养殖场等。

黄柏峪村以养牛及相关产业为主的农村产业结构创造了一个生产链和物质的循环，在这个循环过程中，每一个生产环节所创造的物质除了最终进入消费外，其余的废物大多成为其他生产环节的原料，使整个过程中最终的废物尽可能降低到最小规模。

（1）新型能源利用

通过对黄柏峪村自然能源如农作物秸秆、人畜粪便、风能和太阳能等利用条件以及相关技术如生物质集中供热技术、生物质气化技术、沼气技术、风能技术和太阳能利用技术等分析，其生物质能将是成本效益最高的、最有发展前景的可再生能源，包括农作物秸秆、薪柴以及其他种类的生物质能资源。

①秸秆气化技术是在高温条件下，利用部分氧化法，使有机物转化成可燃气体。辽宁本溪市的农村已开始试点生物质的集中供气，即先将农作物秸秆气化，并通过供气管网实现向各个家庭的供应。

②黄柏峪村的养牛业和村民的其他牲畜养殖，为利用动物粪便进行沼气生产创造了良好的条件。村民生活废水、农业用水、动物废水以及动物饲养场所的清洗用水将被收集到沼气装置，用以沼气生产。每个建筑都将使用沼气或秸秆气化气作为燃料，利用锅炉加热水供厨房和卫生间使用，也可使热水流过预埋在地板内的水管，使房屋能得到采暖。锅炉燃烧以后，其热量也将保留在管道内，保证对房屋的热辐射。

③黄柏峪村也通过安装在农村住宅建筑屋顶的太阳能热水装置而获得热量的补充。

（2）废弃物管理和利用

农村的废弃物包括村镇居民生活垃圾和生活污水、农田秸秆废弃物和果园废弃物、畜禽粪便及污水和农产品加工废弃物及污水。黄柏峪村的废弃物控制技术包括：

①生态村技术，即将秸秆和畜禽粪便在沼气池堆积发酵，产生的沼气用于家庭炊事用，沼渣养鱼或作为果园、菜地的基肥，沼液用于大田灌溉。

②禽畜养殖场粪便与污水的处理技术，即应用点源污染处理方法治理畜禽污染，粪便采用水冲方法汇流，脱水后粪渣沤肥后农用，脱水液以各种污水处理工艺净化，尾水直接排放或经塘系统深度处理再汇入自然水体。

③村镇生活污水，采用三格式化粪池，粪渣直接还田，粪水农用灌溉。

资料来源：彭震伟．农村建设可持续发展研究框架和案例[J]．城市规划汇刊，2004，04：8-11，95.

## 案例 3-6：全球生态村网络（Global Ecovillage Network）

1991 年，吉尔曼首次提出生态村的概念。1995 年 10 月，第一届“生态村与可持续社区会议”在苏格兰芬德霍恩生态村召开。之后，在丹麦盖娅基金会的支持下，全球生态村网络（Global Ecovillage Network，简称 GEN）正式成立。GEN 提供了一个平台，将世界各地不同文化、不同国家、不同大洲的可持续社区与生态村项目联系了起来，使其相互交流并分享经验。GEN 作为保护伞组织，为世界各地的生态村、城镇转型计划、社区策划以及具有生态思想的个人提供支持。相关的人或组织可以通过 GEN 见面并分享他们的想法，进行技术交流，文化交流和教育交流，并建立通讯机制及新闻刊物，致力于恢复土地并形成相互合作、可持续发展的生活方式。

根据 GEN 组织的阐释，生态村是一种规划的或传统的社区，他们往往通过地方参与的方式对生态、经济、社会、文化等要素进行可持续的、全面的整合，以达到再生社会环境和自然环境的目的。在社会方面，生态村的规模往往不大，人们感受到安全、被赋予权利、被关心，因此有强烈的归属感同时对周边的人与环境负起责任。进而，人们愿意主动的参与到那些影响他们生活的决策的制定过程中去。在文化方面，生态村尊重并支持地球上一切的生命形式，尊重文化与艺术的浓缩和表达，尊重精神追求的多元化。在生态方面，生态村鼓励人们去体验自然，与自然建立联系。人们享受平日与土地、水、风、植物、动物的互动。同时在人们尊重自然循环的前提下，这些自然要素也提供给人们日常的需求——食物、衣服、庇护场所等。在经济方面，当地的社团和组织建立自己的代币与货币交易体系。生态村的经济相当强劲，比其他地方的经济更加充满活力。

1996 年，GEN 参加联合国在伊斯坦布尔举行的人居大会，组织了很多展览及文化活动介绍全球各地的生态村，吸引了与会者的注意，使得生态村网络得到了全球的关注。越来越多的生态村加入 GEN。截至 2004 年，GEN 在欧洲成立了 20 个国家网络，北美和南美有 9 个生态区网络，还在泰国、印度、日本和斯里兰卡等亚洲国家建立了网络。

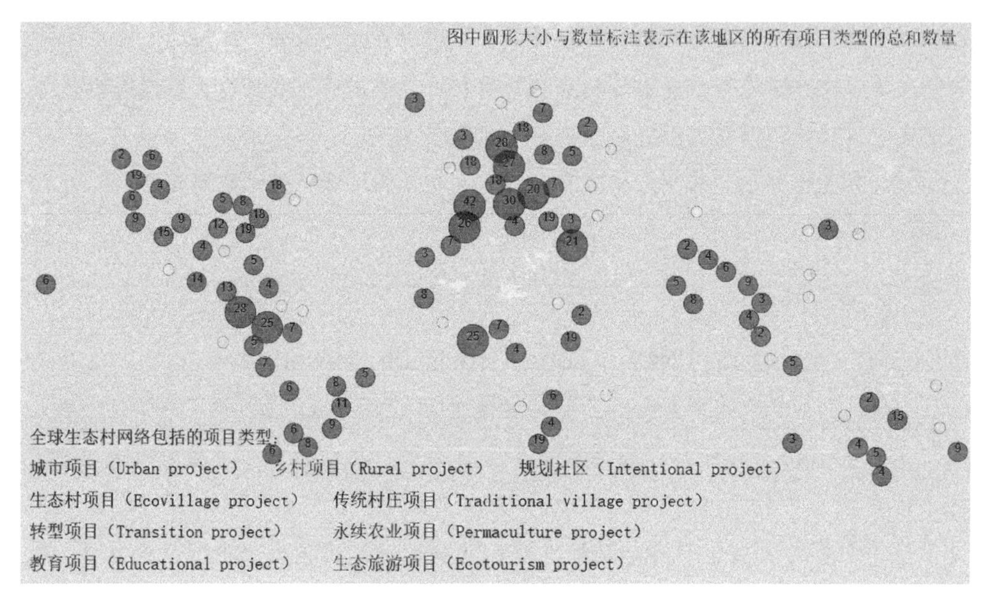


全球生态村网络项目类型与分布图

资料来源：参考 Ecovillage. Global Ecovillage Network[EB/OL]. http://gen.ecovillage.org，2015-09-21.

## 案例 3–7：水资源多重利用——徽州传统村落的案例

（1）基于实用性的水资源利用

徽州传统村落中，供水除了以村落水系为主要水源外，还通过各种方式，巧妙的引用地下水和山泉水。

①利用各种形式的水资源，完善生活供水：包括开圳引水入村、挖塘蓄水、凿井取用地下水、设水池引入山泉用水等。②利用水运促进经济发展：河流是古徽州的重要交通线，各种物资通过水运到各个支河水巷，房屋的前后。③溉田灌圃、水产养殖：村落往往处于较高处，穿村而过的渠圳溪流，最终多进入农田。村落中一些水面常用于养鱼和水禽。④防洪抗旱：防洪手段包括设水坝阻洪水、引沟开圳排洪水、开塘蓄雨水等，抗旱手段包括利用池塘雨季蓄水旱季取用、利用沟渠进行远距离调水、保护水源地。⑤防火：村落中的塘起到非常大的消防作用——提供消防用水。徽州古村中遍布水井，祠堂和住宅内多建有太平池、太平缸，成为重要补充。

（2）基于生态性的水资源利用

①水资源的生态净化：利用水生生物净化生活污水，利用土壤透水性净化生活污水，促进水资源循环。②对水源地植被的保护：徽州传统村落在风水学理论上的种植林木原则也为水资源保护提供了帮助。传统村落因植树护林措施，保持了水土，净化了水源。③对水资源的循环利用：开圳挖渠，引水入村，崇尚曲折，溪水沿水圳穿村过巷，进入每家每户，供村民取用之后，最终流入村中池塘或湖面、或田间地表。④改善聚落气候：徽州传统村落中的水系、池塘、沟渠、水道直接调节

着村落的局部气候，使得村落冬暖夏凉。⑤改善民居小气候：主要是天井的利用，将天井底部的池、槽与设于室内的地下井或阴沟连在一起，利用水的流动给室内降温。

（3）基于景观性的水资源利用

①点、线、面的水体构成形式：利用点线面的艺术手法，创造了立体、丰富的水体景观。②“尚曲”的艺术设计手法：建筑选择依水而建，也因水的曲线影响，外墙凹凹凸凸、进进出出，自然形成街巷、空间的收放自如、扑朔迷离的动态变化。③水体的动静结合：徽州村落内溪水流淌、湖面静卧，有动有静，动静结合，遥相呼应，互为衬托。

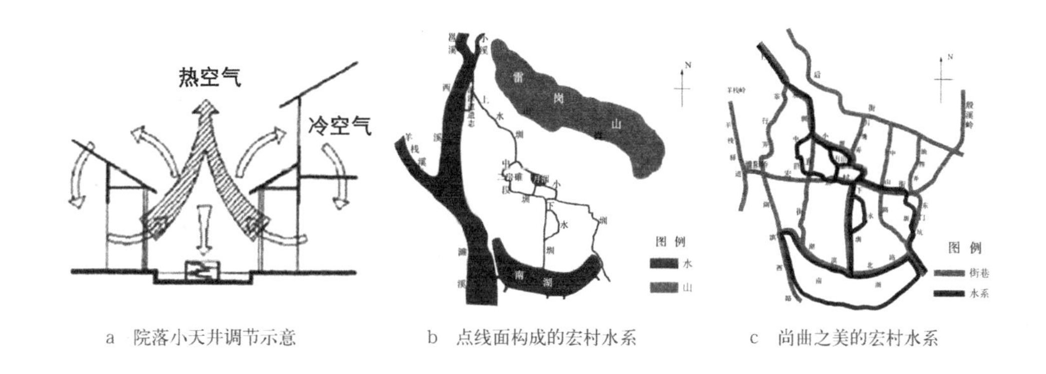


a　院落小天井调节示意　　b　点线面构成的宏村水系　　c　尚曲之美的宏村水系

资料来源：陈旭东．徽州传统村落对水资源合理利用的分析与研究[D]．合肥工业大学，2010．

## 案例 3-8：内生式发展——北京市顺义区北郎中村的案例

北郎中村位于北京市顺义区赵全营镇，地处北京市绿色农业产业带，紧邻 101 国道，距北京城区 30 千米。村域总面积 6.6 平方千米，全村 450 户，共 1500 多人。

改革开放以来，北郎中村农村经济组织制度发生了重大变革，经历了“家庭联产承包为主的责任制—局部尝试股份制—全面实行股份制—建立现代企业管理制度—实施品牌化经营战略—推动院村合作创新模式”的发展历程。

1985 年以股份制形式创建村面粉厂，现在成为了按现代企业制度运作的北郎中农工贸集团。第一产业由种植、养殖业的重点转向附加值更高的籽种、花卉产业；第二产业确立了农产品加工业的主导地位，形成了具有自身特色的食用农产品加工基地；第三产业以一、二次产业为基础，重点发展观光休闲农业。这样逐渐形成了三次产业有机融合发展的态势，农民人均纯收入在 2006 年达到 1.6 万元，与 1992 年的不足 2000 元相比，有了大幅度提高。

改革开放后北郎中村民积极发展种养业。起初以散户养殖为主，然而人畜混杂，使人居环境遭到破坏，为此村委决定统一规划建设“千亩生态养殖园”，推动种养业

跨入区域化、专业化和规模化经营的阶段，以改善人居环境。村委进一步完善基础设施建设，成立了医疗卫生服务中心，建设和完善了物业管理、环境卫生、沼气供应、安全保卫、水电通信等配套设施。此外，村委遵循绿色生产理念，推动“环能工程”建设，创办了生物有机肥厂，构建了循环清洁生产体系。

内生式发展是系统内部要素在内部动力主导作用下的自组织演化过程。农村发展系统具有自组织性，这一特点决定农村的发展重心应放在其内部整合，成为农村内生式发展的重要依据。北郎中村的发展受到了村内能人、村企、北郎中农工贸集团的推动，作为重要的序变量在北郎中村发展系统中处于主导地位，自身也在不断演化发展。北郎中村以组织重建为先导、产业重塑为基础、空间重构为重点，注重整合内部要素资源，激发内部动力，适应外界变化，内外力量相互耦合联动，推动村庄持续稳定发展。

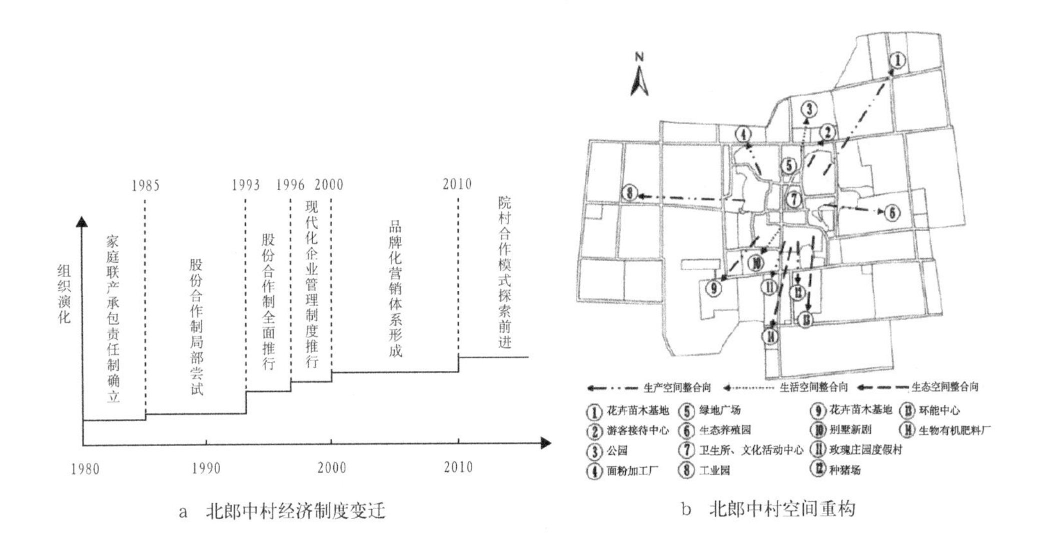


a 北郎中村经济制度变迁　　b 北郎中村空间重构

资料来源：郭艳军，刘彦随，李裕瑞．农村内生式发展机理与实证分析——以北京市顺义区北郎中村为例 [J]. 经济地理，2012，09：114-119，125.

## 案例 3-9：人民公社规划——河南省遂平县卫星人民公社的案例

1958 年 4 月，这个公社由附近 5 个乡合并而成，共有 8 个生产大队，238 个自然村，全社共有 9369 户、43252 人，是全国出现的最早的人民公社之一。

按照公社的“社域规划”，要“按生产的要求，适当集中，重新布置居民点”。新的居民点基本上是按社中心居民点、大队中心居民点、大队卫星居民点三级分布的。规划的重点放在公社中心居民点及毗邻的第一大队中心居民点上。

在规划中，对居民点进行了重新布置。公社中心居民点 1962 年的人口规模定为 5000 人，毗邻的第一大队中心居民点定为 3000 人，两个连在一起的居民点人口

规模总共达到8000人。五年内将全公社1/5的人口集中到一个居民点上来。

各项文化教育和商业服务设施在规划中应有尽有，公社中心居民点各项公共建筑总面积要求达到20万平方米，第一大队居民点的各项公共建筑总面积也要求达到16万平方米。显然，这样大规模的建造量，无论就资金和建筑材料来说，都是难以实现的。

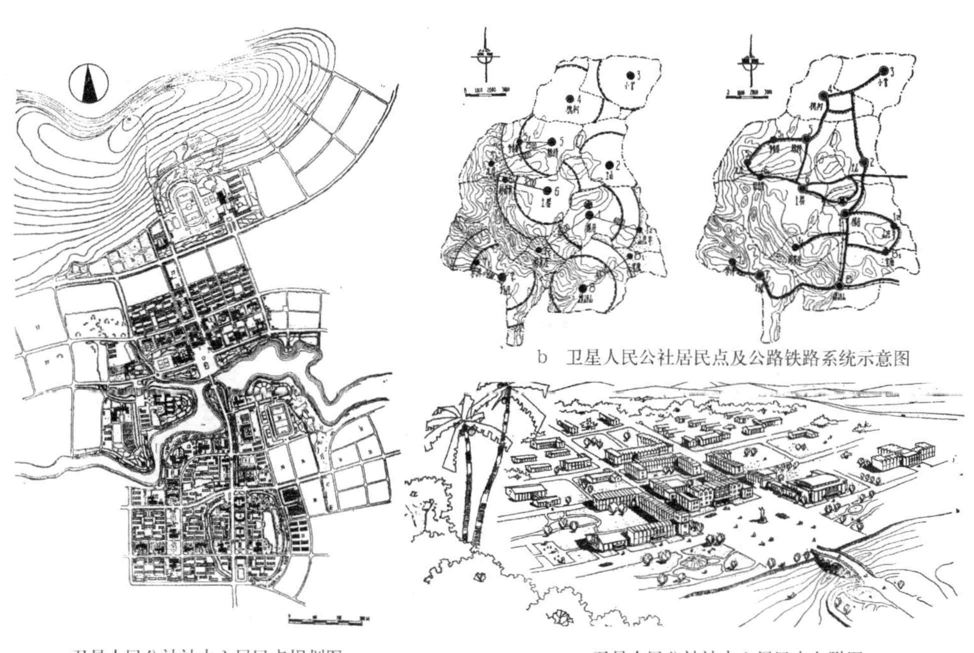

b 卫星人民公社居民点及公路铁路系统示意图

a 卫星人民公社社中心居民点规划图

c 卫星人民公社社中心居民点鸟瞰图

资料来源：

[1] 袁镜身主编．当代中国的乡村建设[M].// 邓力群，马洪，武衡主编．当代中国丛书．北京：中国社会科学出版社，1987.

[2] 华南工学院建筑系人民公社规划建设调查研究工作队．河南省遂平县卫星人民公社第一基层规划设计[J].建筑学报，1958（11）：9–13.

## 案例 3–10：梯田建设——山西省昔阳县大寨大队的案例

（1）大寨建设

大寨，是山西省昔阳县大寨人民公社的一个生产大队，有83户人家，自然条件原本很差。1949年，全村约有耕地800亩，零星散布成4700多块。大寨80%的耕地分布在山坡和山梁上，地块小而且田面倾斜不平，水土流失严重。

1953年大寨成立初级社，集体化程度的提高，为统一经营创造了条件。1955年大寨由初级社转为高级社，高级社属于社会主义集体经济，以土地和主要生产资料集体所有为特征。1958年大寨联合周围7个村，率先在昔阳县成立了大寨人民公社。

1953年是大寨实行农业集体化的第一年，制定了《十年造地规划》，通过造地拓展生产空间，同时将水土流失严重的坡地还林还牧。治理坡梁地是大寨农田基本建设的重要内容，主要办法是修水平梯田。梯田顺地形等高线布置，修建方式有土埂梯田和石埂梯田，梯田的田面宽度和地埂高度要保证梯田安全，不能被水冲垮，并便于耕作，同时又能节省用工。到1962年，共投工8.13万个，把原有的4700块“三跑田（跑土、跑水、跑肥）”改造成2900块“三保田（保土、保水、保肥）”。

从1953年到1963年的十年间，大寨的全体农民艰苦奋斗，修筑了不少坝、堰，虽经历自然灾害的毁损，大寨人民依然坚持建设了梯田、青砖瓦房及青石窑洞，并铺设水管，装上了电灯。从1970年开始，大寨为实现水利化、机械化、田园化，对沟坪进行大整修，开始由小块变大块的搬山填沟制造平原的大工程。

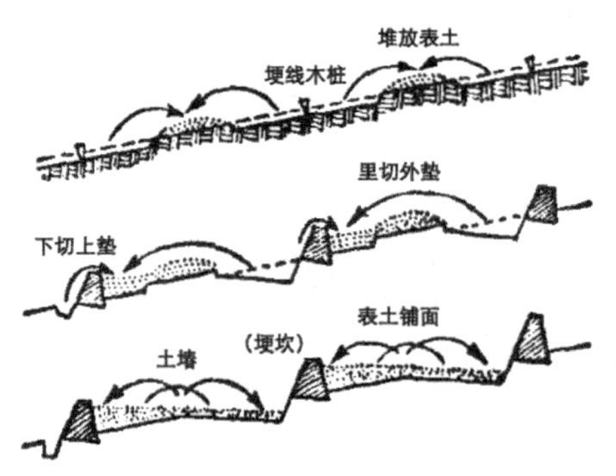


a　土埆梯田修筑法

b　大寨梯田实景图

（2）农业学大寨运动

1964年12月，经过毛泽东和中共中央的同意，周恩来在三届人大一次会议上作的《政府工作报告》中，对“农业学大寨”学什么的问题作了精辟的概括，向全国正式发出了“农业学大寨”号召。随之，全国各地掀起了“农业学大寨”的高潮。从1964年到1977年，在全国农村广泛推广大寨大队各方面的经验，有不少地方按照大寨的做法建起了一批新村。

资料来源：

[1]　王新哲．大寨的建设历程及新农村规划[J]. 城市规划学刊，2011，03：103-110.

[2]　袁镜身主编．当代中国的乡村建设[M].// 邓力群，马洪，武衡主编．当代中国丛书．北京：中国社会科学出版社，1987.

[3]　大寨农学院，山西农学院．大寨田 [M]. 北京：人民教育出版社，1975.

## 案例3-11：迁村并点规划——江苏省江阴县华士公社华西大队的案例

江苏省江阴县华士公社华西大队，1972年有243户、共1015人，是江苏省的“农业学大寨”先进单位，进行了田、渠、林、路、村的综合改造。

1964 年前，华西大队虽然在集体化的道路上取得了很大的成绩，但仍然存在着小农经济的痕迹。全大队共有 12 个自然村，田块七高八低，河沟弯曲不通，村庄零乱分散。为了适应建设大面积稳产高产田的需要，将原来分散的 12 个自然村，集中建成一个新村。1964 年，大队党支部制订了“农业学大寨”15 年远景规划。他们把农业发展规划和建设新村居民点的规划结合起来，并画在一张蓝图上，可以一目了然地看出新农村的建设远景：哪儿改地，哪儿盖房建新村，哪儿修道路、挖水渠，要在什么时候完成，用多少土方、材料、劳动力等。党支部还把规划张贴起来，发动群众讨论。到 1972 年，基本上使田块成方，水渠成网，新房成排，电杆成行，亩产超过 2000 斤，提前实现了规划。

新村集中紧凑，新村用地比原来分散的 12 个村庄占地减少 8 亩。社员平均住房建筑面积由 4.7 平方米增加到 18.4 平方米，人人住进了新房。原来零乱分散的 12 个自然村，已经变成一个整齐集中的新村。

学大寨以来，华西大队在平整土地的同时，筑了机耕路、大路和地下渠道，路旁种植树木；兴建了 14 个饲养场，共用地 100 亩。由于规划得当，耕地面积比 1964 年增加了 33 亩。

新村的住宅建设，是由社员自筹资金，自备材料，大队统一规划，统一组织施工建设的，共建了 670 多间，住宅产权归社员个人所有。新村还建设了学校、幼儿园、托儿所、医务所、商店、食堂、浴室、理发室、服装加工部、修鞋组等生活福利设施，设置了政治夜校、学习室、图书室、文娱室等政治学习、文化活动用房。

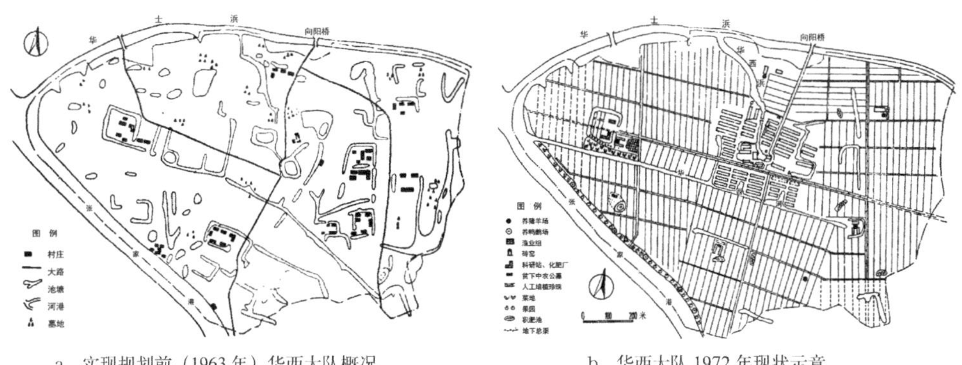


a 实现规划前（1963 年）华西大队概况　　　　b 华西大队 1972 年现状示意

资料来源：

[1] 江苏省江阴县革命委员会调查组．华西大队新村的规划建设[J]. 建筑学报，1975，03：13-17.

[2] 袁镜身主编．当代中国的乡村建设[M].// 邓力群，马洪，武衡主编．当代中国丛书．北京：中国社会科学出版社，1987.

## 案例 3-12：农业振兴、农业发展远景规划——河北省藁城县北楼公社的案例

家庭联产承包责任制前，农村经营体制是“政社合一，一大二公”，劳动力、生产资料和土地统一管理。在这种背景下河北省藁城县北楼公社制定了农业发展远景规划。

（1）规划内容简介：

①以改土治水为中心的田、渠、井、林、路、村六位一体的土地规划。首先是平土改土，为机械作业，提高沙地肥力、稳产高产的农田建设创造条件。

②以种植业为中心的农、林、牧、副、渔五业生产规划。在狠抓粮食生产的同时，抓紧棉、油、麻、丝、菜、烟、果、药等生产。牧业规划大力发展养猪，为种植业提供肥源。林业规划中大力进行四旁植树、扩大果园、改造旧果园。副业规划重点发展农业机械修理厂、肥料厂。渔业规划除养鱼外，水面发展浮莲、水萝卜、水花生等。

③以农业机械化为中心的农业机械化、水利化、电气化、化学化等的农业生产手段规划。机械化的主要措施是以村养机，以机促农，建立和完善修造厂，培养农机具人才。水利化主要是向高标准发展，主攻深、中井群，实现机电双配套、地上地下水相结合。化学化主要是提高每亩氮磷钾施肥量。电气化则是购买 200 台发电机建设发电厂，并建立起全社、大队、生产三级科技网。

④以社会主义新农村建设为中心的文化、卫生、教育、商业等农村设施建设规划。大队办好夜校、技术业余教育，加强成年人扫盲工作，并于 1980 年实现免费运行公社医院。文体活动方面新购电影机，开展广播事业。扩大全大队供销商业网点，达到小件生产生活资料不出村，大件不出社。

⑤此外还设定了 1977–1985 年间需要达到的一系列规划指标，包括粮食产量、水果产量、全社收入、人均收入、人口总数等。

（2）规划效果

规划方案得以落实，田、渠、井、林、路的建设取得很大的成效，改变了全社的面貌。虽然北楼公社实行的是计划经济体制和人民公社一大二公的历史背景下进行的，但是把 9 年的规划以 7 年的时间基本实现了。1980 年，农业部将北楼公社农业发展远景规划列入重点推广项目。1983 年获农业部科学技术改进二等奖。

资料来源：张仲威等．中国农村规划 60 年 [M]. 北京：中国农业科学技术出版社，2012.

### 案例 3–13：乡镇企业发展——浙江省诸暨市店口镇的案例

我国 1980 年代出现以乡镇企业异军突起、小城镇繁荣兴旺为主要标志的乡村工业化、城镇化浪潮。在“长三角”等发达区域，出现了“温州模式”和“苏南模式”等。以工业为主体的非农产业已成为乡村经济的支柱、农民收入的主要来源和区域发展的源泉。

浙江省诸暨市店口镇因地处浙江诸暨、萧山、绍兴三地交界的山巅之口而得名。1970 年店口诞生第一家生产五金的社队企业，至今已成为享誉中外的“五金之

乡”。1984年社办企业、队办企业分别过渡为乡（镇）办企业、村办企业，同时增加了家庭工业。至1989年，店口的联户企业达960个，户办企业达303个。而乡办企业和村办企业，分别从1979年的9个与7个，至1989年分别变化为15个与8个。

**店口各年企业数量对照表（单位：元）** **案表3–13**

| 年份 | 合计 | 个数 | 人数 | 企业收入 | 费用 | 利润 |
|---|---|---|---|---|---|---|
| 1972 | 社办合计 | 3 | 47 | 116588 | 88417 | 28172 |
| 1979 | 社办合计 | 9 | 390 | 1352619 | 788409 | 564210 |
| 1983 | 社办合计 | 21 | 1767 | 9632700 | 5890700 | 3060900 |
| 1984 | 乡办合计 | 24 | 2041 | 7766900 | 5729800 | 1524600 |
| 1985 | 乡办合计 | 15 | 1807 | 9527000 | ? | 1053100 |
| 1989 | 乡办合计 | 15 | 885 | ? | ? | ? |

由于利益攸关，乡镇政府对其下属的乡办企业提供便利。在市场不够开放、乡镇企业普遍资源短缺的情况下，乡办企业可以优先获得资源。

①资本：1984年，针对企业欠款，店口乡经联社工办向店口乡党委申请减免，并获得批准。地方政策也逐步向乡办企业倾斜，因有店口工办的担保，乡办企业较易获得贷款，而村办企业和家庭工业，贷款则相当困难。

②土地：土地是乡村集体拥有的资源。直至1990年代初期，中国没有正式的或由官方批准的土地市场。多数家庭工业在起步之初，将自家住房作为厂房，即“家庭作坊”。等积累了足够的资金及人际关系后，设法扩大土地规模。

③原材料：小五金的原料主要为铜和焦炭。一直到1980年代中期，铜是国家一类控制物资，由中央计划调拨。乡镇企业主要依赖非正式的非市场渠道取得生产资料。乡办企业得到地方政府的支持，通过与国有企业联营获取计划外的原料。

④市场：改革开放初期，大部分原料和业务需通过人际关系取得。地方政府为此积极搭建平台。1980年代初，店口涌现了数千名供销员，长期在外负责原料的采购和销路的开拓，带回外界的各种讯息，促进了产品的更替、技术的革新和当地人见识的增长。

⑤人力资源：1984年起，店口镇乡办企业积极推进经济承包责任制。承包形式采用“包定额、包利润、包上交”，在完成国家税收、上交部分以外，按比例分配，具体由厂长负责，组阁3–5人集体承包，所有职工变“铁饭碗”为“合同制”。

资料来源：王银飞．乡镇企业的“一九八四”：浙江省诸暨市店口镇小五金业研究[J]. 中国经济史研究，2012，04：122–132.

### 案例 3–14：农业区划——中国综合农业区划的案例

（1）什么是农业区划

农业区划是按照农业地域分异规律，划分不同类型、不同等级的农业区域。农业具有强烈的地域性和季节性，农业区域的形成，不仅是生物对环境的适应要求，而且是长期劳动地域分工的结果。为了充分开发利用当地的自然和经济资源，因地制宜，促进农产品增产，有必要通过深入调查，分析各地生产条件和特点，进行农业区划工作，避免农业生产的盲目性。

（2）农业区划的主要内容

①农业自然条件区划，着重分析不同地区农业自然条件和资源与农业布局的关系；②农业部门区划，着重研究农业各部门或农作物的生态适应范围、生产布局特点及其地域分布；③农业技术改革区划，着重研究不同地区农业技术改革的方向和途径；④综合农业区划，在上述三个区划基础上，从综合观点出发，区别差异性，归纳共同性，划分综合农业区。

（3）划分农业区的基本原则

①农业自然条件和经济条件的类似性；②农业生产特征和发展方向的类似性；③农业生产存在问题和关键措施的类似性；④保持一定的行政区界的完整性。

（4）我国综合农业区的划分

中国领土辽阔，农业类型多样，中华人民共和国成立后我国多次开展农业资源调查和区划研究，并将其列为全国科学技术发展规划的重点项目，取得了丰富的成果。如 1981 年编制的《中国综合农业区划》，根据地域分异规律和分级系统，分别阐明了 10 个一级区和 38 个二级区的基本特点、农业生产发展方向和建设途径。一级区概括地揭示中国农业生产最基本的地域差异，既反映中国自然条件的地带性特征，也反映通过长期历史发展过程形成的农业生产的基本地域特点；二级区着重反映农业生产发展方向和建设途径的相对一致性，结合分析农业生产的条件、特点和问题。10 个一级区分别为：东北区、内蒙古长城沿线区、黄淮海区、黄土高原区、长江中下游区、西南区、华南区、甘新区、青藏区、海洋水产区。

资料来源：

[1] 中国综合农业区划

[2] 百度百科．农业区划[EB/OL].http：//baike.baidu.com/link?url=zp8c5QHHvmDDtk_8IyEEwHFhDz8Gr-Uvl8xfnGmpbA0talV9V4aYKruS_RvwzbPShf9cR1GiwE1CsjnTt4I57_，2015-07-23/2015-09-22.

### 案例 3-15：日本最美乡村（The Most Beautiful Villages in Japan）

日本最美乡村组织（「日本で最も美しい村」連合）是一个非盈利组织，它联合了日本一些美丽的村庄和城镇。这个组织致力于保护和发扬日本乡村的传统，举办文化博览会，将乡村文化品牌化，促进组织内的成员村镇进行地区、全国和国际范围内的合作。

日本最美乡村运动起源于美瑛町，美瑛町是日本北海道上川支厅辖下、上川郡范围内的一个乡镇。町内拥有丰富的自然旅游资源以及深厚的文化底蕴，尤其是七月到八月，当向日葵、薰衣草、凤仙花、美女樱、波斯菊、鼠尾草等各种各样的花卉灿烂开放的时候，梦幻的彩色花田随着山坡蜿蜒，缤纷的花样、艳丽的色彩，形成独具特色的乡村风貌。1971 年，风景摄影家前田真三的摄影作品将美瑛町的欧式田园风光得以传播，继而成为北海道地区非常著名的观光胜地之一，带动了地区旅游业的迅猛发展，每年观光人次远超过 100 万人（该地有近半年时间是白雪冰封的淡季）。旅游业的发展又带动了其他产业的发展，如自 1992 年起，美瑛町每年都定时举办“美瑛町健康马拉松”比赛，届时来自日本各地的跑步爱好者都会到此参加。

美丽乡村运动目前已经发展成为国际性的运动，每年会组织召开美丽乡村的国际会议，中国目前还未加入。

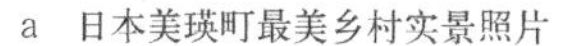

a 日本美瑛町最美乡村实景照片　　b 日本最美乡村运动标志

资料来源：维基百科 .The most beautiful villages in Japan[EB/OL]. https://en.wikipedia.org/wiki/The_Most_Beautiful_Villages_in_Japan，2015-07-17/2015-09-22.

### 案例 4-1：都市农业——北京市延庆县小丰营村的案例

小丰营村位于北京市延庆县康庄镇，距延庆县 5 公里，距康庄镇 4.5 公里，全村共有 666 户、1983 人。小丰营村的北京市八达岭蔬菜交易市场是都市农业中“专业市场 + 家庭工场 + 协会”的典型代表，其蔬菜产业群的发展有以下特征：

①土地制度的创新——1980年代，小丰营村一直实行的是土地集体所有制，自1995年开始，小丰营村开始实行竞价承包的土地制度，这种独特的制度使得土地得以大规模集中于种菜能手的家庭，使土地发挥出了最大的效益，是小丰营蔬菜产业得以迅速发展的重要推动力。

②家庭工场——1995年妇代会建立了约7公顷的“三八蔬菜示范基地”。随后，受土地制度改革的影响，出现了蔬菜生产家庭工场，蔬菜迅速发展，并带动了全县蔬菜种植业的发展，其中邻里和亲缘关系成为蔬菜种植技术和市场信息迅速传播的媒介。目前（2006年），小丰营的蔬菜示范基地面积已经扩大到200多公顷。

③蔬菜交易市场——该市场兴建了6000吨的冷库，运输需求吸引了各地运输车辆。现在，南方常年驻地菜商有200多家，交易蔬菜达30多个品种，其中10%-20%销往北京，30%销往南方，40%-50%出口日本、韩国、东南亚等地，甚至远销英国、荷兰。

④民俗旅游村——民俗旅游是都市农业发展的自然延伸。1997年以来，小丰营村因蔬菜专业村闻名，吸引了大批国内外游客。迄今，该村已接待了60多个国家的政府官员，3万多名外国游客，200多户民俗旅游专业户中已有30多户成为外宾接待专业户。

⑤协会——现阶段，小丰营蔬菜产业群发展中一些服务功能主要由协会和基层组织承担，如技术培训、信息收集、肥料种子供应等。小丰营蔬菜协会是延庆县蔬菜协会下的分会，大部分种植蔬菜的农户、菜商都加入进这个协会。协会也是重要的协调机构，承担着维护菜商和菜农利益的功能，如蔬菜最低价保护等。

综上，蔬菜产业群的组织与运行模式可以总结为：家庭工场和蔬菜市场由蔬菜协会联系起来，由当地的基层组织与协会提供保障蔬菜产业发展的相关服务，如：技术培训、信息收集与分析、信用社贷款以及运输、肥料种子供应、包装等，蔬菜产业群的发展同时也促成了民俗旅游的发展，进而形成了一个以蔬菜生产为基础的产业链。

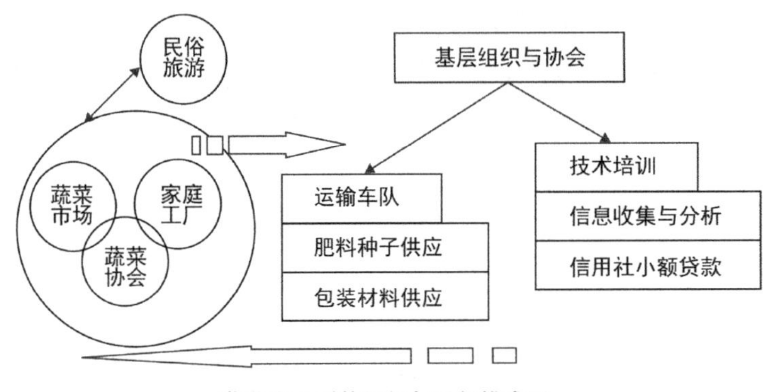


蔬菜产业群的组织与运行模式图

资料来源：彭朝晖，杨开忠．政府扶持下的都市农业产业群模式研究——以北京市延庆县为例[J]．中国农业大学学报，2006，02：22-26．

## 案例 5-1：乡村生活圈与居民生活行为的变化——日本长冈市小国町的案例

日本自明治维新以来实行新的行政体制，地方政府具有较大的自治权，随后乡村地区以既有的中心村为核心，形成了同心圆式的生活圈。以长冈市小国地区为例，经过百年来多次的村庄合并和行政区划调整，一部分生活圈消失，一部分不断的扩大，这些都取决于公共设施配置的内容、地点和服务范围的变化，其中影响生活圈最重要的因素是中、小学的配置，中、小学的配置直接影响到区域内社会交往方式，甚至一部分生活行为。尽管如此，除了行政配置以外，乡村地区居民日常生活需求也是影响生活圈形成的重要因素。随着乡村地区产业结构调整引发就业地点的变化和汽车的普及等出行情况的变化，进一步带来了生活圈的扩大。从小国地区 1978 年和 1998 年 20 年间居民生活行为调查可以看到，跨越本地传统生活圈的现象正在增多，与此同时，本地公共设施的退化，商店数量的减少也是一项重要的因素。随着今后乡村地区人口的减少和老龄化，在更大的区域范围组织生活圈就显得十分必要。

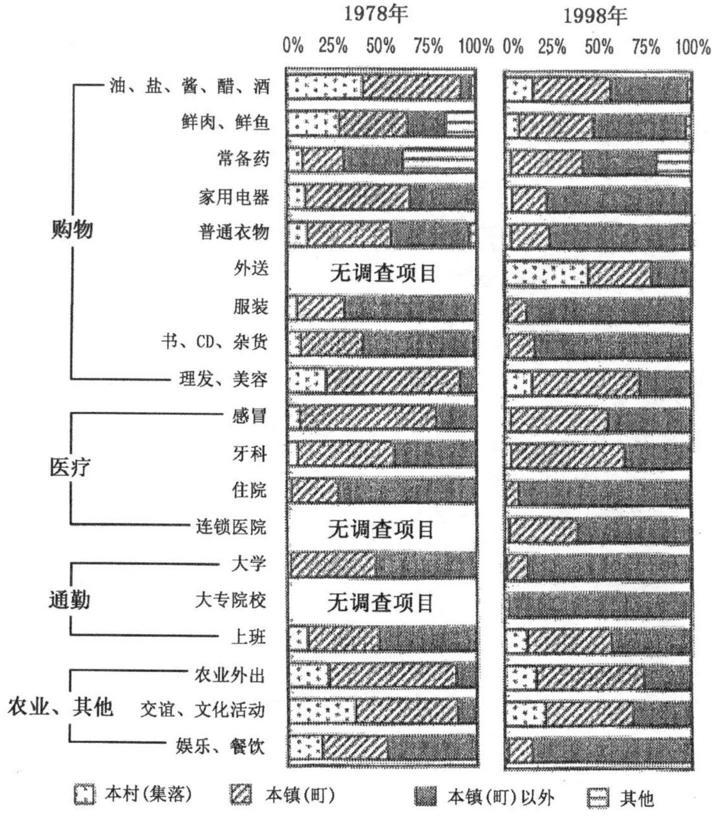


日本长冈市小国镇居民日常生活行为变化

资料来源：朝仓邦造．千贺裕太郎编集：农村计画学．2012 年 4 月 30 日，53.

## 案例 7–1：建筑保护与整治规划——贵州省堂安侗寨的案例

在传统村落保护中，村落的实际情况往往比理论上复杂得多。往往需要结合具体情况进行再分类或调整。贵州黎平县堂安侗寨保护规划在确定保护建筑时根据实际情况将建成年代在三十年以上的传统木构民居和所有传统公共建筑（包括修建才两年的传统祭祀场所——萨坛和戏台列为保护建筑）均确定为“保护建筑”；将新建的在体量、或材料、或形式上对村落传统风貌及景观有负面影响的建筑确定为“与传统风貌有冲突的建筑”。

在确定建筑的保护与整治措施中，将保存基本完好（结构、形式）的保护建筑确定为“修缮”，将结构有安全隐患、或破损严重、或形式被不恰当改变了的保护建筑确定为“修复”。在堂安侗寨，非保护建筑均为建成时间在近三十年的新建筑，在结构安全性和外观完整性风貌的状况均较好，因此对与传统风貌无冲突的非保护建筑采用的是“保留或维护”的措施，而对与传统风貌有冲突的建筑采用的是“整治或改造”措施。

a　堂安侗寨建筑保护对象规划图

b　堂安侗寨建筑保护与整治规划图

c 保护民居

d 新建萨坛及与传统冲突的建筑

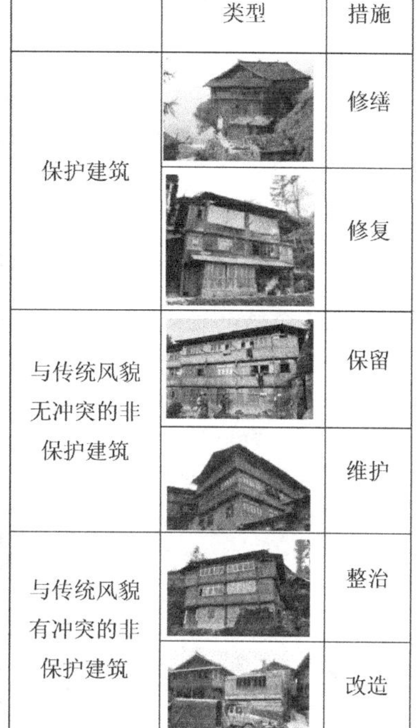

| | 类型 | 措施 |
|---|---|---|
| 保护建筑 | | 修缮 |
| | | 修复 |
| 与传统风貌无冲突的非保护建筑 | | 保留 |
| | | 维护 |
| 与传统风貌有冲突的非保护建筑 | | 整治 |
| | | 改造 |

e 堂安侗寨建筑保护与整治规划示例

资料来源：根据《贵州省黎平县堂安侗寨建筑保护与整治规划》整理．

## 案例 7-2：村民住房建设选址规划——贵州省黎平县地扪－登岑侗寨的案例

地扪－登岑侗寨共由 6 个小寨组成。最早形成的是母寨，后家族不断扩大、分家，逐渐发展建成了芒寨、寅寨、模寨和维寨，而登岑则是另一个家族的独立小寨。根据当地的风俗习惯，各个寨子的空间发展方向有约定俗成的规则。

地扪的吴姓先人最初在今塘公祠附近安家落户，成为母寨，意为发源地。母寨由开始的十几户人家发展到几十户人家，由于住地有些狭窄，于是扩展到对面的芒寨。芒寨的寨名由来有一则故事：那里是羊群常去吃草的地方，安全无野兽，土地肥美，适宜居住。于是村里房姓氏族的一支就急忙搬过去，故称之为"忙"寨，后来演化为"芒"寨。随着人口繁衍，于是又搬到村里的另一块地方居住，因为是在某天的寅时搬的，所以称为寅寨。后来又有了模寨，因为此地之前是一片茂密的森林，"模"在侗语里是树木的意思。最后形成的寨子是维寨，维一开始写作"围"字，它在最边缘，把地扪村包围起来，住的是外姓人，地扪吴氏子孙希望外姓人能同心同德，共同维护一方平安。

村庄选址建设有一定的要求和原则，就地扪－登岑侗寨而言，主要有两点：

（1）生态智慧

追随"动物行为"选址，即根据牲畜和各种野生动物迁徙带出的"信息"，断定

“福地”作为寨址。如芒寨，为羊群常去的地方。其他的智慧如适应气候变化的智慧、适应地理条件的智慧、适应生计需要的智慧、适应安全要求的智慧、适应和谐环境要求的智慧、读解各种生命体知识经验的智慧等。

（2）风水择居

在地扪，风水师根据地形的卦相情况，判断村寨出入口和选址。建筑则根据时辰的五行八卦确定朝向。例如，朝山、朝水，都是利。建房的时机也有相应的说法，不利建房的年份通常为：申子辰年，蛇马羊；巳酉丑年，虎兔龙；寅午戌年，猪牛鼠；亥卯未年，猴鸡牛。

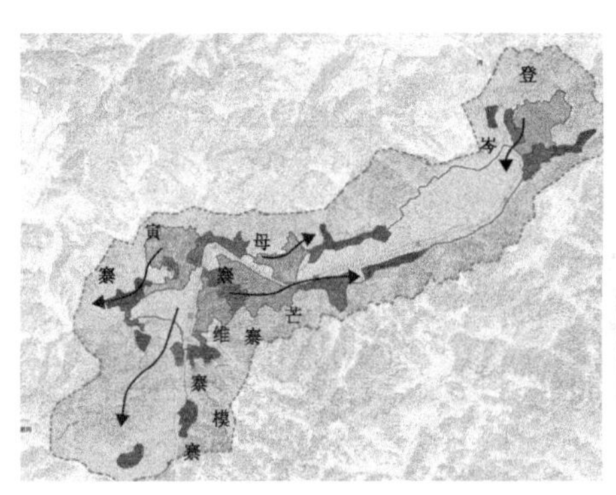


a　各个小寨的空间拓展方向

b　登岑侗寨实景照片

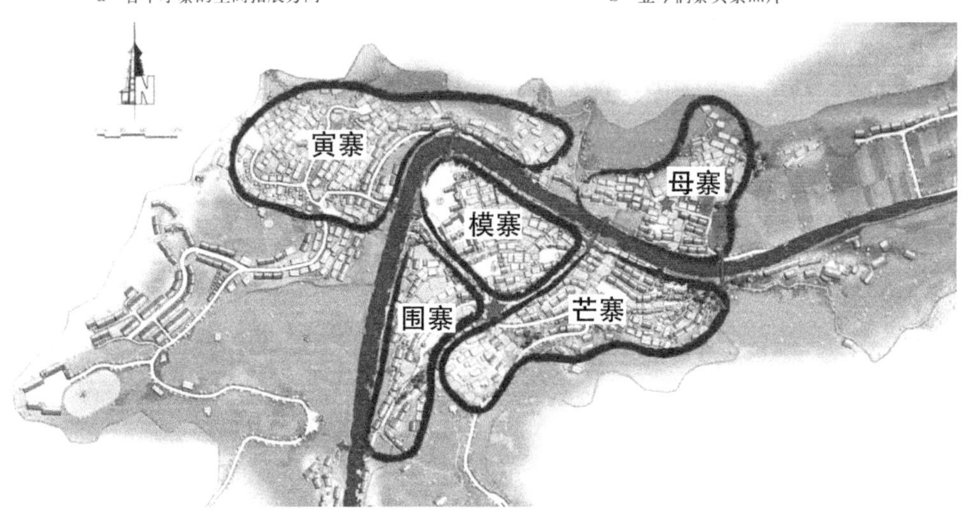


c　地扪村总平面图

资料来源：张姗．贵州地扪侗寨的历史地理研究[D]．中央民族大学，2009．

## 案例 8-1：新时期迁村并点规划、土地整理——天津市东丽区华明镇

天津市东丽区华明镇地处市中心区和“天津滨海新区”之间，总面积 150.6 平方公里，全镇辖 15 个自然村，常住人口 5 万余人。面对有限的土地资源与未来

发展需要之间的矛盾，华明镇通过“宅基地换房”的土地开发整理模式，对整合和提高土地利用率，建设新农村进行了有益的探索，进而形成了“华明镇模式”，其基本内容为：农民以放弃宅基地使用权与原有房屋所有权换取相关国有土地的使用权及新建房屋的所有权；农民集中居住后，家庭联产承包责任制不变；将布局分散、使用效率低的宅基地统一整理，部分宅基地复耕还田，确保耕地质量不降、总量不减，实现耕地占补平衡；部分用地用来集中建设新型小城镇，安置回迁农民；部分整理出的多余土地通过市场化开发出售，用于新农村建设资金和农民的社会保障。

华明镇整理的流转土地包括农用地、宅基地和企业用地等在内的全部集体土地。具体开发过程包括以下七个部分：①由区县政府组织编制小城镇建设总体规划和土地复垦规划；②组建小城镇开发建设投融资机构，按市场化原则负责小城镇建设；③区县政府向土地行政管理部门申请小城镇建设用地周转指标；④有意村民提出以宅基地换取新建小城镇住房申请，经讨论后签订宅基地换房协议并与村委会解除土地承包经营权合同；村委会再与小城镇开发建设投资机构签订宅基地换房协议总体协议；⑤农民住宅建成后，由小城镇开发建设投资机构交由村委会，由村民委员会分配，村民选房、搬迁；⑥村民用现有住房置换规划镇区集中住宅楼房，村民原有宅基地拆迁平整后，由政府组织整理复耕；⑦复耕土地除部分用于抵偿小城镇建设借用的建设用地指标外，其余部分全部折抵成建设用地指标，由土地整理部门负责对开发性土地进行“招、拍、挂”。

自 2006 年启动以来，根据华明镇土地整理流转办法，华明镇平衡后净增用地 48.58 公顷，在保证耕地保有量的同时，还整理出大量的建设用地。节约出来的土地进行经营开发，用于农民回迁住宅和公共设施的建设资金约 37 亿元，可出让的商业开发用地预留了 40 多顷，土地出让收益预计可达到 40 亿元，基本可实现小城镇建设的资金平衡。

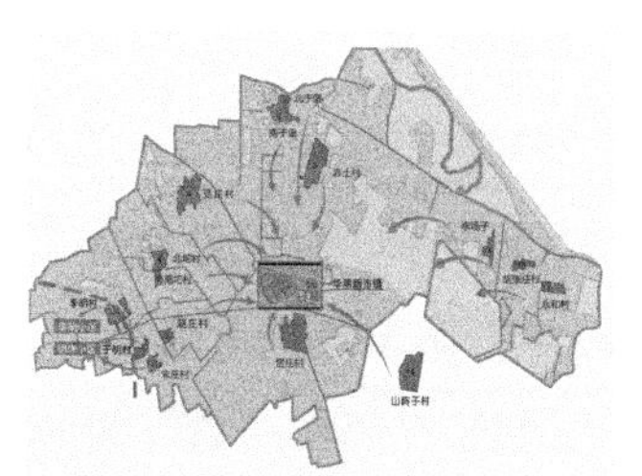

a 华明新市镇村庄迁移示意图

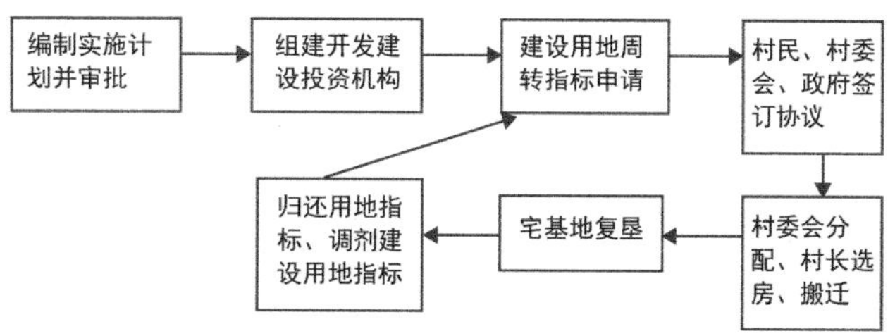


b 华明镇土地整理和流转流程图

c 华明镇土地占补平衡表（单位：公顷）

| 建设规划 | | | 整理规划 | | 平衡情况 |
|---|---|---|---|---|---|
| 总占地面积 | 新增建设用地面积 | 占用耕地面积 | 村庄建设总用地 | 整理后耕地净增面积 | 整理后减去建设规划占用耕地 |
| 561.81 | 448.95 | 314.19 | 426.79 | 362.77 | +48.58 |

资料来源：孟广文，盖盛男，王洪玲，郭逸春，王慕雪，王真予，杨华雯，张伟珂，于亚琴．天津市华明镇土地开发整理模式研究[J]. 经济地理，2012，04：143-148.

## 案例 8-2：新农村建设规划——湖南省湘乡市月山镇龙冲村的案例

龙冲村位于湖南省湘乡市月山镇西部，省道 S311 线的北侧，距湘乡市区 35 公里，全村总面积 242.32 公顷，至 2020 年规划人口 900 人。龙冲村社会主义新农村建设规划编制于 2010 年，获得了 2011 年度全国优秀城乡规划设计奖（村镇规划设计）一等奖，规划主要的特点包括：

①重视耕地保护，合理布局村庄建设用地。根据龙冲村山林地多，耕地偏少的现状，规划在进村主干路附近和现有居民点集中的地段，适当集中布局建设用地，对位于山坡地段交通和基础设施便利的小居民点适当保留，形成“相对集中、适当分散”的村庄建设用地布局模式，减少对耕地的占用。

②尊重现状条件，避免大拆大建。

③注重文化传承，打造乡村品牌。规划结合龙冲村自然、人文、产业特色发展文化，龙冲无论是村名还是在村庄形态上均与龙有关，规划在开展一般文体活动建设的同时，通过组建舞龙队、统一标志标牌，强化龙冲村“龙”文化的特色。

④强化产业规划，提升村庄内生发展活力。规划因地制宜，打造“五龙”产业，基本形成特色明显、优质高效和持续增长的产业架构。“农”：规划利用高产农田，发展优质稻生产区和绿色蔬菜基地；“笼”：以冲沟、水库和池塘为依托，发展牲畜养殖、肉鸡蛋鸡、草食动物以及淡水鱼养殖。“垄”：利用丘垄地，建设油茶、板栗、杨梅种植基地，发展高效林业。“浓”：结合房前屋后的空闲用地发展小范围的立体种养殖为主导的庭院经济，提高土地综合利用率。“龙”：依托各生产基地，发展观光、体验、采购一条龙的生态休闲旅游。

⑤规划内容全面，有效指导乡村建设。除产业规划外，规划对用地布局、基础设施布局、绿地景观、用地控制、交通梳理、市政设施综合治理与垃圾处理、分期建设等方面进行了统筹安排，对乡村建设起到了有效的指导作用。

⑥强调村民参与，注重规划可实施性。规划贯彻“政府组织、专家领衔、部门合作、公众参与、科学决策”的原则，通过问卷、调查、会议等形式，广泛吸纳了村民、专家和政府管理部门的意见，强化公众参与。在实施阶段，按照道路交通、公共、环卫、防灾减灾、给水排水、电力电信、生产设施、村庄风貌等八大方面制定分期建设项目库，循序渐进推进规划实施。

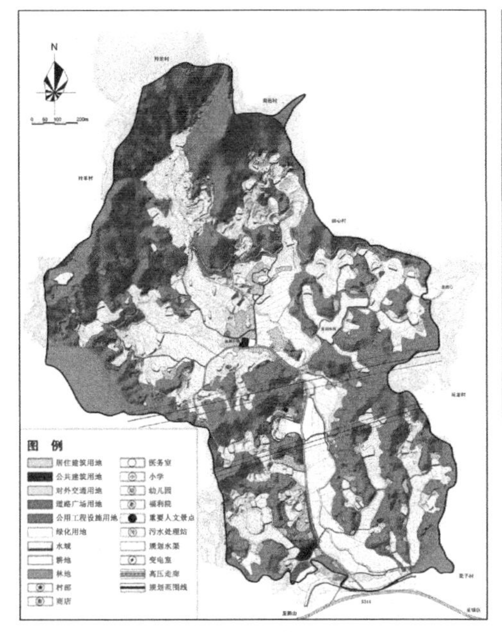

a 土地使用现状图　　b 土地使用规划图

c 居民点规划　　d 村民投票现场

资料来源：根据湖南省城市规划研究设计院提供的《湘乡市月山镇龙冲村社会主义新农村建设规划（2010–2020）》整理．

## 案例 8-3：灾后重建规划——四川省剑阁县下寺村的案例

下寺村地处四川剑阁县北部，迄今已有500余年历史。在汶川大地震中，下寺村遭受中度灾害，全村416户民宅10%倒塌，45%成为危房，其余需要加固与修复，由此形成了“破碎斑块、扰动斑块、完好斑块”所随机性构成的复杂局面。“灾难斑块”型村落的灾后重建必须寻求适宜于自身的重建方式和方法。

针对下寺村灾后重建的现实与困境有5条重建基本对策：

①斑块重建对策：归纳斑块类型；斑块分类控制，斑块编号，对位提供重建措施；斑块分级控制，从地块单元、建筑节点、公共空间三个层面保证重建内容的完整性。

②文化重建与再生对策：一方面是村落传统空间的再生与更新，指村落原生态自然空间环境、村落肌理、村落社会公共生活场所、传统农业生产加工空间、朴素悠然的农村生活方式等。另一方面是村落传统建筑的保护与发展，其方式有四种："建筑在功能在"、"建筑在功能换"、"建筑不在元素在"、"建筑不在特征在"。

③宅基地控制对策：下寺村宅基地呈现多家共院的宅院拼合方式，具有特色。规划以一户至多户所共有的相对完整的宅基地单元为基础，一个斑块内可以有几个宅基地单元。

④重建方式及管理实施的适宜对策：建筑材料尽量就地获得，并代表地域特色；为建筑材料找到最适宜的建筑结构、构造形式，并与建筑安全保障技术要求相衔接；村落及建筑重建方式应顺应民意的需求；重建方式需要整合材料、技术、形式等多样因素。

⑤乡村规划编制的适宜对策：一是编制内容应涵盖农村建设可能遇到的问题；二是采用适宜自编自建自管的编制模式；三是需要非专业语言释义的直观图画成果。

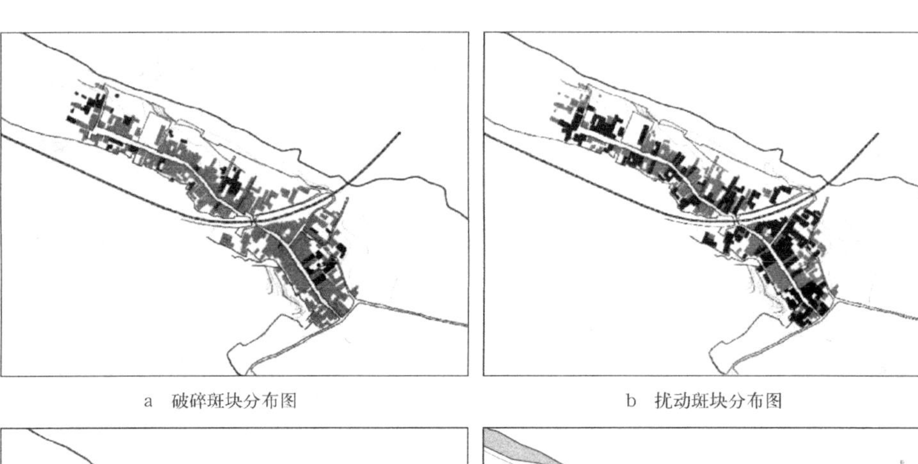


a 破碎斑块分布图

b 扰动斑块分布图

c 完好斑块分布图

d 灾后重建分布图

资料来源：于洋，雷振东．"灾难斑块"型村落灾后重建的适宜规划途径研究[J]. 西安建筑科技大学学报（自然科学版），2010，05：696-700，706.

## 案例 9-1：村民参与的规划——日本乡村规划编制办法的案例

日本乡村规划学会第一届年会（1982 年）的研讨会议题即为“乡村规划与村民参与”，此后日本多地的乡村规划编制方法中也体现了村民参与的特点：

（1）规划编制主体

日本规划编制的主体有两种情况：一是自治体组织为主体，居民参与；二是本地居民组织，自治体（行政）提供指导和帮助。以往居民组织作为主体的规划编制很多，政府参与很少。近年来本地规划专业人员参与的规划增多，本地居民组织作为规划编制主体也成为一种趋势。

（2）规划编制组织和体系

一般需要设置一个规划区内利益相关人代表组成的规划委员会，由委员会通过工作组来编制规划，利益相关人代表的选拔也需要公示。规委会和工作组应有居民参加，这样可以扩大组织以外人员参与的机会，有利于工作组在工作阶段和资料收集的工作，同时也利于居民意见的反馈。如果当地居民中缺少专业人员，工作组成员可以外聘，或由本地政府工作人员担当。以居民主导的规划，往往会加入政府、NPO、专家团队的指导和协助。

（3）规划编制的程序与步骤

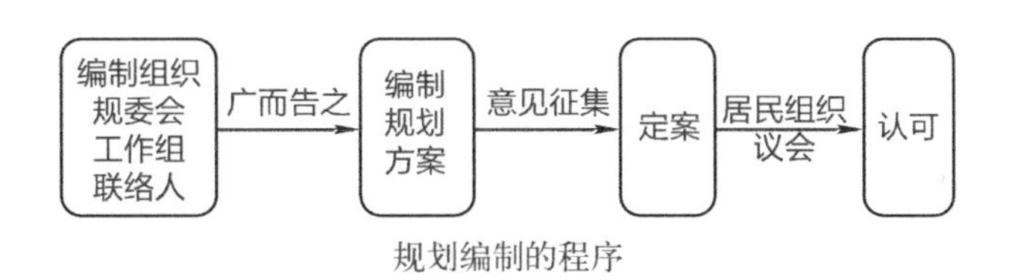


规划编制的程序

规划方案的最终认可有三种方式：

①住民组织大会认可（当规划地区自主性强，对周边地区影响较少时）。

②市町村自治机构政府认可（行政主导及大项目导入和示范地区）。

③市町村议会认可（政府主导的项目涉及必要的规划和较多建设经费时）。

规划方案的编制步骤一般分为：现状调查→内容整理→设定目标→提出策略→实施方案五个步骤。规划策略虽然是由规委会制定，但不向广大居民通报、不广泛听取意见是不行的。实施方案的制定既要符合一般的法律、法规，还应提出建设资金来源和导则等，规划主体如何提供资金保证，如何向相关人提供准确的需求、教育和引导，利益相关人通过何种方法和渠道达成共识，以及政府执行政策中的方式方法等。

不论怎样，村民是村庄规划的主人公，生活在乡村的人不仅仅只有农民，他们总体上构成居民，有自己的意愿，以及对生活环境改善的需求，为此，组织居民编制和参与是十分重要的，规划参与的过程就意味着参与者将参与今后规划的实施和管理。

资料来源：尊重村民意愿的村庄规划编制方法．上海同济城市规划设计研究院科研课题，2015，3.

## 案例 9-2：尊重村民意愿的规划过程——贵州省铜仁市印江县团龙村的案例

团龙村位于印江县永义乡，该村生态资源、水资源极为丰富，主要经济收入来源有水稻、玉米、薯类等农作物，茶叶、中药材等经济作物以及乡村旅游服务业。受贵州省铜仁市规划局和印江县住房和城乡规划建设局委托，同济大学设计团队联合铜仁市建筑勘察设计院，于 2014 年 6 月开始编制《铜仁市印江县团龙村村庄规划》，团队在前期调查和规划设计过程中就如何广泛吸纳和尊重村民的意愿进行了有益的探索。主要的特点如下：

（1）收集村民意愿

在充分了解上位规划后，通过对团龙村现场踏勘、访谈、会议（座谈会）的方式获取村庄的基础信息，了解发展的现状、问题及村民对未来的设想。将现状问题、村民意愿、规划师引导等进行系统整理，初步形成村民的发展意愿及规划建议，并供村民讨论。

（2）与村民共同设计形成规划草案

通过研讨会的方式，和村民一起编制规划，解决问题、共谋发展。位于村口的团龙居民点为一组，山上的中间沟居民点、鸡窝坨居民点合并为一组，主要由村组组长、村内工匠构成。每组配 3-4 名规划师，负责绘制草图和会议记录等。讨论的议题：产业转型、旅游服务、生态与景观建设、村庄建设、居民搬迁、管理制度建设等内容。通过照片、录音、签到等方式真实记录会议过程，体现规划程序的合法性。然后将两组合并为一组，将达成共识的村民意愿反映在规划草案中，并形成两个方案，提交村委会和上级政府讨论，最终将确定的方案编制成为正式规划文件。

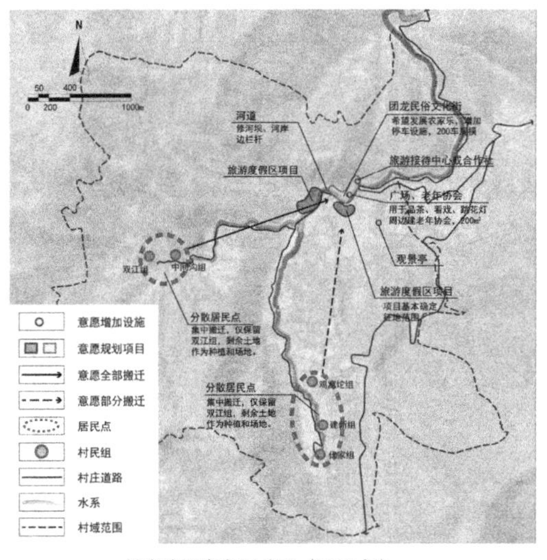


a　村庄建设意向汇总图（2014 年）

b　村民参与用地调查和规划方案的研究

资料来源：尊重村民意愿的村庄规划编制方法．上海同济城市规划设计研究院科研课题，2015，3.

## 案例 9-3：水资源循环利用——陕西省延安市枣园村的案例

枣园村位于陕西省延安市西北部，属干旱、半干旱地区，干旱是本地区最为严重的自然灾害。枣园村全村现有 160 户，623 人，居住建筑以窑洞居多，其布局较为分散。该地区严重缺水，生活用水为引用山泉，由村民自行担水。每户的各种生活污水都是随地倾倒，没有排水管道，普遍使用老式的露天茅坑。雨水都是依着地势向村外自由排放，人、禽、畜的粪便没有很好地收集处理。

在乡村及城乡结合部等没有污水处理厂的地方或集中进行处理不经济时，最好考虑单独的污水就地处置技术，一般利用的是土壤净化法来就地处理污水，主要形式有坑厕、堆肥用厕所、蹲式干厕和化粪池土堆系统。与以污水管道为基础的公共污水处理系统相比，其明显的特点是所需的投资很低和管理维护费用极少，特别适合我国西北乡村聚居区基础设施落后、经济不发达的现实状况。

枣园村的水资源利用策略：

（1）污水量预测

未来枣园村各种污水可按其规划用水量变来计算，家庭生活污水按供水量的 85% 计算，公共建筑污水按公共建筑用水量 95% 计算，禽畜饲养污水量按禽畜用水量的 85% 计算，其未来日污水量为 96 立方米 / 日。

（2）污水收集与处理措施思路

采用废弃物与污染物的资源化处理与再生利用技术，将室内污废水按其水质的好坏分别加以排放，按高处分区的洗涤污水土堆处理系统处理后，可作为低处用户的杂用水，如厕所冲洗水、低处绿化美化与环境用水等，对于厕所冲洗污水可排入化粪池土堆处理系统，经处理后用于果树、农田灌溉。

（3）污水收集与处理回用设计

由于枣园村住宅分布无规律，高处可用于低处的污废水量难以确定，因此仅给出就地处理回用系统的形式。由于该就地处理系统的关键部分是渗滤床，其面积与土壤类型和现场试验所测定的渗透率有关。下面是针对枣园的现状设计的污水就地处理与回用形式，渗透率低于 0.4 分钟 / 厘米的土壤，如果在土壤上换上厚度为 0.6 米的壤质砂土或沙土层就可以使用。

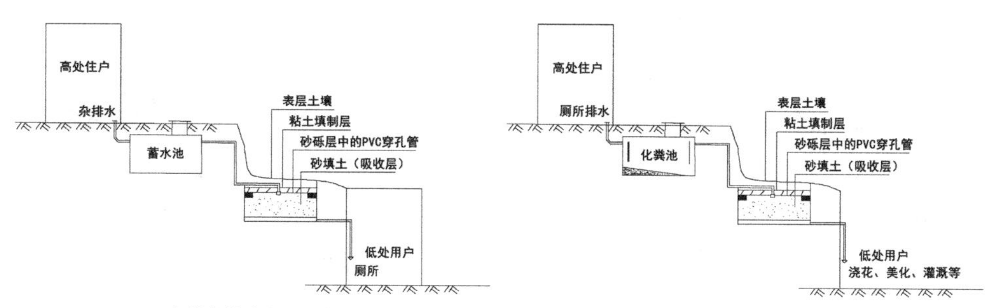


a 杂排水就地处理系统　　b 厕所排水就地处理系统

资料来源：熊家晴．乡村绿色住区示范区污水就地处置回用——黄土高原干旱半地区干旱乡村绿色住区水资源开发利用研究[J]. 环境污染治理技术与设备，2004，09：90-93.

**案例 9-4：资源废弃物和水资源综合利用——山东省泰安市乡村地区的案例**

山东省泰安市是农业大市，全市有农村人口 375 万人，耕地面积 32.8 万公顷，粮食复种面积 34.7 万公顷，同时也是一个水资源相对缺乏的城市。该市农村地区在农村资源有效利用及发展节约型农业方面进行了一系列实践。

（1）农作物秸秆的转化利用

①把秸秆转化为土壤肥力。

禾本科作物的秸秆腐化系数为 0.3 左右，用其还田能使土壤中的腐殖质得到更新和补充。据泰安市农业局试验，甘薯田沤制还田秸秆 6450 千克 / 公顷，平均增产鲜薯 4050 千克。全市坚持常年秸秆还田的面积已达 6667 公顷左右。

②把秸秆转化为优质饲料。

加工秸秆饲料能够培植资源型创汇项目，发展秸秆饲养则能促进种养业良性循环。泰安市东平县引进的秸秆饲料加工企业，年加工出口奶牛颗粒饲料 2 万吨，创汇 113.8 万元。依托丰富的秸秆资源，泰安市积极发展食草饲养，每年各类大牲畜年转化秸秆近百万吨，产生粪尿 300 万吨，每年减少化肥投入 2000 万元。

③把秸秆转化为食用菌。

食用菌属天然食品，在转化秸秆中蛋白、脂肪、糖类及矿物质、维生素等营养物质方面，食用菌的生物转化率要高出畜牧业 60%-80%。目前泰安市每年投入食用菌栽培的秸秆达到 12.5 万吨，生产各类食用菌 6.2 万吨，产值达 1.5 亿元。

当然，农作物秸秆转化利用的途径还很多，例如，秸秆发电、生产人造板材、提取化工产品、集中气化分户供应燃气等也都很值得推广。

（2）粪便的无害化处理及利用

粪便利用以沼气建设为纽带，结合改厨、改圈、改厕来改善农民人居环境。厕、厨、圈、蔬菜日光温室形成“四位一体”的模式，不仅解决了燃料、肥料、生产、环境问题，而且降低了种植养殖成本。泰安市到 2004 年底共建成沼气池 7020 个，仅沼肥代替化肥节省投入 56 万元。

（3）采取综合措施推进节水种植

①工程节水：一是防渗渠灌溉，因其选材不同防渗效果也不同。二是低压管道灌溉，管灌较渠灌节水 25%-40%，节能 30%-38%，省工 25%-45%，节地 1.6%-2%，增产 20%-30%，灌溉周期缩短。三是喷灌，节水增产效果更加明显。目前，泰安市已推广管灌、防渗渠灌、喷灌面积分别达到 8 万公顷，3.3 万公顷和 1.3 万公顷。

②节水栽培：一是地膜覆盖栽培，覆盖地膜后可节约灌水 2-3 次，土壤水分利

用率提高20%-30%，增产幅度15%-35%。二是使用农用保水剂，高效保水剂能有效吸收降水及灌水，能把水分的自然流失和蒸发控制在最低程度。

③品种节水：试验证明旱地小麦推广种植烟农18、山农45等抗旱品种平均产量达到5847千克/公顷，比一般品种增产26.1%。由于坚持连年因地制宜推广抗旱品种，2004年泰安市3.3万公顷旱地小麦获得平均4600千克/公顷的好收成。

资料来源：张国华，殷复伟，高俊杰，陈慧增，董青．有效利用农村资源发展节约型农业[J].中国农业资源与区划，2005，05：27-29.

## 案例9-5：综合防灾、有机防灾——福建省三明市沙县霞村的案例

霞村位于福建省三明市沙县南霞乡北部，离县城12千米，距乡政府11千米，是闽西客家古村落。闽西虽然是远离战火的最佳避难所，然而自然灾害多而频发。闽西客家村落的形成过程就是一部防灾史，其总体布局形成一个独特的防灾规划体系，蕴含着丰富智慧。其防灾史分为二个阶段：

在开基选址阶段，躲避战乱是首要考量的要素。定居后，在屋前挖掘水塘，暴雨期用来蓄水防洪，枯水期用来养鱼灌溉，既有利于改善小环境的气候条件，也有利于防火消灾。

在初步分家阶段，由于考虑到后代的发展，为了防止产生家族内纠纷，各自分散选择了合适的位置。在这个阶段，土楼的建筑形式尚未发展起来，采用的是围龙屋的建筑形式，结合地形而有所不同。而防御动乱的需求也促使建筑防灾形态、材料与位置产生了变异。

在组团发展阶段，除了抵御社会的动乱外，最大的防灾考量是饥荒问题。村民首先兴修水利，建立人工渠道将泉水引入村内，供生活用水和灌溉；在小溪上建起水陂，水路并行，分流灌溉，使水网布满村落，兼有防火功能。其次，建筑紧凑布局，保证更多的耕地。建筑沿着小溪而呈现线性的布局形态，各建筑以狭窄的巷道相间，同时也有利于防御的要求。建筑排水与其他建筑、道路系统形成有组织的排水系统，有利于对水资源进行有效利用。最后，由于土地的紧凑，土楼形式都结合地形条件产生了多样的建筑形态来满足其防灾考量。

正是基于“活态演变”的有机防灾策略，才使得闽西客家古村落长期在复杂多变的灾害环境下得以保存发展。这样的防灾策略在面对一种灾害时可以采取多样的防灾策略进行综合防治，同时随其演变防灾策略又能不断更新完善，灵活地适应各种灾害地发生。

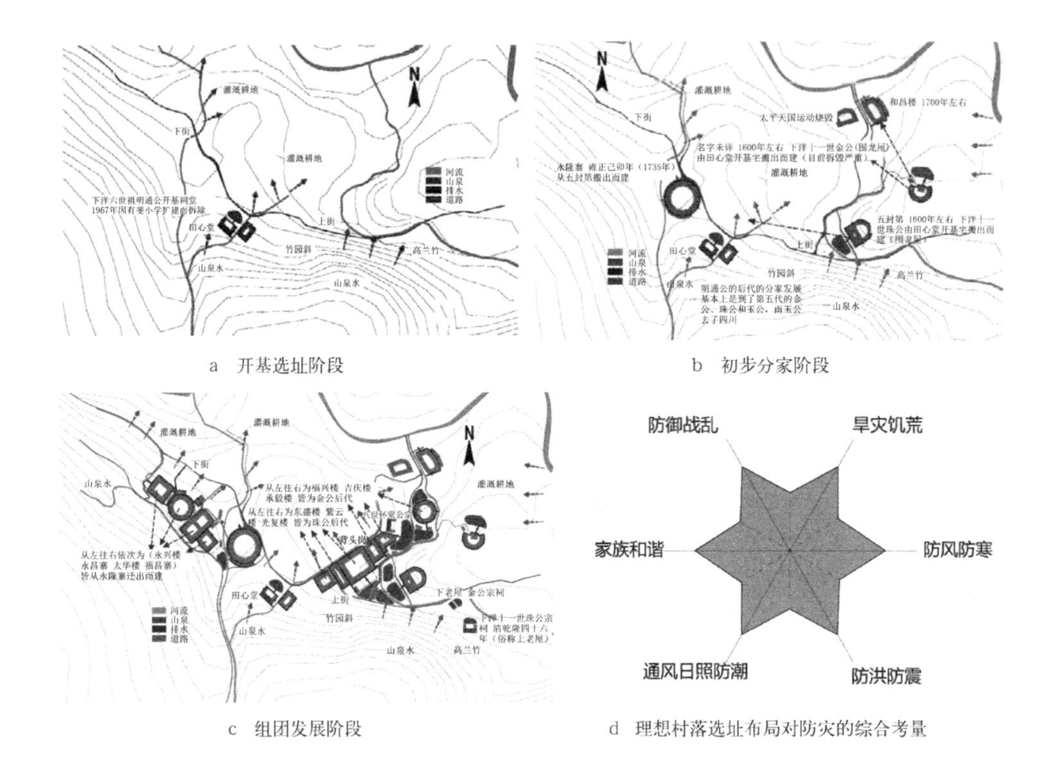


a　开基选址阶段

b　初步分家阶段

c　组团发展阶段

d　理想村落选址布局对防灾的综合考量

资料来源：肖达斯，杨思声．基于“活态演变”的闽西客家古村落有机防灾策略研究 [J]. 小城镇建设，2014，06：96−99.